Peter Bley

150 Jahre Berlin-Anhaltische Eisenbahn

alba

Das Titelbild – eine Zeichnung von Neubauer – zeigt das Empfangsgebäude und die Bahnsteighalle des Anhalter Bahnhofs in Berlin im Jahre 1880.

Bildnachweis

Landesbildstelle Berlin: S. 11, 16, 17, 53u, 61, 115o, 127
AGB: S. 34, 66
H. Kuom: S. 139, 143u
Slg. N. Muschick: S. 120, 125
Slg. B. Neddermeyer: S. 115u
Slg. F. Schulze: S. 134o, 134u
Verkehrsarchiv beim Verkehrsmuseum Nürnberg: S. 77
Alle übrigen Abbildungen sind dem Archiv des Verfassers entnommen.

CIP-Kurztitelaufnahme der Deutschen Bibliothek

Bley, Peter:
150 (Hundertfünfzig) Jahre Berlin-Anhaltische Eisenbahn /
Peter Bley. – Düsseldorf: Alba, 1990
ISBN 3-87094-340-8
NE: Berlin-Anhaltische Eisenbahn-Gesellschaft

Erschienen Oktober 1990
Einbandentwurf Norbert Kehl, Neuss
Layout Susanne Kreitzberg, Solingen
Herstellung Boss-Druck und Verlag, Kleve
ISBN 3-87094-340-8

Inhalt

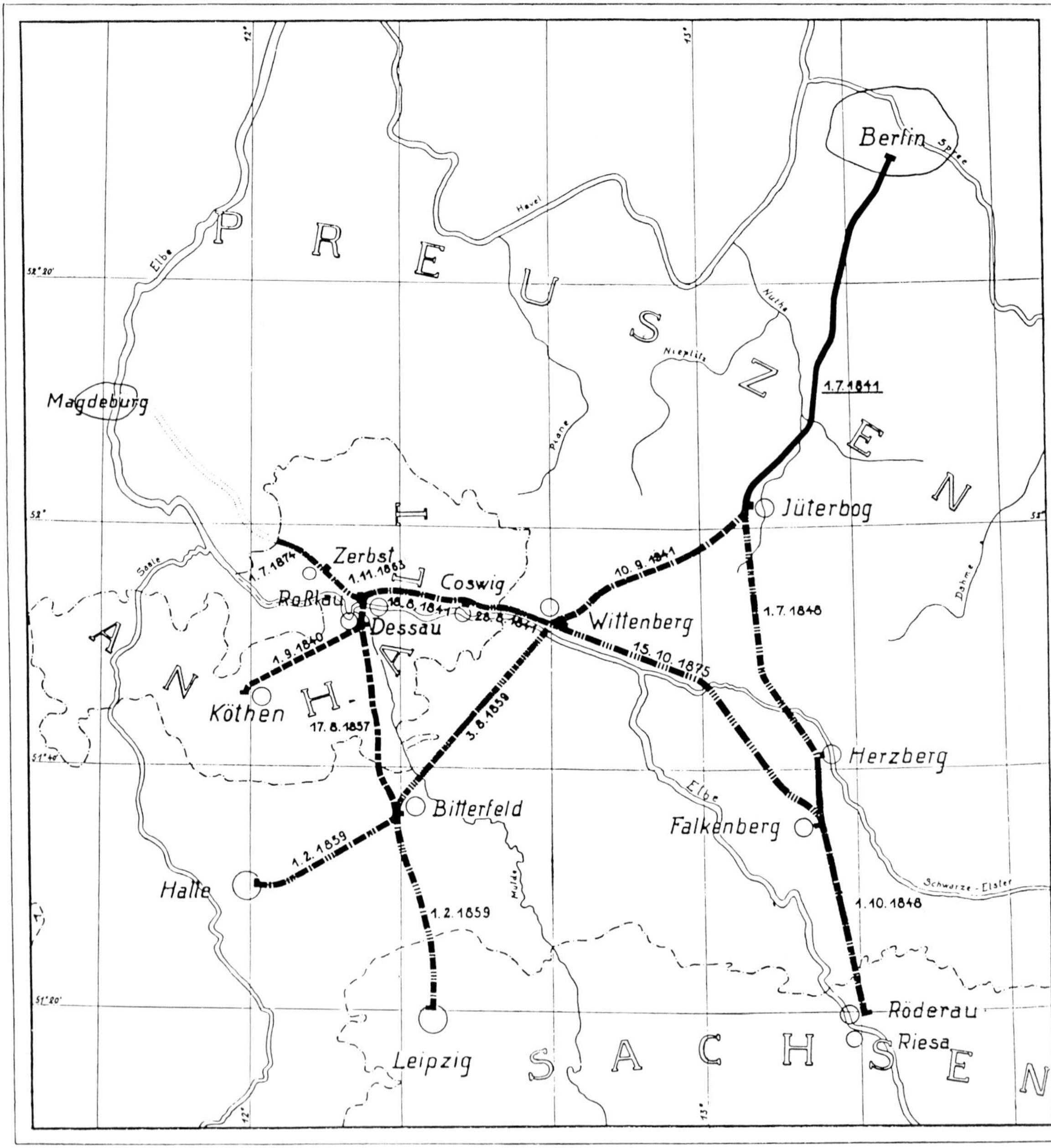

Das Streckennetz der Berlin-Anhaltischen Eisenbahn im Jahre 1882. Die Daten bezeichnen die Betriebseröffnung der einzelnen Teilstrecken

Allgemeines

Vor 150 Jahren, am 1. September 1840, eröffnete die Berlin-Anhaltische Eisenbahn-Gesellschaft zwischen Dessau und Köthen die erste Teilstrecke ihrer von Berlin nach dem anhaltischen Köthen führenden Bahn. Schrittweise kamen weitere Abschnitte hinzu, doch erst mit der Eröffnung der Strecke Jüterbog–Wittenberg am 10. September 1841 war die Anhaltische Bahn durchgehend von Berlin bis Köthen in Betrieb.

Das Zeitalter der Eisenbahn hatte in Berlin schon einige Jahre früher begonnen. Seit dem Herbst 1838 verkehrte zwischen den beiden Residenzstädten Berlin und Potsdam die erste Eisenbahn in Preußen, eine vor allem für die Personenbeförderung bestimmte Bahn von lokaler Bedeutung. Mit der Anhaltischen Bahn, der zweiten Eisenbahn in Berlin, kehrte eine neue Qualität ein. Es handelte sich bei dieser Bahn um die erste Ferneisenbahn der preußischen Residenz und zugleich um ein wichtiges Glied des zunächst noch sehr weitmaschigen Eisenbahnnetzes, das in jenen Jahren in Deutschland entstand. Die „Anhalter" Bahn – eine Bezeichnung, welche schon seit über hundert Jahren gebräuchlich ist – entwickelte sich zu der wichtigsten Berliner Fernbahn, eine Stellung, die ihr trotz der Teilung Deutschlands bis in die Gegenwart erhalten blieb.

Die folgenden Seiten vermitteln einen Überblick über die wechselvolle Geschichte dieser interessanten Bahn. Das Hauptaugenmerk gilt dabei – neben der Privatbahnzeit, die bis 1882 andauerte – der Berliner Eisenbahngeschichte, also der Entwicklung jener Teilstrecke der Anhalter Bahn, die von Berlin bis etwa nach Jüterbog reicht.

Planungen für eine Eisenbahn von Berlin nach Sachsen

Erste Projekte

Im Jahre 1833 erschien in Leipzig die Schrift „Über ein sächsisches Eisenbahn-System als Grundlage eines allgemeinen deutschen Eisenbahn-Systems". Verfasser war Friedrich List, ein württembergischer Nationalökonom, der während eines mehrjährigen Aufenthalts in Nordamerika die ersten Eisenbahnen kennengelernt und ihre Auswirkungen auf die wirtschaftliche Entwicklung eingehend studiert hatte.

Berlin war schon damals mit annähernd 300 000 Einwohnern die größte deutsche Stadt. So kann es nicht verwundern, daß der Entwurf von List gerade in Berlin den herausragenden Eisenbahnknotenpunkt

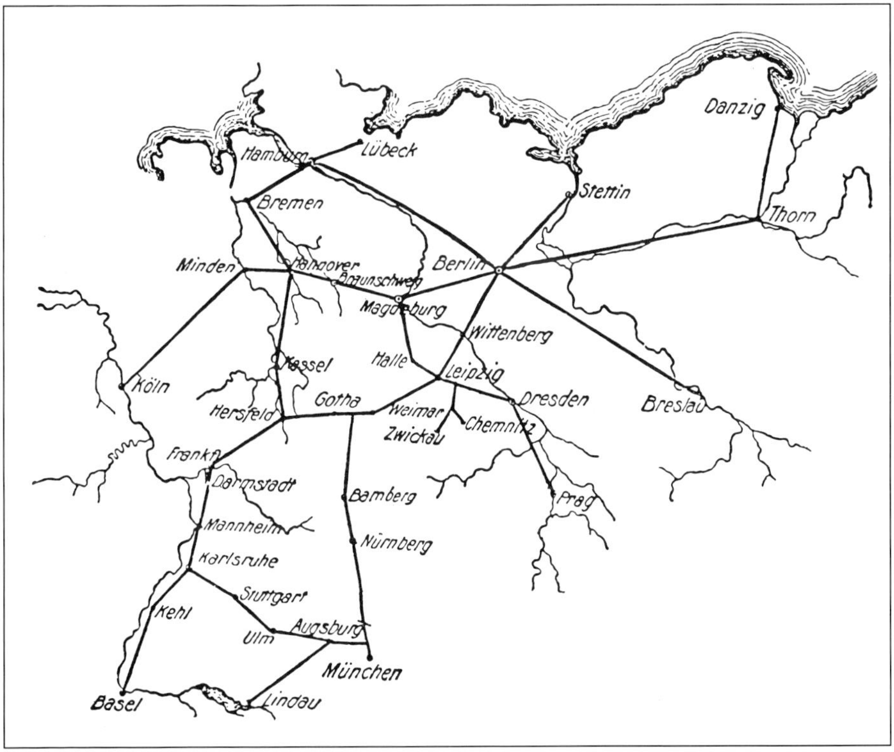

Der Entwurf von Friedrich List für ein deutsches Eisenbahnnetz (1833)

Deutschlands sah. Nicht weniger als sechs Bahnlinien sollten hier strahlenförmig beginnen, darunter auch eine Eisenbahn nach Leipzig.

Visionen des Friedrich List

Die Visionen in der Schrift von List gaben den Anstoß zur Gründung der Leipzig-Dresdener Eisenbahn-Compagnie (LDE), die 1837 konzessioniert wurde. Diese Gesellschaft baute zwischen Leipzig und Dresden, den beiden größten Städten im Königreich Sachsen, die erste Ferneisenbahn Deutschlands. Am 7. April 1839 konnte die LDE auf ihrer Strecke den durchgehenden Betrieb aufnehmen.

Leipzig, eine gewerbereiche Stadt abseits schiffbarer Wasserstraßen, schuf sich sehr schnell eine weitere Eisenbahnverbindung, die in Magdeburg den Anschluß an den Schiffsverkehr auf der Elbe herstellte. Die Magdeburg-Leipziger Eisenbahn – die erste Fernbahn in Preußen – wurde seit 1839 schrittweise eröffnet. Mit der Fertigstellung der Teilstrecke Halle–Leipzig am 18. August 1840 war diese Bahn durchgehend von Magdeburg bis Leipzig in Betrieb.

Konzessionsanträge von Dr. Stubbe und Robert

Im Jahre 1833 setzten die ersten Eisenbahnplanungen in jenem Gebiet ein, das später von der Berlin-Anhaltischen Eisenbahn-Gesellschaft erschlossen wurde. Dr. Stubbe aus Berlin beantragte damals die Konzessionserteilung für eine „Dampfwagenfahrt von Naumburg über Halle, Wittenberg, Potsdam, Berlin, Frankfurt (Oder) nach Breslau". Diesem Antrag folgte 1834 ein Konzessionsgesuch des Justizkommissars Robert und des Bankiers Arons aus Berlin, das auf den Bau einer Eisenbahn von Berlin nach Leipzig zielte. Nach Überwindung vielfältiger, vor allem aus der Erarbeitung neuer Rechtsgrundlagen herrührender Schwierigkeiten entstand aus diesem Projekt im Jahre 1837 die Berlin-Potsdamer Eisenbahn-Gesellschaft (BPE). Diese erste Eisenbahn in Berlin und in Preußen war ab 29. Oktober 1838 durchgehend zwischen Berlin und Potsdam in Betrieb.*)

Planungen des Berlin-Sächsischen Eisenbahn-Komitees

Bereits im Frühjahr 1836 hatten sich in Berlin Hauptbankdirektor Reichenbach, Justizrat Bode und mehrere Bankiers zu einem Komitee zusammengeschlossen, das eine Aktiengesellschaft für den Bau einer Eisenbahnverbindung von Berlin nach Leipzig und Dresden gründen wollte.

Projekt einer Eisenbahn nach Riesa

Dieses Komitee schlug als Ausgangspunkt der Bahnlinie zunächst Potsdam vor, den Endpunkt der künftigen Berlin-Potsdamer Eisenbahn. Von dort war eine möglichst gerade Linienführung in Richtung Riesa geplant, die bei dem Dorf Nieska die Grenze nach Sachsen erreichte. Von Nieska bis zu

*) Vorgeschichte und Entwicklung dieser Bahn sind eingehend dargestellt in dem Buch von Peter Bley „150 Jahre Eisenbahn Berlin–Potsdam", Alba Publikation, Düsseldorf, 1988.

der etwa 1½ Meilen entfernten Elbestadt Riesa sollte die Leipzig-Dresdener Eisenbahn (LDE) einen Anschluß an ihre Stammstrecke herstellen, deren Bau damals unmittelbar bevorstand. Der Anschluß in Riesa – etwa auf halbem Weg zwischen Leipzig und Dresden – wurde gewählt, weil sich diese beiden Städte von Riesa aus gleichermaßen schnell erreichen ließen.

Am 14. April 1836 beantragte das Komitee beim Staatsminister der preußischen Verwaltung für Handel, Fabrikation und Bauwesen, dem Wirklichen Geheimen Rat Rother, ihm die vorläufige Genehmigung zur Gründung einer Aktiengesellschaft zu erteilen. Der preußische König Friedrich Wilhelm III. entsprach am 11. Juni 1836 diesem Antrag unter der Bedingung, daß das vorerst auf 2½ Millionen Taler veranschlagte Anlagekapital innerhalb von sechs Monaten gezeichnet sein müsse. Das Komitee kam dieser Auflage nicht nur problemlos nach, sondern es nahm sogar schon Ende 1836 die erste Einzahlung in Höhe von 10% des gezeichneten Kapitals entgegen. Bereits im September 1836 hatte das Komitee mit der Leipzig-Dresdener Eisenbahn-Compagnie einen Vertrag geschlossen, der den Bau der Anschlußstrecke von der sächsischen Grenze nach Riesa durch die LDE vorsah.

Die Absicht des Gründungskomitees, die Bahn nach Riesa erst in Potsdam beginnen zu lassen, wurde hinfällig, nachdem der Geheime Oberbaurat Crelle – der technische Leiter der Berlin-Potsdamer Eisenbahn (BPE) – sich Anfang Oktober 1836 gegen eine Mitbenutzung der BPE durch die sächsische Bahn ausgesprochen hatte. Crelle beurteilte die gemeinschaftliche Benutzung der BPE durch zwei Bahngesellschaften als nicht sinnvoll, weil jede der beiden Gesellschaften versuchen werde, vorrangig ihre eigenen Interessen durchzusetzen.

Das Gründungskomitee hatte inzwischen auch selbst einige wesentliche Nachteile seines ersten Projekts erkannt:

– Lage und Beschaffenheit des Bahnhofs der BPE in Potsdam seien für eine gemeinsame Benutzung unzweckmäßig, eine Erweiterung des Bahnhofs auch künftig nicht möglich.

– Eine Weiterführung der Eisenbahn über Potsdam hinaus in Richtung Sachsen wäre mit größten Schwierigkeiten verbunden, weil der vorgesehene Endpunkt der BPE in Potsdam zwischen Gewässern und Bergen eingezwängt ist.

– Die Eisenbahn nach Sachsen müsse daher bereits in Kohlhasenbrück die Berlin-Potsdamer Eisenbahn verlassen; dafür sei der Bau eines eigenen Anschlußbahnhofs unumgänglich.

– Zwischen Berlin und Kohlhasenbrück wäre auf Kosten des sächsischen Projekts nicht nur ein zweites Gleis zu bauen, sondern es müsse zusätzlich das nur für leichte Personenzüge geeignete Gleis der BPE so verstärkt werden, daß es auch von Güterzügen der sächsischen Linie befahren werden könne.

Das Komitee beantragte daher am 17. Januar 1837 beim Staatsminister die Genehmigung, „die gedachte Bahn unmittelbar von Berlin aus bis zu dem an der sächsischen Grenze belegenen Dorfe Nieska (das ist der Anschluß an Riesa) führen zu dürfen". Der König entsprach mit der Kabinettsorder vom 25. Februar 1837 diesem Antrag, allerdings unter der Bedingung, daß die LDE bereits fertiggestellt sei oder ihre Fertigstellung als gesichert gelten könne. Das Komitee bestellte jetzt kurzfristig in England Lokomotiven und Schienen – Materialien also, die vorerst nur in diesem Mutterland der Eisenbahn zu erhalten waren – und begann in Berlin und Umgebung mit dem Erwerb des für den Bahnbau benötigten Geländes.

Das Bahnbaukomitee nahm in dieser Zeit den Namen „Comité der Berlin-Sächsischen Eisenbahn-Gesellschaft" an. Es legte im April 1837 einen allgemeinen Entwurf des Projekts vor, der vom Königlichen Bau-Conducteur Rosenbaum unter Mithilfe des Bau-Conducteurs Petersen gefertigt worden war. Der Entwurf sah vor, die Bahn von Berlin über Trebbin, Luckenwalde, Jüterbog, Herzberg und Liebenwerda nach Nieska zu führen. Ihre Fortsetzung jenseits der sächsischen Grenze sollte östlich der Elbe in die Leipzig-Dresdener Eisenbahn einmünden und nach Überquerung des Flusses den Bahnhof Riesa erreichen. Das Anlagekapital für diese in Berlin beginnende Bahn war gleichfalls auf 2½ Millionen Taler veranschlagt.

Das Komitee entwarf ein Gesellschaftsstatut und reichte es zusammen mit dem Bauentwurf am 22. April 1837 dem Staatsministerium zur Genehmigung ein. Inzwischen hatte der preußische Generalpostmeister von Nagler ernste Bedenken gegen die Konzessionierung dieser Bahn geäußert. Nagler befürchtete, ein großer Teil des Verkehrs der östlichen Provinzen mit den westlichen und südwestlichen Teilen Preußens und darüber hinaus werde künftig von der preußischen Post abwandern und über sächsisches – also ausländisches – Gebiet befördert. Dem preußischen Staat erwüchse daraus jährlich ein Einnahmeverlust von etwa 100 000 Talern. Nagler schlug vor, die Eisenbahn nicht nach dem sächsischen Riesa, sondern nach der preußischen Stadt Halle zu führen. Dort könnten später weitere Bahnen nach den westlichen und den südwestlichen Landesteilen anschließen und so durchgehende Eisenbahnverbindungen zwischen allen Provinzen Preußens ohne Berührung Sachsens herstellen.

Das Komitee der Berlin-Sächsischen Eisenbahn sah sich durch die Bedenken Naglers schon im Mai 1837 veranlaßt, den Bau einer Zweigbahn von Jüterbog über Köthen nach Magdeburg vorzuschlagen, ein Projekt, für das die anhaltische Regierung inzwischen besondere Vergünstigungen in Aussicht gestellt hatte. Im November des gleichen Jahres deutete das Komitee sogar an, es sei bereit, eine Gesellschaft für den Bau einer direkten Bahn von Berlin nach Magdeburg zu gründen.

Ein anderes Bahnbaukomitee hatte bereits im Mai 1837 die Konzessionen für eine Eisenbahn von Potsdam nach Halle und Leipzig sowie für eine weiterführende Strecke von Halle über Nordhausen nach Kassel beantragt. Diese beiden Bahnen sollten die angestrebte Verbindung mit den westlichen Provinzen herstellen.

Die Zuständigkeit für die Eisenbahnangelegenheiten war inzwischen auf den Finanzminister Graf Alvensleben übergegangen. Alvensleben war bereit, im Sinne Naglers zu entscheiden, doch wurde die Kabinettsorder vom 25. Februar 1837 unterschiedlich interpretiert. Das Komitee der Berlin-Sächsischen Eisenbahn leitete aus dieser Kabinettsorder für sich einen Rechtsanspruch auf die Erteilung der Konzession oder auf die Zahlung einer Entschädigung ab. Tatsächlich war in der Kabinettsorder jedoch nur einer Verlegung des Ausgangspunktes der Bahn – von Potsdam nach Berlin – zugestimmt worden, und auch die weitere Bedingung, daß die LDE fertiggestellt oder ihre Fertigstellung gesichert sein müsse, war bisher noch nicht erfüllt. Trotzdem sprach sich das Ministerium für eine Entschädigung aus, falls die Eisenbahn nach Riesa nicht genehmigt werden würde.

Für eine Eisenbahnverbindung von Berlin an die mittlere Elbe konnte der Staat jetzt – neben der Strecke nach Riesa – zwischen den Linien Potsdam–Halle, Berlin–Luckenwalde–Dessau–Köthen und Berlin–Magdeburg wählen. Der Finanzminister Graf Alvensleben vertrat die Ansicht, die Bahn müsse die künftige Verbindung mit den westlichen Provinzen fördern, zumindest dürfe sie diese Verbindung nicht behindern. Die Berlin-Riesaer Bahn entsprach dieser Forderung am wenigsten. Das Staatsministerium entschied daher, dem Komitee der Berlin-Sächsischen Eisenbahn-Gesellschaft die für diese Linie in Aussicht gestellte Konzession nicht zu erteilen, ihm jedoch für die bereits entstandenen Kosten eine Entschädigung zuzubilligen.

Dieser Vorschlag – am 31. Dezember 1837 in einem Bericht zusammengefaßt – fand nicht die Zustimmung des Königs. Friedrich Wilhelm III. entschied mit einer Kabinettsorder am 6. Februar 1838, der Bau der Riesaer Bahn sei, da einmal genehmigt, zu gestatten, jedoch solle dieses Projekt vom Staat nicht weiter begünstigt werden. Er gab gleichzeitig den Auftrag, mit dem Komitee über den Bau einer anderen Eisenbahnlinie zu verhandeln. Der König dachte dabei an die vom Komitee selbst vorgeschlagene Bahn nach Köthen zum Anschluß an die inzwischen im Bau befindliche Magdeburg-Leipziger Eisenbahn. Diese Verbindung entspräche in vollem Umfang den Interessen Preußens und könne daher staatlich begünstigt werden. Es wurde davon ausgegangen, daß die Aktionäre des Riesaer Projekts sich überwiegend auch am Bau einer Bahn nach Köthen beteiligen würden.

Mit einer Kabinettsorder ermächtigte der König am 18. März 1838 das Staatsministerium, dem Komitee der Berlin-Sächsischen Eisenbahn-Gesellschaft, unter dem Vorbehalt der genauen Festlegung der Linienführung und unter Verzicht auf den Bau der Riesaer Bahn, die Erlaubnis zum Bau einer Eisenbahn von Berlin nach Köthen zum Anschluß an die Magdeburg-Leipziger Eisenbahn zu erteilen. Die Königliche Seehandlung – faktisch die Preußische Staatsbank – wurde beauftragt, erforderlichenfalls die Anteile derjenigen Aktionäre zu übernehmen, die nicht bereit wären, ihre Beteiligung an der Riesaer Bahn auf das Köthener Projekt zu übertragen. Dafür wurden zunächst 800 000 Taler veranschlagt – eine erste staatliche Unterstützung für den Bau einer Eisenbahn in Preußen.

Neue Linienführung nach Köthen

Das Komitee war bereit, dem Verlangen des Königs nachzukommen. Angelehnt an die eigenen Überlegungen vom Mai 1837 schlug es eine Linienführung von Berlin über Luckenwalde, Jüterbog, Wittenberg, Roßlau und Dessau nach Köthen vor. Dabei unterstellte das Komitee, daß es die Teilstrecke von Berlin bis Luckenwalde unverändert in die neue Planung übernehmen könne. Aus der Sicht des Bahnbaukomitees bot die Linienführung nach Köthen mit ihrem Anschluß an die Magdeburg-Leipziger Eisenbahn den Aktionären etwa die gleichen Vorteile wie die Verbindung nach Riesa. Der Verkehr mit Leipzig sei auf beiden Wegen gleich. Für den teilweisen Verlust des Verkehrs mit Dresden werde ein ungleich stärkerer Personen- und Güterver-

Früher Entwurf des Bahnhofs Berlin; dieser Plan und ein ähnliches Projekt aus dem Jahr 1838 wurden nicht ausgeführt

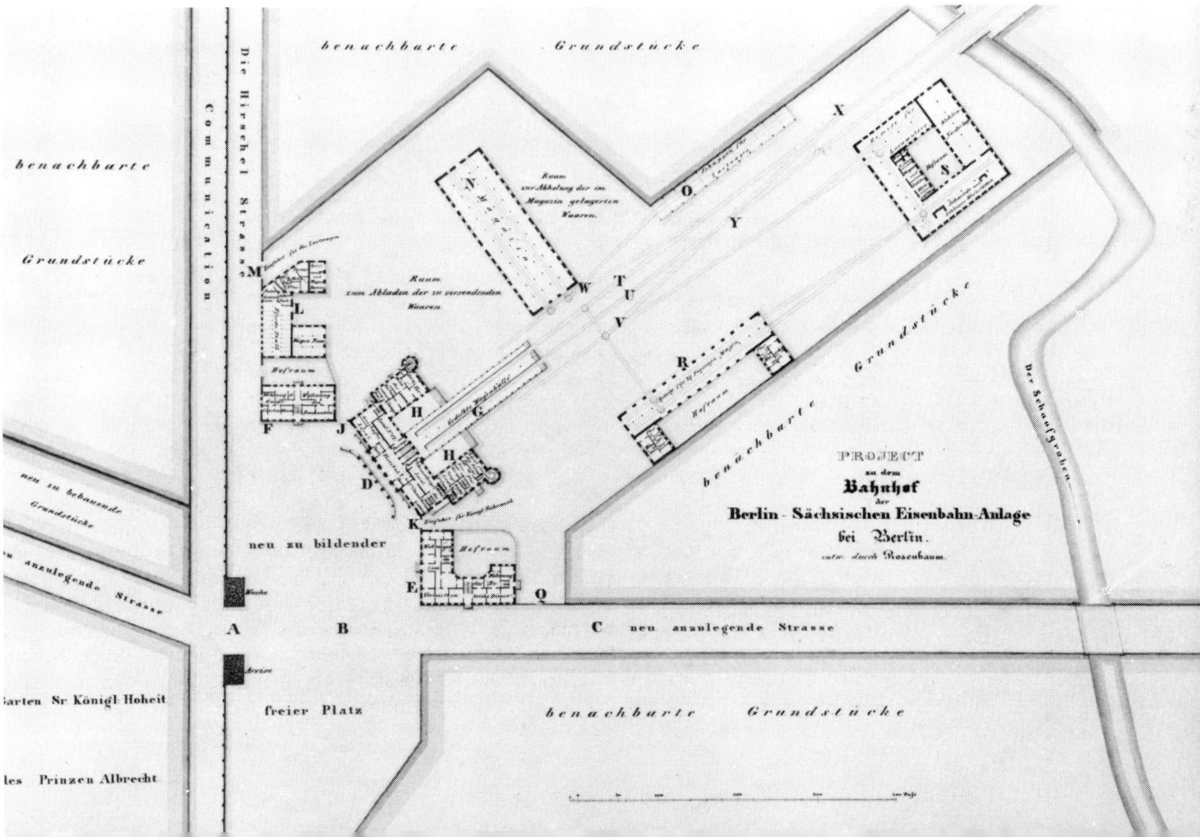

kehr mit Magdeburg gewonnen, und weitere große Vorteile seien nach der Fertigstellung einer Eisenbahn in die westlichen Provinzen Preußens zu erwarten.

Mit Kabinettsorder vom 25. April 1838 stellte der König – vorbehaltlich der Zustimmung Anhalts – dem Komitee der Berlin-Sächsischen Eisenbahn-Gesellschaft endgültig den Bau einer unmittelbar von Berlin ausgehenden, über Luckenwalde nach Köthen führenden Bahn in Aussicht. Damit erledigte sich auch ein Antrag der BPE, die Eisenbahn nach Köthen in Potsdam beginnen zu lassen.

Das Komitee der Berlin-Sächsischen Eisenbahn-Gesellschaft gab am 14. Juni 1838 ein „Rundschreiben an die Herren Actien-Zeichner zum Bau der Berlin-Sächsischen Eisenbahn" heraus, das den Verlauf und das Ergebnis der Verhandlungen mit den Staatsbehörden eingehend erläuterte. Das Anlagekapital für das neue Projekt wurde jetzt auf 3½ Millionen Taler veranschlagt.

Der Bericht war durch Beilagen ergänzt:

– „Gründe für die getroffene Wahl der Bahnlinie von Berlin nach Cöthen über Luckenwalde, Wittenberg und Dessau".

– „Zu der Abschätzung und Würdigung der Verkehrs-Verhältnisse und der Ertragsfähigkeit des Unternehmens".

– „Übersicht der Ersparnisse, welche dem Publikum aus der Anlage unserer Eisenbahn erwachsen dürften."

Dem Rundschreiben des Komitees waren außerdem mehrere Anlagen beigefügt, in denen die Ingenieure Rosenbaum und Petersen eingehend die technischen und finanziellen Aspekte ihres Entwurfs vorstellten.

Der Ermittlung des Verkehrsaufkommens lag im wesentlichen der damalige Verkehr zwischen Berlin, Leipzig, Dresden und Magdeburg zugrunde. Das Komitee rechnete daher in der Anfangszeit mit jährlich etwa 130 000 Reisenden; davon würden etwa 25 000 in der 1. Wagenklasse, 40 000 in der 2. und 65 000 Reisende in der 3. Klasse fahren. Als Fahrpreis je Meile waren in der 1. Klasse 6 Sgr., in der 2. Klasse 4 Sgr. und in der 3. Klasse 2 Sgr. angesetzt. Eine 4. Wagenklasse sah das Komitee nicht vor. Das Aufkommen im Güterverkehr wurde mit jährlich etwa 1 150 000 Zentnern ermittelt; dafür war ein Tarif zugrunde gelegt, der etwa ein Drittel unter den bisherigen Transportkosten lag.

Die Gesamterträge aus dem Personen- und Güterverkehr waren auf rd. 708 500 Taler, sämtliche Kosten dagegen nur auf 423 600 Taler veranschlagt. Der jährliche Reinertrag des Unternehmens belief sich bei dieser Berechnung auf knapp 285 000 Taler und versprach für das Anlagekapital von 3½ Millionen Talern eine Verzinsung von mehr als 8%.

Inzwischen waren erneut Bestrebungen im Gange, Potsdam, dessen Eisenbahn nach Berlin vor der Eröffnung stand, doch noch als Ausgangspunkt der Bahn in Richtung Roßlau durchzusetzen. So häuften sich im Sommer 1838 in der „Vossischen Zeitung" die Berichte und Leserzuschriften zu diesem Thema. Anlaß dafür war der am 28. Mai 1838 erschienene „Bericht der projektirten Eisenbahn-Linie von Potsdam nach Roßlau", den der Potsdamer Stadtbaumeister Ludwig und der Bauconducteur Achilles erarbeitet hatten.

In einem umfangreichen, im Juli 1838 abgeschlossenen „Bericht an das Comité der Berlin-Sächsischen Eisenbahn-Gesellschaft über die Vorzüge der Allerhöchst genehmigten, direkt von Berlin ausgehenden Berlin-Sächsischen Eisenbahn, vor einem von Potsdam über Roslau nach Cöthen projectirten Anschluß an die Magdeburg-Cöthen-Halle-Leipziger Eisenbahn" verteidigten Rosenbaum und Petersen die Vorteile der von Berlin ausgehenden Bahn vehement. Sie wiesen nach, daß die von ihnen vorgesehene Linienführung durch wesentlich günstigeres Gelände führe – somit nur geringere Steigungen und weniger Krümmungen aufweise – und darüber hinaus erheblich mehr Ortschaften an die Eisenbahn anschließe als eine Bahn von Potsdam nach Roßlau. Offensichtlich war dieser detaillierte Vergleich überzeugend, jedenfalls verstummten die Rufe nach einer in Potsdam beginnenden Bahn Richtung Roßlau schon kurze Zeit später.

Am 14. September 1838 reichte das Bahnbaukomitee dem Staatsministerium den Kostenüberschlag, einen Erläuterungsbericht und den Entwurf des Gesellschaftsstatuts zur Genehmigung ein. Die Linienführung war inzwischen im Bereich des Flämings nochmals verbessert worden und dadurch näher an Jüterbog herangerückt. Das Statut ging vorerst von einem Anlagekapital von 3 Millionen Talern aus; davon blieben 400 000 Taler der Königlichen Seehandlung vorbehalten. Ferner sah das Statut eine spätere Erhöhung des Gesellschaftskapitals um 500 000 Taler vor.

Anläßlich der langwierigen Verhandlungen, die der Konzessionierung der Berlin-Potsdamer Eisenbahn vorausgegangen waren, hatte die preußische Regierung schrittweise die Rechtsgrundlagen für das Eisenbahnwesen erarbeitet. Diese Rechtsgrundlagen wurden zusammengefaßt im „Gesetz über die Eisenbahn-Unternehmungen im Preußischen Staate und über die Verhältnisse der Eisenbahngesellschaften zum Staate und zum Publicum" vom 3. November 1838, das jahrzehntelang für die Konzessionierung neuer Eisenbahnen verbindlich blieb.

Seit 1839 verhandelte die preußische Regierung mit der Regierung von Anhalt über die zollrechtlichen Auswirkungen des Bahnbaues. Anhalt war damals bekanntlich – ebenso wie Sachsen – für Preußen Ausland. Preußen wollte in diesen Verhandlungen sicherstellen, daß preußische Eisenbahnen, die im Transit anhaltisches Gebiet durchquerten, nicht mit besonderen Gebühren oder durch Abfertigungsformalitäten belastet würden. Beide Regierungen schlossen am 26. April 1839 einen Staatsvertrag, der diesem Gedanken entsprach und – soweit nicht besondere Verhältnisse vorlagen – auch zur Anwendung des Preußischen Eisenbahngesetzes durch Anhalt führte.

Die Berlin-Anhaltische Eisenbahn-Gesellschaft 1839/40 bis 1882

Anfangszeit der Bahn bis 1847

Am 3. April 1839 fand die erste Generalversammlung der Aktionäre statt, in der auch das Gesellschaftsstatut genehmigt wurde. Einige wesentliche Bestimmungen dieses Statuts sind hier wiedergegeben:

Mit Allerhöchster Genehmigung ist eine Aktien-Gesellschaft zu dem Zwecke zusammengetreten:

> für gemeinschaftliche Rechnung der Aktionäre eine Eisenbahn zur Verbindung Berlins mit der Magdeburg-Cöthen-Halle-Leipziger Eisenbahn zu erbauen, zu unterhalten und zum Transporte von Personen, Waaren und andern Gegenständen zu benutzen.

Die Bestimmungen über die Verfassung der Gesellschaft und die Art der Ausführung des von ihr beabsichtigten Unternehmens werden durch das nachstehende

Statut

vertragsmäßig festgesetzt.

I. Bildung, Geschäftsumfang und Fonds der Gesellschaft.

Name und Persönlichkeit der Gesellschaft.

§ 1. Die Gesellschaft wird unter der Benennung:

Berlin-Sächsische Eisenbahn-Gesellschaft

von Aktionären gebildet. Sie wird mit Korporationsrechten, nach Maaßgabe dieses Statuts, durch eine Direktion vertreten. Berlin ist ihr Domizil und der Sitz ihrer Verwaltung und das Königl. Stadt-Gericht zu Berlin ihr Gerichtsstand.

Geschäfts-Umfang.

§ 2. Der eben angesprochene Zweck bestimmt im Allgemeinen den Geschäfts-Umfang der Gesellschaft.

a. Erbauung, Richtungslinie und Konstruktion der Bahn.

Die Bahn soll direkt von Berlin über (Trebbin, Luckenwalde, Zahna, Wittenberg) Dessau und Cöthen im Anschluß an die Magdeburg-Cöthen-Halle-Leipziger Eisenbahn, erbaut werden, und im Wesentlichen die Richtung unterhalten, welche von dem zur Errichtung der Gesellschaft sich gebildeten Komité vorgeschlagen und vom Staate genehmigt ist. Sie soll zur Benutzung von Transporten mit eisernen Schienen belegt und in der vom Komité vorgeschlagenen Art konstruirt werden. Wesentliche Abänderungen der Richtungslinie und der Konstruktion der Bahn, so wie die Errichtung von Zweigbahnen oder sonstigen Kommunikationswegen, bleiben späteren Beschlüssen unter Genehmigung des Staats vorbehalten. Zum Bau der Bahn gehört die Errichtung der zu ihrer künftigen Benutzung erforderlichen Gebäude und Anlagen.

b. Art ihrer Benutzung.

§ 3. Die Gesellschaft wird die Transporte auf der Bahn durch Dampfwagen oder andere Beförderungsmittel für eigene Rechnung übernehmen, auch, wenn sie es ihrem Interesse gemäß findet, oder durch höhere Bestimmung dazu veranlaßt werden sollte, Andern die Mitbenutzung der Bahn zu Personen- und Waarentransporten, gegen Entrichtung eines bestimmten Bahngeldes, gestatten. Sie behält sich vor, mit den Unternehmern anderer, mit ihrer eigenen Bahn in direkte Verbindung zu setzenden Eisenbahnen über die gemeinschaftliche Benutzung der beiderseitigen Bahnen, oder eine derselben, oder über ihre anderweitige Betheiligung bei solchen Unternehmungen, unter Genehmigung des Staats, Verträge zu schließen.

Das Statut umfaßte insgesamt 70 Paragraphen. Seine weiteren Bestimmungen betrafen im wesentlichen die Zusammensetzung und Beschaffung des Gesellschaftskapitals, die Rechte und Pflichten der Aktionäre sowie die Bildung, Zusammensetzung und Arbeitsweise der Gesellschaftsorgane. Diese Organe bestanden aus der Generalversammlung der Aktionäre, dem Verwaltungsrat und der Direktion; letzterer waren Beamte der Gesellschaft zugeordnet. Am 5. April 1839 berief der Verwaltungsrat den „Königlichen Agenten Herrn Bloch" zum ersten Direktor der Gesellschaft.

Am 15. Mai 1839 erging die folgende Kabinettsorder, mit der das Bahnprojekt endgültig grünes Licht erhielt:

Wir Friedrich Wilhelm, von Gottes Gnaden, König von Preußen etc., ertheilen dem anliegenden, in der General-Versammlung vom 3. April dieses Jahres vereinbarten Statute der Gesellschaft, welche zum Zweck der Erbauung und Benutzung einer Eisenbahn von Berlin nach Cöthen, unter der Benennung:

„Berlin-Sächsische Eisenbahn-Gesellschaft",

zusammengetreten ist, hierdurch mit der Maaßgabe Unsere Landesherrliche Bestätigung, daß es bei der in der vorerwähnten General-Versammlung bereits erfolgten Wahl des Verwaltungsrathes sein Bewenden behalten soll.

Zugleich genehmigen Wir hiermit die Ausführung jener Eisenbahn in der im § 2 des Statuts angegebenen Richtung von Berlin über Trebbin, Luckenwalde, Zahna, Wittenberg, Dessau nach Cöthen, indem Wir ferner bestimmen, daß die in dem Gesetze über die Eisenbahn-Unternehmungen vom 3. November 1838 ergangenen allgemeinen Vorschriften, insbesondere diejenigen über die Expropriation auf das eben gedachte Unternehmen Anwendung finden sollen.

Die gegenwärtige Bestätigung und Genehmigung soll nebst dem Statute durch die Gesetzsammlung bekannt gemacht werden.

Gegeben Berlin, den 15. Mai 1839.

(S.) Friedrich Wilhelm.
Graf von Alvensleben.

Es erscheint bemerkenswert, daß die Gesellschaft in ihrem Statut noch immer den Namen „Berlin-Sächsische Eisenbahn-Gesellschaft" führte, obwohl diese Bezeichnung der veränderten Linienführung nicht mehr entsprach. Dieser Mangel wurde bald behoben. In der Generalversammlung am 16. März 1840 beschlossen die Aktionäre, den Namen ihrer Gesellschaft in „Berlin-Anhaltische Eisenbahn-Gesellschaft" zu ändern, wahrscheinlich auch ein Ausdruck des Dankes gegenüber dem Herzogtum Anhalt, das den Bahnbau so tatkräftig förderte und unterstützte.

Linienführung und Bau der Strecke Berlin–Köthen

Anläßlich der Konzessionserteilung hatte die Staatsregierung dem Entwurfsplan von Rosenbaum und Petersen grundsätzlich zugestimmt. Damit war auch die Linienführung von Berlin über Großbeeren und Trebbin nach Luckenwalde gesichert. Die Grundstücke, die das Komitee hier seit 1837 vorsorglich erworben hatte, konnten nun tatsächlich für den Bahnbau genutzt werden. Das betraf vor allem die Flächen für den Endbahnhof in Berlin, der unmittelbar vor der Stadtmauer – eigentlich einer Zollmauer – zwischen dem Potsdamer Tor und dem Halleschen Tor entstehen sollte. Um einen direkten Zugang von der Stadt zu ihrem Bahnhof zu erhalten, mußte die Bahngesellschaft auf eigene Kosten in der Stadtmauer ein neues Tor herstellen und dieses durch eine neue Straße mit der Wilhelmstraße verbinden.

Bereits im Sommer 1838 war unter dem Titel „Projekt zu dem Bahnhofe der Berlin-Sächsischen Eisenbahn-Anlage bei Berlin" eine ausführliche Beschreibung des geplan-

Diese beiden Darstellungen des in Berlin vorgesehenen Bahnhofs waren dem Entwurf von 1838 beigefügt; oben die Straßenansicht des Empfangsgebäudes und zweier Flügelbauten, rechts die Rückseite des Empfangsgebäudes mit dem Bahnsteig und einem ausfahrenden Zug

ten Bahnhofs erschienen – auch ein Hinweis darauf, daß sich das Bahnbaukomitee zu diesem Zeitpunkt schon alle für den Bahnhof benötigten Grundstücke gesichert haben dürfte. Am 24. Oktober 1838 genehmigte der König den Bau des Bahnhofs Berlin am vorgesehenen Standort.

Die Linienführung südlich des Bahnhofs Berlin verursachte langwierige Verhandlungen. Die Trasse mußte am Kreuzberg einen großen Exerzierplatz passieren, dessen Durchschneidung der König zunächst entschieden abgelehnt hatte. Es wurde daher erwogen, die neue Eisenbahn an die Berlin-Potsdamer Bahn heranzuführen und erst kurz hinter Schöneberg wieder in die vorgesehene Richtung einzuschwenken. Hierdurch hätten sich jedoch mehrere enge, für die Betriebssicherheit bedenkliche Kurven ergeben, und auch der Geländekauf neben der BPE wäre nur mit hohen Kosten möglich gewesen.

Nach zeitraubenden Verhandlungen gelang es der Bahngesellschaft, die Zustimmung zur Durchquerung des Exerzierplatzes doch noch zu erlangen. Sie mußte dafür zwar sehr teure Auflagen in Kauf nehmen, doch überwogen die Vorteile einer geraden Linienführung den finanziellen Aufwand, so daß die Bahndirektion die Bedingungen des Staates schließlich akzeptierte. Diese Bedingungen seien hier kurz aufgezählt:

– Beschaffung und Planierung eines 28 Morgen großen Truppenaufmarschgeländes an der Westseite des Kreuzberges.

– Bau einer alleeartigen Militärstraße – der heutigen Möckernstraße – einschließlich einer Brücke über den Schafgraben*) als Verbindung zwischen dem neuen Stadttor am Bahnhof und dem Truppengelände am Kreuzberg.

– Im Zuge des Kolonnenweges Herstellung einer 106 Fuß langen, für den Truppen- und Geschütztransport geeigneten Brücke über die Eisenbahn (die heutige Kolonnenbrücke).

*) Der Schafgraben – häufig auch als Landwehrgraben bezeichnet – kreuzte die Bahn etwa 250 Meter südlich des Empfangsgebäudes. Sein Bett wird heute durch die Hallesche Straße und den nördlichen Rand des Mendelssohn-Bartholdy-Parks eingenommen.

– Bereitstellung von Ersatzflächen für das an die Bahn übergehende Militärgelände; andernfalls Zahlung eines Kaufpreises von 300 Talern je Morgen.

– Zahlung von 15 000 Talern an das Kriegsministerium sowie Entschädigung der fiskalischen Grundpächter, vor allem für die Verlegung einer Pferderennbahn.

Die Linienführung jenseits von Berlin folgte weitestgehend dem Entwurf von 1838. Die Trasse überquerte südlich der Stadt zunächst den Höhenzug bei Lankwitz, führte sodann an Giesensdorf, Großbeeren und Ludwigsfelde vorbei nach Trebbin und über Woltersdorf weiter nach Luckenwalde. Jenseits von Luckenwalde durchschnitt sie den Königlich Zinna'schen Forst, passierte Jüterbog in etwa ⅓ Meile Entfernung und erreichte nach der Überquerung des Flämings an Zahna vorbei Wittenberg. Hier wurde die Bahn nördlich um die Festungswerke herumgeführt und der Bahnhof westlich der Stadt angeordnet.

Von Wittenberg bis Roßlau verlief die Trasse parallel zur Elbe, jedoch in einem solchen Abstand, daß sie von Überschwemmungen nicht erreicht werden konnte. In Roßlau wendete sie sich in einem Bogen von etwa 90 Grad nach Süden der Elbbrücke zu, die einige Jahre vor dem Bahnbau von der anhaltischen Regierung errichtet worden war. Diese Brücke konnte wegen ihrer großen Tragfähigkeit auch von Eisenbahnzügen befahren werden. Die Zustimmung zur Mitbenutzung der Elbbrücke stellte den wesentlichsten Teil jener Begünstigung dar, den die anhaltische Regierung der Bahngesellschaft zugesagt hatte. Die Bahn hatte sich dafür an den Unterhaltungskosten der Brücke zu beteiligen sowie von bestimmten Reisenden einen Brückenzoll zu erheben.

Jenseits der Elbe führte die Trasse auf einer bis zu 16 Fuß hohen und etwa 600 Ruthen langen Dammschüttung durch das Elb- und Muldetal. Bald darauf erreichte sie Dessau und verlief dann durch flaches Gelände weiter nach Köthen, wo sie in die Magdeburg-Leipziger Eisenbahn einmündete.

Die Bauarbeiten begannen am 15. April 1839 – einige Wochen vor der endgültigen

Konzessionserteilung – in der Nähe von Großbeeren. Im Juli 1839 waren schon erhebliche Teile der Bahn im Bau. Die „Vossische Zeitung" berichtete darüber am 11. Juli:

Berlin, den 10ten Juli. Die Arbeiten an der Berlin-Sächsischen Eisenbahn schreiten auf allen denjenigen Punkten der über 20 Meilen langen Bahnstrecke wo die Terrain-Erwerbung bisher statt finden konnte erfreulich vorwärts. Unmittelbar nach der General-Versammlung am 3ten April wurden die ersten Arbeiten begonnen; jetzt nach etwa drei Monaten sind sie schon ansehnlich gefördert. Die Bahn ist in zehn Stationen getheilt, die zusammengenommen die Länge von 40,145 Ruthen haben. Die obere Leitung des Baus haben die Herren Ober-Ingenieure Rosenbaum und Mohn, und zwar der erste die Sektion 1—5 (von Berlin aus) der zweite die Sektion 6—10 nach Köthen zu. Zu der ersten Abtheilung gehört der hiesige Bahnhof, zu dem alles Terrain erworben, und die nöthige Aufschüttung im vollen Gange, bereits zu fast einem Viertheil vollendet ist, so daß der Bau des Empfangshauses mit Nächstem beginnen kann. Auf der ersten Sektion wird, weil die Terrain-Erwerbung noch nicht vollständig ist, noch nicht gearbeitet; auf der zweiten aber, von Großbeeren bis Trebbin, 5159 Ruthen (2½ Meilen) lang, sind von den dazu erforderlichen 31076 Schachtruthen Erde schon gegen 24000 verwendet, nämlich 4552 Längen-Ruthen Planum hergestellt, so daß nur noch ein Damm von 600 Ruthen Länge zu schütten bleibt. Auch der Bau aller Brücken und Durchlässe auf dieser Route wird im September beendigt sein. Auf der zweiten Sektion, wo die Arbeit erst Ende Mai's begonnen hat, sind bereits über 800 Ruthen Planum fertig, 500 laufende Ruthen in Arbeit, und große Strecken der Dossirung schon mit Rasen belegt. — Auf den Sektionen 3 bis 8 ist das Terrain erst teilweise erworben, daher der Bau auch nur vorbereitet, als: die Linie genau abgesteckt, Materialien herangefahren und dgl. m. Auf der 9ten Sektion ist das Terrain ganz erworben, der Bau seit dem 3ten Juni in Angriff genommen, und bereits über 4000 Schachtruthen Erde auf eine mittlere Entfernung von 80 Ruthen bewegt, und fast dreiviertel Meile Planum hergestellt. Auch der sehr bedeutende Brückenbau auf dieser Sektion (jenseits der Elbe), nämlich 7 große und 5 kleine Bauten und 5 Durchlässe, hat begonnen, und wird zum Herbst vollendet sein. Auf der zehnten Sektion ist der Bau ebenfalls am 3ten Juni angefangen worden, indem das Terrain so weit es im Dessauischen liegt, erworben ist, auch ist das für den zu Köthen nothwendigen großen Bahnhof bereits angekauft. . . .

Wegen des schnellen Fortgangs der Bauarbeiten forderte die Direktion die Aktionäre in kurzer Folge zu weiteren Einzahlungen auf. Im Oktober 1839 waren bereits 50% des gezeichneten Gesellschaftskapitals eingezahlt. Damals erschien auch ein weiterer Zwischenbericht über den Stand der Bauarbeiten:

Berlin, den 9ten Oktober. Die Resultate der Arbeiten an der Berlin-Sächsischen Eisenbahn bis Ende September c. sind folgende: Mit Ausnahme der ¾ Meilen von hier bis Lankwitz, der nächsten Umgebung von Wittenberg und etwa einer Meile im Herzogthume Cöthen ist der Bahnbau auf der ganzen Linie im Gange. Die Arbeiten von hier bis Lankwitz haben noch nicht beginnen können, weil noch unentschieden ist, ob die Bahn den Exerzierplatz vor dem Halleschen Thore durchschneiden, oder denselben in einer Curve umgehen wird; wegen der Bahnlinie bei der Festung Wittenberg schweben noch Verhandlungen mit der hohen Militair-Behörde, und im Herzogthum Cöthen ist das Expropriations-Gesetz noch nicht promulgirt, nunmehr aber täglich zu erwarten. — Auf dem hiesigen Bahnhofe ist der Bau des Empfanghauses und des Seitenflügels so weit vorgeschritten, daß jetzt die ersten Balken verlegt werden können. Der Grundbau zu dem Steuer- und dem Schachtgebäude vor dem anzulegenden neuen Thore ist beendigt. Von den auf der ganzen Bahnstrecke zu bewegenden Erdmassen ist beinahe der dritte Theil bewegt, und von dem zu fertigenden Planum von 40,108 Ruthen sind bereits 14,646 laufende Ruthen, also mehr als ein Drittheil, fertig und die Dossirung größtentheils mit Rasen belegt. Es waren im Monat September im Ganzen 3737 Arbeiter an der Bahn beschäftigt und ungeachtet wiederholter Bekanntmachungen und Einladungen durch die Amtsblätter in den angrenzenden und entferntern Regierungsbezirken war keine größere Anzahl Arbeiter heranzuziehen.

DER BAHNHOF IN CÖTHEN

Der Bahnhof Köthen um 1850; rechts die Anlagen der Magdeburg-Leipziger Eisenbahn, links das Empfangsgebäude der Berlin-Anhaltischen Bahn

Eröffnung der ersten Teilstrecke Dessau–Köthen

Im Frühjahr 1840 näherte sich die Teilstrecke von Dessau nach Köthen der Fertigstellung. In Dessau wurden auch die ersten Lokomotiven zusammengebaut, die in Einzelteilen aus England geliefert worden waren. Über die zaghaften Versuchsfahrten mit der ersten betriebsbereiten Lokomotive liegt uns ein Bericht vor:

Dessau, den 15ten Juli. Gestern gegen Abend wurde der erste Versuch mit einer der für die Eröffnung der Eisenbahn von hier nach Köthen bestimmten Locomotiven gemacht, der jedoch nur innerhalb des Bahnhofes statt fand; dieser Versuch wurde aber heute Morgens etwas weiter ausgedehnt; die Pforte des Bahnhofes, in der Richtung nach Köthen wurde geöffnet, und es wurden einige Versuchsfahrten mit einer Locomotive und einem Tender bis ungefähr auf die Höhe des Dorfes Alten gemacht. ...

Der Bericht über die erste offizielle Probefahrt am 30. Juli 1840 klang schon sehr optimistisch:

Dessau, den 30sten Juli. Die erste Probefahrt auf der Berlin-Anhaltischen Eisenbahn bis Mosigkau hat heute statt gefunden. Es waren dazu aus der Stadt so viele Personen eingeladen, als in 6 Wagen Platz erhalten konnten; dennoch ergab sich die Nothwendigkeit deren 8 zu nehmen, um sowohl für einige auswärtige Gäste, als auch für die Musiker und Sänger, welche bereitwillig zu dieser Festlichkeit mitwirkten, Platz zu gewinnen. Dazu war die vierte Stunde Nachmittags bestimmt. Die Locomotive, der Hirsch genannt, stand mit Laub und Blumengewinden geschmückt bereit. Gegen vier Uhr erschienen unerwartet Se. Hochfürstl. Durchl. unser Herzog, J. K. H. die regierende Frau Herzogin mit ihren beiden ältesten Kindern, der Prinzessin Agnes und dem Erbprinzen Friedrich, um die getroffenen Veranstaltungen in hohen Augenschein zu nehmen, und wurden von den anwesenden Beamten der Bahngesellschaft ehrerbietig empfangen, welche Höchstdenselben alle Einrichtungen zu zeigen sich zur Ehre machten. Nachdem die Höchsten Herrschaften Alles in Augenschein genommen hatten, setzte sich der Zug in Bewegung. . . .

Die Hinfahrt dauerte etwa 11 Minuten, die Rückfahrt zwischen 9 und 10 Minuten. Hieraus ergeben sich bei der Entfernung des Zielpunktes von 1¼ Meile, folgende Geschwindigkeiten in Raum und Zeit. Bei der Hinfahrt würden etwa 6⅓, bei der Rückfahrt etwa 7¾ Meilen in der Stunde zurückgelegt werden können, eine Geschwindigkeit, die mit Rücksicht auf das Steigen und Fallen der Erdfläche wohl von keiner bis jetzt vollendeten deutschen Eisenbahn übertroffen werden dürfte. Der Hirsch hat also seinen Probelauf ehrenvoll bestanden. . . .

Am 20. August gab die Direktion der Berlin-Anhaltischen Eisenbahn (BAE) bekannt, sie werde am 1. September 1840 zwischen Dessau und Köthen den öffentlichen Verkehr aufnehmen und täglich zwei Züge in jeder Richtung ablassen. Über die bevorstehende Eröffnungsfeier berichtete die „Vossische Zeitung" aus Dessau:

Dessau, den 30sten August. (Privatmittheilung). Die auf morgen angesetzte Eröffnung der Section der Berlin-Anhaltischen Eisenbahn von hier bis Cöthen, hat nicht nur hier, sondern auch in der Umgegend die allgemeinste Theilnahme erweckt, so daß sich bereits heut unsre Stadt mit Fremden füllt, die von allen Seiten herein kommen, um bei dem für uns so wichtigen Ereigniß gegenwärtig zu sein. Um halb zehn Uhr morgen Vormittag ist die Eröffnungsfahrt nach Cöthen angesetzt, an der Se. Durchlaucht der Herzog Höchstselbst bis zur Landesgrenze Theil zu nehmen geruhen werden. Außer den bereits heut aus Berlin hier eingetroffenen Direktoren der Gesellschaft und mehreren Mitgliedern des Verwaltungs-Raths werden die hiesigen höchsten Beamten, die Beamten der Eisenbahn, und eine große Anzahl der angesehensten Personen der Stadt an dieser Eröffnungsfahrt Theil nehmen. Der Zug wird in Cöthen, dem Vernehmen nach, von Sr. Durchlaucht dem Herzoge von Cöthen empfangen werden, und sämmtliche Mitfahrende sind zu einem Dejeuner von Sr. Durchlaucht, das in der großen Bahnhofs-Restauration statt finden wird, eingeladen. Die Rückfahrt von Cöthen nach Dessau, an welcher von dort aus alle dazu geladenen Beamten und angesehenen Personen aus Cöthen und Bernburg Theil nehmen werden, geschieht nach eingenommenem Dejeuner. Mittags findet sodann hier in Dessau ein großes Festmahl im Concert-Saale statt, wozu Se. Durchlaucht unser allergnädigster Herzog die sämmtlichen Theilnehmer an der Fahrt einzuladen geruht haben. Damen werden an dieser ersten Morgenfahrt nicht Theil nehmen. Doch Nachmittags wird eine zweite Fahrt insbesondere für die Damen der Stadt und für alle diejenigen Personen statt finden, die wegen der räumlichen oder sonstigen Verhältnisse nicht zu der Morgenfahrt eingeladen werden konnten.

Vom Ablauf der Eröffnungsfeierlichkeiten liegen weitere umfangreiche Meldungen vor, die jedoch heute wie eine Hofberichterstattung anmuten und daher an dieser Stelle nicht wiedergegeben zu werden brauchen.

In den ersten sieben Tagen des öffentlichen Verkehrs wurden zwischen Dessau und Köthen 1979 Personen befördert. Der Fahrpreis für diese knapp drei Meilen lange Strecke betrug in den drei Wagenklassen 7½, 11¼ und 15 Sgr.; jeder Reisende konnte 40 Pfund Freigepäck mitnehmen. Die BAE führte diesen Betrieb vor allem durch, um die technischen Einrichtungen der Bahn zu testen und ihr Personal zu schulen.

Erhöhung des Gesellschaftskapitals und Fortführung der Bauarbeiten

Schon Ende 1839 hatte sich herausgestellt, daß das ursprünglich auf bis zu 3½ Millionen Taler veranschlagte Anlagekapital nicht ausreichen würde, um die Bahn fertigzustellen. In der Generalversammlung vom 16. März 1840 berichtete die Direktion den Aktionären über die Erfahrungen der Leipzig-Dresdener Eisenbahn-Compagnie, die in den ersten neun Monaten ihres durchgehenden Betriebes fast elfmal soviel Personen befördert hatte wie erwartet. Es sei damit zu rechnen, daß auch die BAE ihr Verkehrsaufkommen wesentlich zu niedrig veranschlagt habe. Die Bahn benötige daher schon zur Betriebseröffnung mehr Fahrzeuge, und auf zwei Teilstrecken sei kurzfristig der Bau eines zweiten Gleises erforderlich. Das Gesellschaftskapital müsse wegen dieser zusätzlichen Aufwendungen auf vier Millionen Taler erhöht werden, ein Antrag, dem die Aktionäre einstimmig entsprachen.

In einer weiteren Generalversammlung am 28. Oktober 1840 ergänzten die Aktionäre das Statut, um mit 4% zu verzinsende Prioritätsaktien im Wert von einer Million Taler ausgeben zu können. Darin waren jene 500 000 Taler enthalten, deren Beschaffung das ursprüngliche Statut vom 15. April 1839 nur bedingt vorgesehen hatte. Die Prioritätsaktien waren eigentlich keine Aktien, sondern entsprachen einem Darlehn. Sie besaßen in den Aktionärsversammlungen weder Stimm- noch Wahlrecht, waren jedoch aus dem Jahresüberschuß vorrangig zu verzinsen und zu tilgen. Ihre Tilgung erfolgte anhand eines Tilgungsplans und betraf eine von Jahr zu Jahr steigende Anzahl Prioritätsaktien. Im Gegensatz dazu besaßen die Stammaktien alle Gesellschaftsrechte; nur diese Aktien erhielten aus dem restlichen Jahresüberschuß eine Dividende, die in guten Jahren 4% erheblich übersteigen konnte. Der König genehmigte die Ergänzung des Gesellschaftsstatuts mit der Kabinettsorder vom 7. Dezember 1840.

Bereits am 16. August 1840 hatte das Königliche Polizei-Präsidium in Berlin bekanntgegeben:

Des Königs Majestät haben Allergnädigst zu befehlen geruht, daß die neu angelegte, zwischen der Wilhelmsstraße und dem neuen Thore am Bahnhofe der Berlin-Anhaltischen Eisenbahn belegene Straße:

„die Anhaltische Straße“,

und das Thor:

„das Anhaltische Thor“

benannt werden sollen.

Der Platz zwischen dem Tor und dem Bahnhof wurde vorerst als „Anhaltischer Thorplatz“ bezeichnet. Er erhielt 1844 den bis heute bestehenden Namen „Askanischer Platz“.

In der Generalversammlung vom 28. Oktober 1840 gab der Verwaltungsrat der BAE den Aktionären einen Zwischenbericht über den Fortgang der Bauarbeiten seit dem Februar 1840:

Damals waren von den 738,754 Schachtruthen zu bewegender Erde 363,861 bewegt; jetzt sind noch 360,000 dazugekommen, so daß nur noch 1/50 dieser ganzen Arbeit übrig bleibt. Von den 40011 Ruthen (20 Meilen) langen Planums waren damals 22,450 fertig, seitdem sind noch 14,700 Ruthen vollendet worden, so daß nur noch 2,800, d. h. 1 2/5 Meile zu vollenden bleibt. Mit Einschluß der vollendeten, schon seit dem 1sten September befahrenen Strecke zwischen Köthen und Dessau, sind 7 1/2 Meilen Oberbau völlig fertig, also über 1/3 der Bahn. — Die Anhaltstraße und der Platz vor dem Thore derselben sind gepflastert, dem Publikum eröffnet; das Thor, Wacht- u. Steuergebäude den Behörden übergeben; der Bahnhof zum größten Theil aufgehöht; das Empfangshaus bereits im innern Ausbau begriffen u. der Vollendung nahe; die steinernen Remisen für 35 Personenwagen, 3 massiven Schuppen für 6 Locomotiven, das Kesselgebäude, das für die Drehscheiben sind vollendet; die Maschinen-Reparatur- und Werkstätte wird jetzt eingedeckt; die Bahnhallen sind im Mauerwerk gefertigt, die Fundamente zu zwei Drehbrücken gelegt. Desgleichen ist die 44 Schritt breite Kolonnenbrücke nach dem Exercierplatze fertig. Längs der Bahn sind die Empfangshäuser, Locomotivschuppen, Schmieden, Remisen u. s. w. zu Trebbin, Luckenwalde, Jüterbog, Dessau u. s. w. theils fertig, theils der Vollendung nahe. Eben so sind alle Brücken und Durchlässe auf der ganzen Länge, 167 an der Zahl, nebst 22 Ueberbrückungen, vollständig fertig; es bleiben nur noch die beiden oben erwähnten Drehbrücken, und drei größere Brücken im Muldethal zu vollenden, doch auch diese sind so weit, daß ihrer Vollendung im Frühjahr nichts entgegensteht. — Was die Transportmittel anlangt, so sind von 15 bestellten Locomotiven 7 bereits angekommen,

drei andere werden mit Nächstem oder bei Eröffnung der Schiffahrt im Frühjahr erwartet; 92 Personen- und Güterwagen sind fertig, 87 werden nächstens abgeliefert werden ...

Im Frühjahr 1841 wurde das restliche Planum im Bereich des Flämings fertiggestellt. Einem Chronisten erschien es damals bemerkenswert, daß trotz der umfangreichen Erdarbeiten auf der Gesamtstrecke nicht die geringsten Spuren von Altertümern gefunden worden seien. Auch nach Gebeinen von Gefallenen des Befreiungskrieges von 1813 sei vergeblich gesucht worden. Anfang Mai 1841 wies die Direktion darauf hin, der Bahnhof in Berlin erhalte jetzt die Gleise und die übrigen letzten Einrichtungen; der starke Besuch durch Zuschauer müsse daher ab sofort beendet werden.

Anfang Juni 1841 fanden vom Bahnhof Berlin aus erste Probefahrten statt, die zunächst dem Einfahren und der Prüfung von Lokomotiven und Wagen dienten. Beispielsweise wurde am 4. Juni eine Fahrt „mit 15 angehängten Personenwagen bis etwa 1½ Meilen vom Anfangspunkt der Bahn nur im ganz langsamen Tempo ausgeführt". Mitte Juni unternahm die Bahn schon fast täglich Probefahrten, so am 12. Juni die erste Fahrt nach Trebbin, eine Strecke von 4½ Meilen, die problemlos in 45 Minuten zurückgelegt wurde. Eine weitere Probefahrt mit mehreren hundert Personen führte am 24. Juni nach Jüterbog. Am gleichen Tag veröffentlichte die „Vossische Zeitung" eine Bekanntmachung des General-Post-Amtes, wegen der bevorstehenden Eröffnung der Eisenbahnstrecke Berlin–Jüterbog werde vom 1. Juli 1841 an die Personenpost von Berlin nach Luckenwalde eingestellt und die Schnellpost nach Dresden nur noch zwischen Jüterbog und Dresden verkehren; der Fahrplan der Dresdener Schnellpost sei künftig in Jüterbog den Fahrzeiten der Eisenbahnzüge von und nach Berlin angepaßt.

Übersicht der Maße und Gewichte sowie der Geldwährung

	umgerechnet auf das metrische System	Umrechnung einer metrischen Einheit auf die alte Maßeinheit
Preußische Längenmaße		
1 Meile = 2000 Ruthen = 24 000 Fuß	7,532485 km	1 km = 0,13276 Meile
1 Ruthe = 12 Fuß = 144 Zoll	3,76624 m	1 m = 0,26552 Ruthe
1 Fuß (preußisch) = 1/12 Ruthe oder 12 Zoll	0,313853 m	1 m = 3,1862 Fuß
1 Zoll = 12 Linien	2,61544 cm	1 cm = 0,382344 Zoll
Englische Längenmaße		
1 Meile = 1760 Yards	1,609343 km	1 km = 0,62137 Meile
1 foot (Fuß) = 1/3 Yard oder 12 inch	0,30479947 m	1 m = 3,28085 foot
1 inch (Zoll)	2,5399956 cm	1 cm = 0,3937 inch
Preußische Flächenmaße		
1 Morgen = 180,0 Quadratruthen	2553,23 m²	1 ha = 3,9166 Morgen
1 Quadratruthe = 144 Quadratfuß	14,184579 m²	1 m² = 7,0499 Quadratruthen
Preußische Raummaße		
1 Schachtruthe = 144 Kubikfuß	4,4518796 m³	1 m³ = 0,22462 Schachtruthe
Preußische Gewichte		
1 Zentner = 110 Pfund (bis 1839)	514,48 kg	1 t = 1,94371 Zentner
1 Pfund = 32 Lot (bis 1839)	467,711 g	1 kg = 2,1381 Pfund
1 Tonne = 20 Zollzentner (ab 1840)	1000,000 kg	
1 Zollzentner = 100 Pfund (ab 1840)	50,000 kg	
1 Pfund = 30 Lot (ab 1840)	500,000 g	
Preußische Geldwährung	Gegenwert ab 1871	
1 Reichstaler (Rtl.) = 30 Silbergroschen	3,00 Mark	
1 Silbergroschen (Sgr.) = 12 Pfennig	0,10 Mark	
1 Pfennig (Pf.)	0,0083 Mark	

(aus Hans-Joachim von Alberti: „Maß und Gewicht. Geschichtliche und tabellarische Darstellung von den Anfängen bis zur Gegenwart." – Akademie-Verlag Berlin, 1957)

Eröffnung der Teilstrecke Berlin–Jüterbog

Die Bahndirektion gab die Inbetriebnahme der Teilstrecke Berlin–Jüterbog mit dem nebenstehenden Inserat bekannt, das in den Berliner Zeitungen erst am Morgen des Eröffnungstages erschien.

Trotz der späten Ankündigung scheint die erste öffentliche Fahrt ab Berlin gut frequentiert gewesen zu sein, „und hatten namentlich Jagdliebhaber diese neue Gelegenheit, wildreiche Gegenden zu erreichen, benutzt". Schon wurde Kritik am Fahrplan laut, der es den Berlinern weder ermögliche, auch an einem Wochentag einen Halbtagesausflug nach Jüterbog zu unternehmen, noch innerhalb eines Tages Dresden zu erreichen. Etwas moderater berichtete die „Vossische Zeitung" dann am 3. Juli:

Berlin, den 2ten Juli. Zur Nachmittagsfahrt am gestrigen Eröffnungstage der Anhaltischen Eisenbahn hatte sich das Wetter günstiger gemacht als am Morgen; und wäre die positive Eröffnung frühzeitiger durch die öffentlichen Blätter bekannt geworden, als erst durch die Blätter von gleichem Datum, so hätten sich auch wahrscheinlich noch zur Nachmittags-Vergnügungsfahrt eine größere Anzahl Spazierfahrer aus Berlin eingefunden. Freilich konnte man nicht erwarten, daß Berliner noch um 5 Uhr Nachmittags bis Luckenwalde oder Jüterbog mitfahren würden, um dort zu übernachten und am nächsten Morgen zurückzukehren. Dies Interesse der Neuheit haben die Eisenbahnen nicht mehr, um dafür die Freuden und Leiden eines Nachtquartiers in einem kleinen Orte zu bestehen. Aber man konnte noch bis Trebbin, um, nach einem viertelstündigen Aufenthalte dort, mit dem zweiten Zuge aus Jüterbog um 7 wieder in Berlin zu sein. Mehrere haben diese erste Vergnügungsfahrt mitgemacht, und, unbeschadet der sehr späten öffentlichen Bekanntmachung, würden wohl noch mehr sich eingefunden haben, wenn nicht durch die mehrfachen früheren Privat-Probe- und Lustfahrten der Direction (von denen aber die Actionaire nicht unterrichtet wurden, obwohl deshalb in der letzten Generalversammlung Wünsche laut wurden und Anträge gemacht sind) die erste Wißbegier einer nicht unbedeutenden Zahl unserer Mitbewohner, die bei dergleichen Gelegenheiten nicht fehlen mögen, schon befriedigt gewesen wäre. Wie die technischen Einrichtungen dieser Bahn durchaus solide und lobenswerth sind, so war auch bei dieser Fahrt des ersten Tages keine Unordnung und Unsicherheit, die so leicht bei der Neuheit zu entschuldi-

Berlin-Anhaltische Eisenbahn.

Die Dampfwagenfahrten auf der Bahnstrecke zwischen hier und Jüterbog werden am

Donnerstag, den 1sten Juli c.

eröffnet werden und vorläufig nach folgendem Fahrplane, von Bahnhof zu Bahnhof, statt finden:

A. an Wochentagen.

Abfahrt von:	Abfahrt von:	Abfahrt von:	Ankunft in:
Berlin.... 8 Vorm.	Trebbin....... $9\frac{1}{4}$	Luckenwalde $9\frac{3}{4}$	Jüterbog 10 Vorm.
„ .... 5 Nchm.	„ .... $6\frac{1}{4}$	„ $6\frac{3}{4}$	„ 7 Abend.
Jüterbog 8 Vorm.	Luckenwalde $8\frac{1}{2}$	Trebbin .... $9\frac{1}{4}$	Berlin.... 10 Vorm.
„ 5 Nchm.	„ $5\frac{1}{2}$	„ .... $6\frac{1}{4}$	„ .... 7 Abend.

B. an Sonntagen:

Abfahrt von:	Abfahrt von:	Abfahrt von:	Ankunft in:
Berlin.. $5\frac{1}{2}$ Morg.	Trebbin....... $6\frac{3}{4}$	Luckenwalde $7\frac{1}{4}$	Jüterbog $7\frac{1}{2}$ Vorm.
„ ....8 Vorm.	„ .... $9\frac{1}{4}$	„ $9\frac{3}{4}$	„ 10 „
„ ... 1 Mittg.	„ .... $2\frac{1}{4}$	„ $2\frac{3}{4}$	„ 3 Nchm.
„ ....5 Nchm.	„ .... $6\frac{1}{4}$	„ $6\frac{3}{4}$	„ 7 Abend.
Jüterbog 8 Vorm.	Luckenwalde $8\frac{1}{2}$	Trebbin....... $9\frac{1}{4}$	Berlin.... 10 Vorm.
„ 1 Mittg.	„ $1\frac{1}{2}$	„ .... $2\frac{1}{4}$	„ .... 3 Nchm.
„ 5 Nchm.	„ $5\frac{1}{2}$	„ .... $6\frac{1}{4}$	„ .... 7 Abend.

Preise der Plätze für 1 Person, in Sgr.

von	nach Berlin. Wagenklasse I.	II.	III.	nach Trebbin. Wagenklasse I.	II.	III.	nach Luckenwalde. Wagenklasse I.	II.	III.	nach Jüterbog. Wagenklasse I.	II.	III.
Berlin	—	—	—	30	20	12	40	27	17	55	35	22
Trebbin	30	20	12	—	—	—	14	9	6	25	16	10
Luckenwalde	40	27	17	14	9	6	—	—	—	12	8	5
Jüterbog	55	35	22	25	16	10	12	8	5	—	—	—

Was den Passagieren sonst zu wissen wünschenswerth ist, ist in der Beilage enthalten, welche jedem Exemplare der hier ausgegebenen hiesigen Zeitungen beigefügt ist.

Zur Bequemlichkeit des geehrten Publikums haben wir die Einrichtung getroffen, daß der Billet-Verkauf und die Annahme des Passagier-Gepäcks nicht bloß auf unserm Bahnhofe, sondern auch

am Werderschen Markt No. 4.,

im Comtoir der Herren Herrmann u. Meyer, geschehen kann, an letzterem Orte jedoch zu den des Morgens bis 8 Uhr abgehenden Fahrten nur am vorhergehenden Abend bis 9 Uhr, und zu den übrigen Fahrten nur bis $1\frac{1}{2}$ Stunden vor der bestimmten Abgangszeit.

Wenn eine, möglicher Weise gleich beim Beginn des Verkehrs sehr starke Frequenz ergeben sollte, daß hie und da noch nicht allen Anforderungen genügt sei, so werden diesfällige Erfahrungen für uns eine Aufforderung sein, Alles aufzubieten, um sobald als irgend möglichst den billigen Wünschen der Reisenden vollständig zu entsprechen. Berlin, am 29sten Juni 1841.

Direction der Berlin-Anhaltischen Eisenbahn-Gesellschaft.

Annonce über die Eröffnung der Teilstrecke Berlin–Jüterbog (aus der „Vossischen Zeitung" vom 1. Juli 1841)

gen wäre, bemerkbar. In der bestimmten Zeit, ja eher früher, wurden die Stationen erreicht. Nur sprach sich unter den Vergnügungsreisenden sehr laut und einstimmig der Wunsch aus, daß die Preise erniedrigt werden möchten. Wenn man bis Potsdam für 7½ Sgr. fahren kann (und dies dünkt schon Viele zu hoch), wer würde dann 12 Sgr. bis Trebbin zahlen. Man bemerkte, daß Großbeeren (wenn dort ein Halteplatz eingerichtet wird), leicht ein Vergnügungsort werden dürfte, der, seiner anmuthigen Lage und historischen Erinnerungen wegen, viele anderen überflügeln möchte; nur müsse man die Preise bedeutend ermäßigen. . . .

Die BAE kam der Forderung, für Ausflugsfahrten der Berliner einen Nachmittagszug einzulegen, schon Mitte Juli 1841 nach:

Eine seit dem 15ten d. neu eingerichtete Dampffahrt auf der Berlin-Anhaltischen Eisenbahn verschafft dem Publikum, welches sowohl diese Bahn und ihre Einrichtungen selbst, als auch die Städte und Landschaften, welche sie durchschneidet, auf einer Spazierfahrt kennen lernen möchte, eine ungleich bequemere Gelegenheit dazu, als bisher. Statt einen ganzen Tag, und dabei sieben Stunden in Jüterbog auf der Fahrt zubringen zu müssen, hat man jetzt nur die Nachmittagsstunden von 2 bis 8 dazu nöthig, um die 18 deutschen Meilen (auf dem Postwege über 23) zurückzulegen, und verweilt dabei eine halbe Stunde in Jüterbog und 1¾ Stunden in Luckenwalde, was gerade genügt, theils um die angenehme Landschaft in der das erste Städtchen liegt zu beschauen, und in Luckenwalde um eine, der Vesperzeit angemessene Erfrischung einzunehmen und zugleich dies Fabrikstädtchen, das kaum 10 Minuten von dem Anhaltpunkt entfernt ist, in näheren Augenschein zu nehmen.

Diese Nachmittagsfahrt verkehrte jedoch nur kurze Zeit, denn schon am 3. August gab die Direktion bekannt:

Da dieselbe aber auf den zur Beschleunigung des Oberbaues auf der weiteren Strecke von Jüterbog bis Wittenberg — von welcher die Eröffnung der ganzen Bahn abhängt — nothwendigen Materialien-Transporte weit störender einwirkt, als vorausgesetzt werden durfte, so sehen wir uns veranlaßt, diese vorgedachte Fahrt vom Mittwoch, den 4ten August ab wieder aufhören zu lassen.

Wenige Tage, nachdem die Strecke Berlin–Jüterbog für den Personenverkehr eröffnet worden war, nahm die BAE auch die Beförderung von Reisewagen, den sogenannten Equipagentransport, auf:

Berlin-Anhaltische Eisenbahn.

Wir haben die Einrichtung getroffen, daß von jetzt an auch Equipagen vorläufig von hier nach Jüterbogk und umgekehrt, mit den Personen-Wagenzügen befördert werden können.

Die Taxe ist

a) für einen schweren Reisewagen (mit Gepäck) 9 Thlr.,

b) für einen 4rädrigen gewöhnlichen leichten Wagen 7 Thlr. 15 Sgr.,

c) für einen 2rädrigen Wagen 6 Thlr.

Wer auf der Ueberfahrt in seinem eigenen Wagen sitzen will, hat ein Billet IIter Klasse (für Bediente und Kutscher Billete IIIter Klasse) zu lösen.

Laut Bekanntmachung des Magistrats von Jüterbogk sind daselbst die nöthigen Vorkehrungen getroffen worden, sowohl zur Beförderung der Passagiere vom Bahnhofe zur Stadt und umgekehrt, als für diejenigen, welche in verschiedenen Richtungen von da ab weiter reisen wollen.

Der Billet-Verkauf auf hiesigem Bahnhofe ist an Wochentagen in der Zeit von 7 Uhr Morgens bis 7½ Uhr Abends, nur in der Mittagsstunde von 12—1 Uhr, und am Werderschen Markt No. 4. von 8 Uhr Morgens bis 8 Uhr Abends nur in der Stunde von 1—2 Uhr geschlossen. In denselben Geschäftsstunden wird auch an beiden Orten das Passagier-Gepäck (gegen Garantie-Schein) angenommen. Eine halbe Stunde vor der Abfahrt jedes Zuges muß jedoch die Gepäck-Expedition auf dem Bahnhofe geschlossen werden. Berlin, den 4ten Juli 1841.

Direktion der Berlin-Anhaltischen Eisenbahn-Gesellschaft.

Am Werderschen Markt Nr. 4 befand sich das Büro der Spediteure Herrmann und Meyer, die nicht nur Fahrkarten verkauften sowie Gepäck annahmen und zum Bahnhof beförderten, sondern auch annoncierten: „Reisewagen werden ebenfalls nach 3stündiger vorheriger Anmeldung von den resp. Reisenden abgeholt und hinausgeschafft."

Vollendung der Gesamtstrecke Berlin–Köthen

Inzwischen näherten sich auch die restlichen Teilstrecken ihrer Fertigstellung. Am 17. August 1841 fand die feierliche Eröffnung der Strecke Dessau–Coswig statt; damit gingen der Damm durch das Elb- und Muldetal nördlich von Dessau ebenso in Betrieb wie das Eisenbahngleis auf der Straßenbrücke über die Elbe bei Roßlau. Der öffentliche Verkehr zwischen Dessau und Coswig wurde am 18. August aufgenommen und schon nach wenigen Tagen, am 28. August 1841, über Coswig hinaus bis Wittenberg ausgedehnt.

Die noch fehlenden 4½ Meilen von Jüterbog bis Wittenberg gingen – wie der Bekanntmachung der Bahndirektion (siehe Seite 26) zu entnehmen ist – nur zwei Wochen später, am 10. September 1841, in Betrieb.

Die Eröffnung der Gesamtstrecke war – im Gegensatz zu der Inbetriebnahme der Eisenbahn Berlin–Potsdam drei Jahre früher – recht nüchtern. Über die Aufnahme des durchgehenden Betriebes zwischen Berlin und Köthen berichtete die „Vossische Zeitung" am 11. September:

Berlin, den 10ten September. Die Eröffnung der Berlin-Anhaltischen Eisenbahn hat diesen Morgen stattgehabt. War gleich dieselbe nicht mit veranstalteten Feierlichkeiten verbunden, so bildete das Ereigniß doch an sich selbst eine freudige Feierlichkeit, die durch das schönste mildeste Herbstwetter begünstigt wurde. Merkwürdig war es zu sehn, wie Leben und Verkehr erweckend es bis in die innern Theile der Stadt wirkte; denn schon inmitten derselben sah man gefüllte und bepackte Droschken zu ungewöhnlich früher Stunde dem Anhaltischen Thor zu eilen, und in der Nähe desselben waren die Straßen von einem Verkehrsgeräusch erfüllt, daß sie den lebhaftesten der Stadt gleich stellte. Auf dem Bahnhof selbst aber sah man erst, wie ungemein der Andrang war. Große Packwagen kamen an; alle Thüren des Billetverkaufs und der Packet-Bureaus waren belagert. Der Knoten scheinbarer Verwirrung löste sich jedoch bald, und um 7¼ Uhr hatten die Reisenden die sämmtlichen Wagen des ersten Zuges (denn der große Andrang hatte zwei nöthig gemacht) eingenommen. Unter den Abreisenden befanden sich auch Ihre Königl. Hoh. die Frau Prinzessin Karl von Preußen. Das Direktionspersonal machte diese erste Fahrt bis Cöthen mit. Fünf Minuten nach halb acht setzte sich der erste Zug, durch die Locomotive der „Courier" befördert, in Bewegung. Er bestand aus acht Wagen der drei Classen, drei Packwagen und drei Reise-Equipagen. Der zweite Zug, von der vaterländischen Locomotive „Borsig", unter Aufsicht des Erbauers selbst geführt, folgte dem ersten nach einer Viertelstunde. Er bestand aus fünf Passagier-, drei Packwagen und zwei Reise-Equipagen. Eine große Menge von Zuschauern hatten sich eingefunden, um Zeuge dieser ersten Akte der vollständigen Thätigkeit der neuen Bahn zu sein, welche nunmehr drei so bedeutende Städte, wie Berlin, Leipzig und Magdeburg, der anziehenden Zwischenpunkte nicht zu gedenken, in eine Nachbarschaft von wenigen Stunden gebracht hat. — Der Zug der aus Cöthen diesen Morgen abgegangen war, traf diesen Mittag um ¾ auf zwei Uhr mit bekränzter Lokomotive hier ein. Die Ankunft hatte sich um eine Stunde verzögert, wie wir hören, weil die Cooks nicht von geeigneter Qualität und die Schienen durch starken Thau sehr schlüpfrig waren. Der Abgang des Mittagszuges von hier wurde dadurch eben so lange aufgehalten und eben so die Ankunft des um Mittag aus Cöthen abgegangenen Zuges, welcher den hiesigen bei Zahna abwarten mußte. Gewiß werden ähnliche Verzögerungen für die Zukunft vermieden werden, da sie, wegen des Anschlusses an die Magdeburger Bahn, für die Reisenden äußerst unangenehm werden könnten. Es sind heute in 4 Zügen hin und zurück über **1000** Personen befördert.

Vorerst wurden weiterhin nur Personen mit ihrem Gepäck sowie Equipagen befördert. Erst am 16. Oktober 1841 trat ein neuer Fahrplan in Kraft, der nur noch einen Per-

Berlin-Anhaltische Eisenbahn.

Am Freitag, den 10ten d. M., werden die Dampffahrten zur Personen-Beförderung auf unserer **ganzen Bahn** zwischen **hier** und **Cöthen** und resp. bis **Magdeburg** und **Leipzig** eröffnet werden.

Fahrplan.

A. Von Berlin nach Cöthen.

Abfahrt von Berlin	7½ U. Morgens.
„ „ „	12¾ U. Mittags.
„ „ Trebin	8 U. 26 Min. Morgens.
„ „ „	1 U. 37 Min. Nachm.
„ „ Luckenwalde	9 U. Vormittags.
„ „ „	2 U. 5 Min. Nachm.
„ „ Jüterbog	9½ U. Vormittags.
„ „ „	2 U. 33 Min. Nachm.
„ „ Zahna	10¼ U. Vormittags.
„ „ „	3 U. 18 Min. Nachm.
„ „ Wittenberg	10¾ U. Vormittags.
„ „ „	3 U. 48 Min. Mittags.
„ „ Koswig	11 U. 10 Min. Vorm.
„ „ „	4 U. 13 Min. Nachm.
„ „ Roßlau	11 U. 40 Min. Vorm.
„ „ „	4 U. 43 Min. Nachm.
„ „ Dessau	12 U. Mittags.
„ „ „	5 U. Nachm.
Ankunft in Cöthen	12½ U. Mittags.
„ „ „	5½ U. Nachm.

B. Von Cöthen nach Berlin.

Abfahrt von Cöthen	8 U. Morgens.
„ „ „	1 Mittags.
„ „ Dessau	8 U. 40 Min. Morgens.
„ „ „	1 U. 40 Min. Nachm.
„ „ Roßlau	8 U. 55 Min. Morgens.
„ „ „	1 U. 55 Min. Nachm.
„ „ Koswig	9 U. 25 Min. Vorm.
„ „ „	2 U. 25 Min. Nachm.
„ „ Wittenberg	9 U. 52 Min. Vorm.
„ „ „	2 U. 52 Min. Nachm.
„ „ Zahna	10 U. 22 Min. Vorm.
„ „ „	3 U. 22 Min. Nachm.
„ „ Jüterbog	11 U. Vormittags.
„ „ „	4 U. 3 Min. Nachm.
„ „ Luckenwalde	11 U. 25 Min. Vorm.
„ „ „	4 U. 28 Min. Nachm.
„ „ Trebbin	11 U. 50 Min. Vorm.
„ „ „	4 U. 57 Min. Nachm.
Ankunft in Berlin	12 U. 35 Min. Mittags.
„ „ „	5 U. 48 Min. Nachm.

Weiterfahrt auf der Magdeburg-Leipziger Bahn:

Abfahrt von Cöthen 8 U Morgens, Ankunft in Magdeburg 9½ U., in Leipzig 10¼ U.
„ „ „ 1 „ Mittags, „ „ „ 2½ „ „ „ 3¼ „
„ „ „ 6 „ Abends, „ „ „ 7½ „ „ „ 8¼ „

Abfahrten von Leipzig	5¾ U. Morgens.	Ankunft in Cöthen	7¾ U. Morgens
„ „ „	10½ U. Vorm.	„ „ „	12¼ U. Mittags.
„ „ „	3½ U. Nachm.	„ „ „	5¼ U. Nachm.
„ „ Magdeburg	6¼ U. Morgens.	„ „ „	7¾ U. Morgens.
„ „ „	11 U. Vorm.	„ „ „	12¼ U. Mittags.
„ „ „	4 U. Nachm.	„ „ „	5½ U. Nachm.

Station Berlin.

Tarif für Personengeld und Ueberfracht beim Gepäck.

Nach:	Personengeld in Silbergroschen. Wagenklasse I.	II.	III.	Ueberfracht in Silbergroschen. 41 bis 100 Pfd.	101 bis 150 Pfd.	151 bis 200 Pfd.
Trebbin	30	20	12	2½	4½	7
Luckenwalde	40	27	17	3½	6½	10
Jüterbog	55	35	22	4½	8½	12½
Zahna	70	45	28	5½	11	16½
Wittenberg	80	52	32	6½	13	19½
Koswig	90	60	36	7½	14½	21½
Roßlau	100	68	42	8½	16½	25
Dessau	105	70	44	9	17½	26
Köthen	120	80	50	10	20	30
	Thlr.	Thlr	Thlr.			
Magdeburg	4⅔	3⅙	2	13½	26½	40
Leipzig	5½	3⅔	2⅓	14½	29	43½

Nach Uebereinkunft mit der Magdeburger Gesellschaft können an jedem der drei Endpunkte beider Bahnen: **Berlin, Magdeburg, Leipzig,** Fahrbillette für die ganze Tour bis zu einem andern Endpunkte gelöst werden; auf den Zwischen-Stationen können jedoch Billette nicht weiter als bis Cöthen gelöst werden.

Der Billet-Verkauf, so wie die Annahme von Reisegepäck und Equipagen, geschieht auf dem Bahnhofe vor dem Anhaltischen Thore von 6½ Uhr Morgens bis 6 Uhr Abends, und am Werderschen Markt No. 4. im Comtoir der Herren Herrmann u. Meyer, von Morgens 8 Uhr bis Abends 7 Uhr, an letzterem Orte jedoch zu den des Morgens abgehenden Fahrten nur bis Abends vorher und zu den Mittagsfahrten nur bis 1½ Stunde vor der Abgangszeit.

Beide Billet-Expeditionen sind in der Mittagsstunde von 1 — 2 Uhr geschlossen.

Was den Reisenden sonst zu wissen wünschenswerth ist, enthält die „Nachricht für Passagiere", wovon Exemplare in den Billet-Expeditionen unentgeltlich zu haben sein werden. Berlin, den 7ten September 1841.

Direktion der Berlin-Anhaltischen Eisenbahn-Gesellschaft.

sonenzug in jeder Richtung – morgens sowohl ab Berlin als auch ab Köthen mit Kreuzung in Jüterbog – vorsah. Anstelle des zweiten Personenzuges verkehrte jetzt ein Güterzugpaar, das in Wittenberg übernachtete und nicht nur Güter, sondern in der 2. und 3. Wagenklasse auch Personen beförderte. Während die Personenzüge jenseits von Berlin ihren ersten Halt in Trebbin einlegten, hielten die Güterzüge zusätzlich an den „Anhalteplätzen" Großbeeren und Ludwigsfelde. Somit kann der 16. Oktober 1841 als Eröffnungstag dieser beiden bis heute bestehenden Stationen angesehen werden. Allerdings hatte die BAE am 29. August 1841 schon einmal Extrafahrten zwischen Berlin und Großbeeren veranstaltet und den Berlinern damit Gelegenheit gegeben, an der Gedenkfeier teilzunehmen, die jährlich in Großbeeren für die Gefallenen der Schlacht vom 23. August 1813 stattfand.

Beschreibung der ausgeführten Bahn

Im April 1842 veröffentlichte die Direktion der BAE einen „Bericht über die Ausführung des ganzen Baues der Berlin-Anhaltischen Eisenbahn", der dem Stand vom 20. März jenes Jahres entsprach und sich eingehend mit allen Aspekten des Projektes befaßte.

Über den Grunderwerb und die Anlagen der freien Strecke führte der Bericht aus:

Im General-Anschlage war ein Grunderwerb von 1139½ Morgen angenommen à 173 Thlr. für Thlr. 166,300 — in welcher Geldsumme der Werth derjenigen Grundstücke, welche die Städte Luckenwalde, Zahna, Wittenberg und die Herzöge zu Anhalt unentgeltlich hergaben, nicht inbegriffen war.

Statt 1139½ Morgen sind jedoch zur Bahn überhaupt 1212¼ Morgen nöthig gewesen, ungerechnet die vielen Ausgrabeländereien und Ablagerungsplätze, welche jedoch in der vorgedachten Summe von 1139½ Morgen auch nicht enthalten waren. Diese Ueberschreitung der Fläche ist mit dadurch entstanden, daß bedeutend mehr, und breitere Seiten-Wege ausgeführt werden mußten, als veranschlagt waren; daß zu den Bahnhöfen überall mehr Terrain gebraucht wurde, um dieselben geräumiger zu machen, und daß die Gesellschaft gezwungen war, um nicht ungemessene Entschädigungen oder neue Ueberfahrten einzuräumen, hier und da abgeschnittene Ackerstücke mit anzukaufen. Der Durchschnittspreis für die erkauften Grundstücke beträgt pro Morgen 265 Thlr., also 92 Thlr. mehr als veranschlagt.

Die Summe, welche überhaupt für Grunderwerb incl. aller Nebenkosten ausgegeben worden, beträgt bis jetzt 289,455 Thlr. 26 Sgr. 5 Pf. . . .

In der obigen Summe sind die Ausgaben für die Grund-Erwerbung zum hiesigen Bahnhofe nicht mit inbegriffen . . .

Die Ausführung der Erdarbeiten ist durchgehends nach dem General-Anschlage vom 29. April 1839 geschehen, mit Ausnahme einer Strecke auf der V. und VII. Sektion, wo, durch eine Verlegung der Kronenlinie des Planums der Höhe nach, eine nicht unbedeutende Ersparung (v. 6450 Thalern laut Nachanschlags) erzielt worden ist. Die zweite Abänderung hat auf der ersten Sektion, unmittelbar in der Nähe von Berlin, stattgefunden . . .

Die Kosten dieser neuen Linie wurden dadurch um etwas vermehrt, daß wir es vorzogen, beim Ausgange aus Berlin statt des Steigungsverhältnisses von 1:300, wie früher angenommen war, eine Steigung von nur 1:360 anzuwenden, und die ersten 200 laufende Ruthen der Bahn horizontal zu legen; hierdurch wurde der Einschnitt nicht allein tiefer, sondern auch länger, als er bei einer Steigung von 1:300 geworden wäre. Alle übrigen Arbeiten sind anschlagsmäßig ausgeführt, sowohl in den Dossirungen als in den Steigungsverhältnissen.

Als besonders zweckmäßig stellt sich die größere Breite des Planums heraus, nämlich 27 Fuß, während andere Bahnen nur 21 bis 24 Fuß Breite haben. Hierdurch wird der Dienst der auf der Bahn beschäftigten Arbeiter nicht nur um Vieles gefahrloser, sondern die Bahn selbst liegt fester und sicherer, weil der äußere Schienenstrang nicht so nahe am Bord des Planums liegt, und weniger von der Erschütterung und Witterung zu leiden hat.

Die ganze, zur Herstellung des Bahnkörpers bewegte Erdmasse beträgt 712,892 Schachtruthen. Im General-Anschlage waren für diesen Titel 776,000 Thlr. ausgeworfen,

es sind aber im Ganzen dafür nur	701,660 Thlr.
und für die Erdarbeiten auf hiesigem Bahnhofe	50,213 Thlr.
Summa	751,873 Thlr.
ausgegeben, folglich noch	24,127 Thlr.

weniger als veranschlagt worden.

Diese Ersparniß hat theils darin ihren Grund, daß zur Zeit der Veranschlagung die größte Wahrscheinlichkeit vorhanden war, den Bau mit den Frankfurter, Stettiner und Magdeburger Bahnen gleichzeitig ausführen zu müssen, wodurch unter den Arbeitern eine viel größere Konkurrenz zu unserem Nachtheile entstanden wäre; theils darin, daß häufig günstigere Ausgrabeplätze, als ursprünglich angenommen, benutzt werden konnten ...

Auf allen 10 Sektionen waren in Summa 198 Wegeübergänge veranschlagt. Hiervon führten 176 zu ebener Erde, 3 vermittelst Brücken über die Bahn, und 19 unter der Bahn fort. Von den letztern sollten 15 zugleich als Wasserabflüsse dienen, und waren daher mit unter den Brücken veranschlagt; wir sind jedoch genöthigt gewesen, nach dem Verlangen der Adjazenten eine bedeutend größere Zahl von Uebergängen herzustellen, nämlich 258 Stück. Davon liegen:

zu ebener Erde	227
unter der Bahn	26
(von denen 14 zugleich als Wasserabflüsse dienen,)	
über der Bahn	5

Diese bedeutende Vermehrung der Bahnübergänge hat nicht ohne namhaften Kostenaufwand geschehen können. ...
Die Summe aller für Wegeübergänge verausgabten Gelder beträgt 72,366 Thlr.

Die Brückenbauten auf sämmtlichen 10 Sektionen waren in Summa mit 332,150 Thlr. veranschlagt worden.

Dafür sollten erbaut werden:

17 größere Brücken, von 21 bis 342′ lichter Weite und zusammen 1894 laufende Fuß Durchflußöffnung; 150 kleinere Brücken und Durchlässe, von 2 bis zu 20 Fuß lichter Weite, und zusammen 852 Fuß Durchflußöffnung.

Nachdem das Hochwasser mehrere Mal, theils vor, theils während des Baues beobachtet worden, hat es sich ergeben, daß an vielen Orten einzelne kleine Durchlässe ganz wegbleiben, andere größere Brücken, wie z. B. die Dennewitzer, bedeutend eingeschränkt werden konnten, welches dann auch geschehen ist. Auf anderen Orten ist jedoch, theils weil man sich von der Nothwendigkeit überzeugte, theils auf Veranlassung der Adjazenten, eine Vergrößerung der Durchflußöffnung erforderlich geworden. Auf die erste Sektion (von hier bis Groß-Beeren) waren für Brücken

veranschlagt; die Ausführung	20,620 Thaler
derselben hat aber	38,938 Thaler
folglich	10,318 Thaler

mehr gekostet, aus folgenden triftigen Ursachen:

Die Polizei-Behörde hatte bei der Genehmigung der hiesigen Bahnhofs-Anlage der Gesellschaft die Bedingung gestellt, die Brücken über den Landwehrgraben entweder gleich zum Durchlassen von Schiffen einzurichten, oder doch die Verpflichtung zu übernehmen, diese Einrichtung späterhin, wenn sie erforderlich würde, auf ihre Kosten, und ohne alle Entschädigungsansprüche herzustellen, weil es in der Absicht liege, den Landwehrgraben schiffbar zu machen. So erfreulich in dieser Beziehung die Realisirung dieses Projekts für die Gesellschaft sein würde, da hierdurch die Kosten für Heranschaffung des Brennmaterials bedeutend verringert würden, so nachtheilig für den Betrieb der Bahn drohte die Störung durch eine spätere Veränderung in der Konstruktion der Brücken zu werden.

Aus diesem Grunde sind gleich jetzt an den beiden Brücken, welche zum Bahnverkehr dienen, die erforderlichen Einrichtungen gemacht worden, um künftig Schiffe durchlassen zu können. Da Zug- und Klappbrücken für den Eisenbahn-Verkehr keine genügende Sicherheit gewähren, so sind Drehbrücken von Gußeisen erbaut, als die, bei der vorhandenen sehr geringen Höhe der Schienen über dem Wasserspiegel, allein anwendbaren. Beide Brücken sind schön und dauerhaft ausgeführt, entsprechen ihrem Zweck vollkommen, und haben zusammen einen Kostenaufwand von circa 18,640 Thlr. erfordert. Die andern beiden Brücken über den Landwehrgraben (außerhalb des Bahnhofes) sind mit massiven Mittelpfeilern, hölzernem Oberbau, und hölzernen Pfahljochen erbaut. Die Unterhaltung derselben hat Fiskus übernommen. Die Erbauung derselben war uns vom Königl. Kriegs-Ministerio zur Bedingung gestellt, und ist, wie schon angeführt, auch unserem Frachtverkehr förderlich;

die Anlage der zweiten wurde hauptsächlich dadurch motivirt, daß durch dieselbe die Grundstücke, welche der Gesellschaft zu beiden Seiten der Straße gehören, im Werthe gewinnen, und deren Verkauf erleichtert wird. Die Kosten für diese beiden Brücken betragen cca. 11000 Thlr.

Die Brücken auf der weiteren Strecke bis Kerzendorf sind alle anschlagsmäßig, oder nur mit kleinen Abweichungen erbaut; zum Theil nicht ganz so günstig, theilweise aber auch ganz anschlagsmäßig stellten sich die Ergebnisse auf den folgenden Strecken.

Die Beschaffung der Materialien zu den Brücken war überall mit den größten Schwierigkeiten und ansehnlichem Kostenaufwande verknüpft, da Feldsteine nicht immer zu erlangen waren und auch nicht überall die Mauersteine ersetzen konnten, welche in so ungeheuren Massen gebraucht wurden, daß die Ziegeleien in der Umgegend sie nicht in der benöthigten kurzen Zeit zu liefern vermochten. Diesen Bedarf aber schon im Jahre 1838 sich zu sichern, erlaubten die schwankenden Verhältnisse der ganzen Unternehmung damals noch nicht.

Wie schon angeführt, betrug die Anschlagssumme für sämmtliche Brückenbauten auf allen Sektionen	332,150 Thlr.
Die wirklich darauf verwendeten Kosten haben laut unsers Rechnungs-Abschlusses betragen	354,549 Thlr.

Es sind nämlich 21 Brücken von 21—330′ lichter Weite und zusammen 2137 ¼′ Durchflußöffnung, und 164 von 2—21′ lichter Weite und zusammen 955½′ Durchflußöffnung erbaut worden, folglich sind in Summa 346¾′ laufende Fuß mehr überbrückt, als ursprünglich veranschlagt waren.

Die Kosten für den Oberbau zerfallen in zwei Hauptabtheilungen.

1) Beschaffung der nöthigen Schienen, Schienenstühle, Keile, Nägel, Unterlagshölzer etc. und

2) Beschaffung der nöthigen Materialien zur Fundamentirung des Oberbaues, als Kies, Lehm etc. und das Verlegen des Gestänges.

Unstreitig ist der erste Theil dieser Ausgaben in der Regel die bedeutendste Position aller Kosten bei einem Bahnbaue . . .

Die Länge der Bahn war mit 40,145,6 laufende Rth. berechnet. Für Ausweichungen etc. kommen hinzu 1,592,4 laufende Rth. Die ganze Länge des Bahngestänges sollte also laut General-Anschlages betragen 41,738 laufende Ruthen, wozu, zu 15 Fuß Länge berechnet, cca. 66,783 Stück Schienen gehörten.

Diese Länge bezog sich auf den Punkt, wo die beiden Bahnen in Cöthen zusammenstoßen. Da der Cöthener Bahnhof jedoch noch über diesen Punkt hinausgerückt wurde, so ist dadurch auch eine kleine Verlängerung der Bahn entstanden.

Die Länge des wirklich verlegten Bahngestänges beträgt nunmehr

1) auf der Bahn selbst .	40,414 Ruthen.
2) auf den verschiedenen Bahnhöfen incl. aller Ausweichungen und Drehkurven	2,441 „
3) Der Schienenweg vom Wittenberger Bahnhofe bis nach den Koaksöfen daselbst	200 „
	43,055 lfd. Rthn.

Bahngestänge, also 1317 Ruthen mehr, als im Anschlage angenommen waren.

Diese bedeutende Vermehrung hat nicht allein einen Theil derjenigen Schienen absorbirt, welche zu einem Doppelgeleise von 1 bis 1½ Meile bestimmt waren, sondern hat auch außerdem noch einen nicht unbedeutenden Kostenaufwand durch Anschaffung aller übrigen dazu nöthigen Materialien verursacht. So viel aber auch allerseits für eine zweckmäßige Vertheilung der verschiedenen Geleise auf den Bahnhöfen gesorgt ist, und so geräumig diese auch jetzt sind, so wird dennoch bei Zunahme des Verkehrs gerade kein Ueberfluß an Raum auf den Bahnhöfen sein, und es dürfte später die Verlegung noch mehrerer Nebengeleise erforderlich werden.

Eine nicht unbedeutende Vermehrung der Kosten dieses Titels ist auch durch eine Veränderung der Konstruktion des Oberbaues auf denjenigen Strecken veranlaßt, wo die neuere, sogenannte Vignol'sche Schienenform angewendet ist.

Die Anfertigung von Ausweichungen war ein Gegenstand, welcher die sorgfältigste Auswahl der dabei anzuwendenden Maschinerien und Prüfung der darauf einwirkenden Verhältnisse zur Pflicht machte. Erwägt man, wie vieler Personen Leben auf dem Spiele steht durch eine schlecht konstruirte Ausweichung oder Exzentrik, so erscheint es als eine unerläßliche Bedingung, nur die vollkommensten Erfindungen dieser Art anzuwenden, wenn auch die Kosten dadurch bedeutend vermehrt werden. Bei der Anhaltischen Bahn sind alle diese verschiedene Maschinentheile nach den bewährtesten, durch die bisherige Erfahrung als die vorzüglichsten bezeichneten, Mustern gefertigt.

Als unsere Ingenieure im Jahre 1836 Belgien und England bereisten, waren die Eisenbahnen, selbst in England, gewissermaaßen noch in der Kindheit. Die reißenden Fortschritte, welche diese großartige Erfindung in jeder Hinsicht seitdem gemacht hat, vervollkommneten auch diese höchst wichtigen Theile derselben ungemein, und wir haben es uns angelegen sein lassen, später das Vollkommenste, was bekannt geworden war, auf unsere Bahn zu übertragen.

Es ist leicht erklärlich, daß die neuen, aus gehobelten Schienen konstruirten Ausweichungen bei weitem mehr kosten, als die noch unvollkommenen, worauf der Anschlag basirt war, wobei noch zu bemerken ist, daß 35 Ausweichungen und Exzentriks mehr gefertigt worden als veranschlagt waren.

Für Titel Oberbau sind bis jetzt laut Baukostenrechnung in Summa. . .	1,477,879 Thlr.
verausgabt, im General-Anschlage waren dafür berechnet.	1,312,690 "
also Mehrausgabe . . .	165,189 Thlr.

Beschreibung der Bahnhöfe

Besondere Aufmerksamkeit widmete die Bahngesellschaft der Gestaltung ihrer Bahnhöfe. Sie nutzte dabei auch die Erfahrungen, welche die ersten Eisenbahnen des In- und Auslandes inzwischen gesammelt

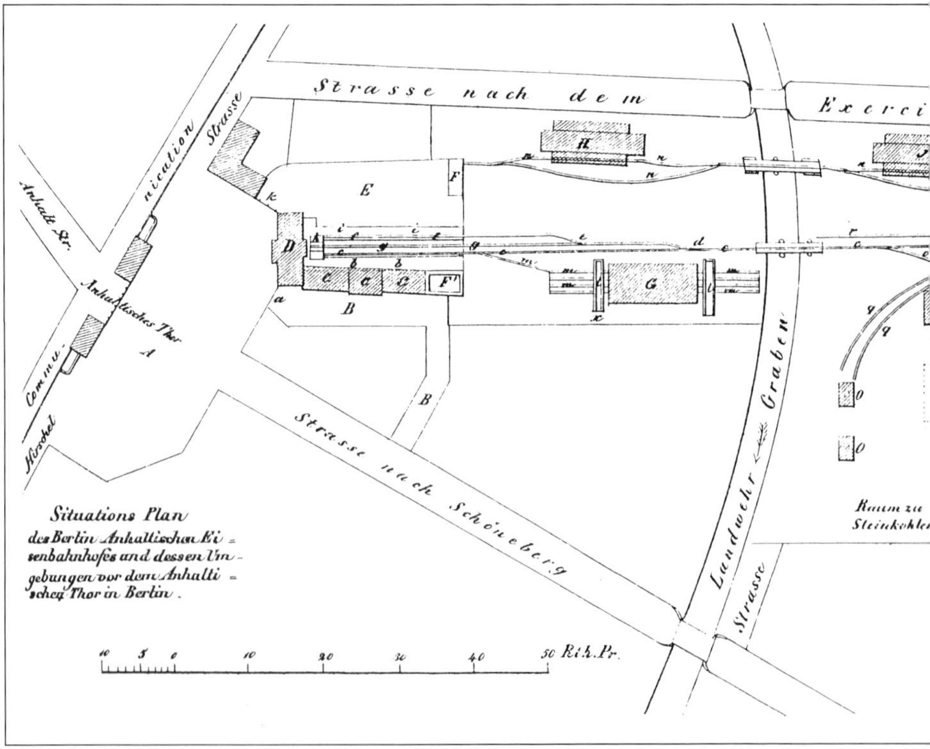

Lagepläne des Bahnhofs Berlin aus den Jahren 1841 und 1843

hatten, und setzte verschiedene neue Erkenntnisse – wie die örtliche Trennung des Personenverkehrs vom Güterverkehr – als erste deutsche Eisenbahn in die Praxis um. Der Bericht vom April 1842 beschäftigte sich auch eingehend mit dem Bau des Bahnhofs Berlin:

... Der früher projektirte Bahnhof sollte 20 Morgen 10⅔ Quadratruthen Fläche enthalten, statt dessen nimmt er jetzt einen Raum von 27 Mrg. 133 Quadratruthen ein.

Die früher projektirten Drehscheiben, die ganze Anordnung der Geleise und Gebäude, sind verändert, vergrößert und verschönert worden. Dadurch, daß die Hauptwerkstätten hierher verlegt sind, hat die ganze Anlage wesentlich an Zweckmäßigkeit und Vollständigkeit gewonnen. Dieser Bau ist mit allen erforderlichen Räumen, mit einer Dampfmaschine und vielen andern Maschinen und Einrichtungen ausgestattet, an welche im ersten Anschlage nicht gedacht worden, die sich aber als höchst zweckmäßig und ersprießlich bewähren, um in Zukunft Reparaturen jeder Art an den Fahrzeugen hier ausführen zu können, ohne zu anderen Fabriken Zuflucht nehmen zu müssen, welche letztere Hülfe immer die kostspieligere ist.

Laut General-Anschlags waren die Kosten der ganzen Bahnhofs-Anlage auf	178,300 Thlr.
berechnet. Hiervon waren abgerechnet der Erlös aus den zu verkaufenden Grundstücken, die Miethe für die Restauration und Dienstwohnungen, zusammen mit	58,300 Thlr.
so daß die in die Berechnung gestellten Anlage-Kosten betrugen	120,000 Thlr.
Statt dessen sind, wie aus der Berechnung hervorgeht. .	499,250 Thlr.

für die ganze Anlage verwendet (in welcher Summe die unter Titel „Brückenbau" aufge-

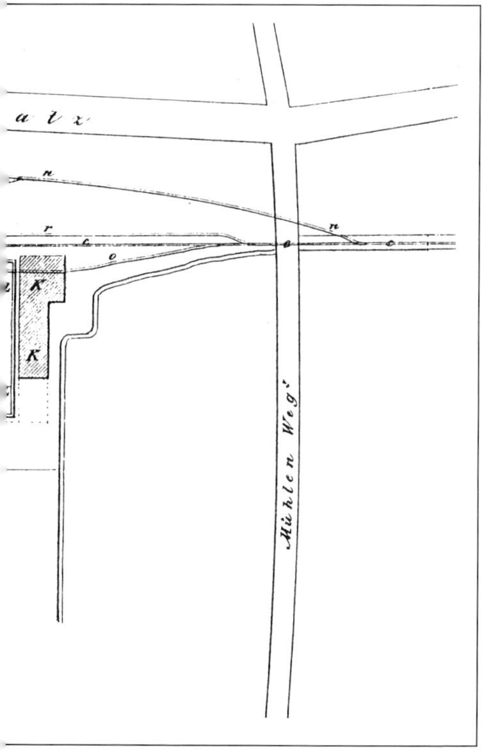

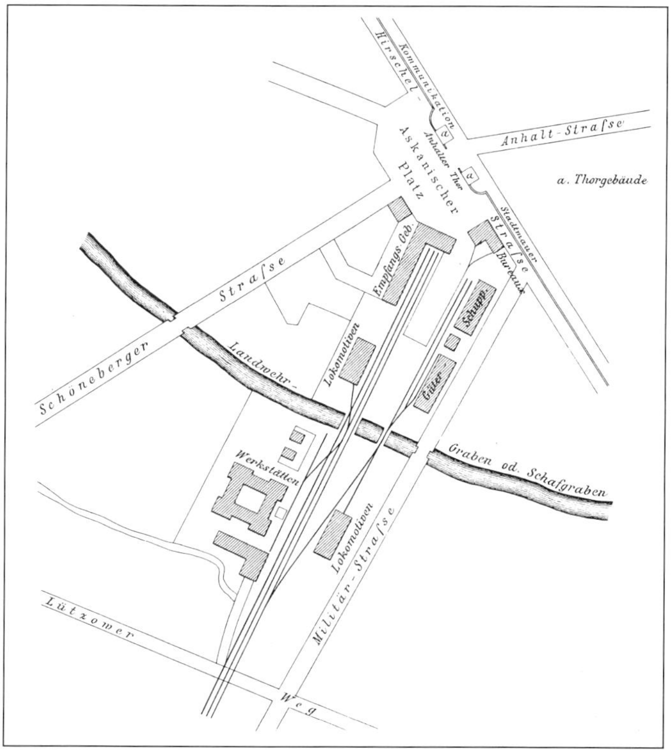

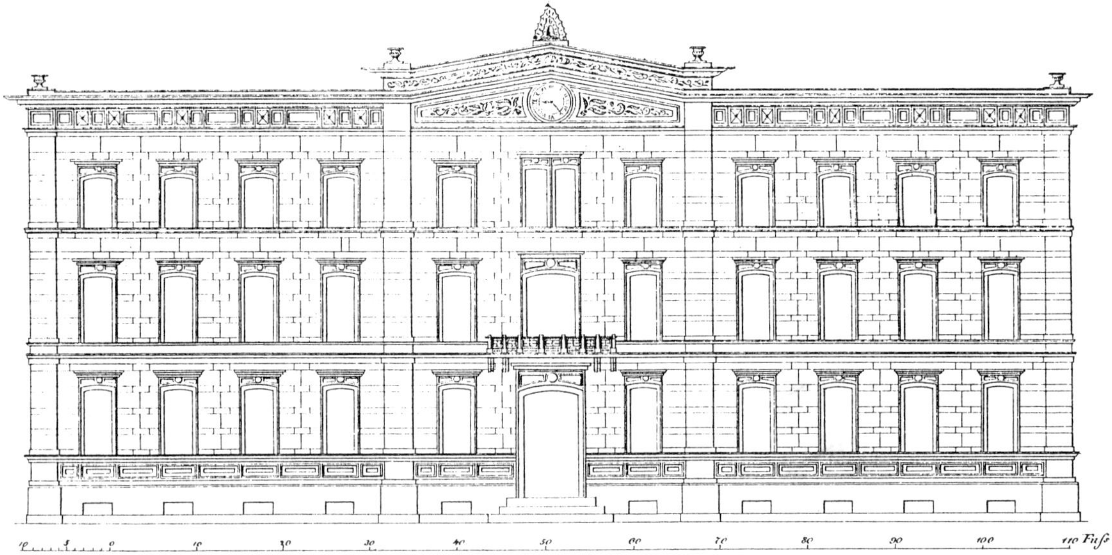

Empfangsgebäude des Bahnhofs Berlin. Diese 1841 veröffentlichten Zeichnungen zeigen die Straßenfront am Anhalter Thorplatz (oben) und die Ansicht von der Gleisseite (rechts)

führten Kosten der beiden Drehbrücken auf dem Bahnhofe mit 18,640 Thaler und der beiden hölzernen Brücken über den Landwehrgraben, mit 11,000 Thalern nicht mitbegriffen sind.)

Hiervon kommen auf die baulichen Anlagen, welche unmittelbar zum Bahnhofe gehören, circa . . . . 352,300 Thlr. während früher nur . . . . 158,600 Thlr. dafür veranschlagt waren.

Es ist hier der Ort, hervorzuheben, daß zu einer Zeit, wo das Aktien-Kapital noch nur 3 Millionen betrug, die Direktion den Muth hatte, der Ausführung des ganzen Unternehmens den Kosten-Anschlag von 3,586,544 Thlrn. zum Grunde zu legen, wobei sie annahm, daß die entbehrlichen hiesigen angekauften Grundstücke so vortheilhaft wieder zu verkaufen sein würden, daß alles zu den hiesigen Anlagen erforderliche Terrain der Gesellschaft nicht allein gar nichts kosten, sondern noch einen Gewinn ergeben würde.

Diese Annahme hat sich auf glänzende Weise bewährt, indem die von den hier acquirirten Grundstücken wiederverkauften und noch zu verkaufenden Theile einen Ertrag geben von . . . . . 268,405 Thlr.
Der Erwerbspreis war . . . 151,461 Thlr.
es werden mithin daran gewonnen . . . . 116,944 Thlr.
und der ganze, zu den hiesigen Anlagen erforderlich gewesene Grund und Boden kostet der Gesellschaft nichts.

Der getroffenen Anlage zufolge, hat der Personen- und Güter-Verkehr jeder seine besonderen Geleise; beide sind gänzlich von einander geschieden; ebenso der Verkehr mit den ankommenden von dem mit den abgehenden Gütern, wodurch jedoch eine zweite Drehbrücke über den Landwehrgraben nöthig geworden ist.

Die Erfahrung hatte herausgestellt, daß die kleinen Drehscheiben, wie sie lange angewendet wurden, wegen der jedesmal nöthigen Trennung des Tenders von der Maschine, unpraktisch waren, weil sie einmal viel Zeitaufwand verursachten, andrerseits aber das häufige Abschrauben der beiden Verbindungs-Röhren dieselben locker und unbrauchbar macht. Aus diesem Grunde sind auf unsern Bahnhöfen viel größere Drehscheiben gebaut, auf welchen Tender und Maschinen zugleich gedreht werden können, und welche ihrem Zwecke auch vollkommen entsprechen. Die Erbauung derselben ist aber natürlich bei weitem kostspieliger gewesen, als wenn die ursprünglich veranschlagten kleinen Drehscheiben gewählt wären . . .

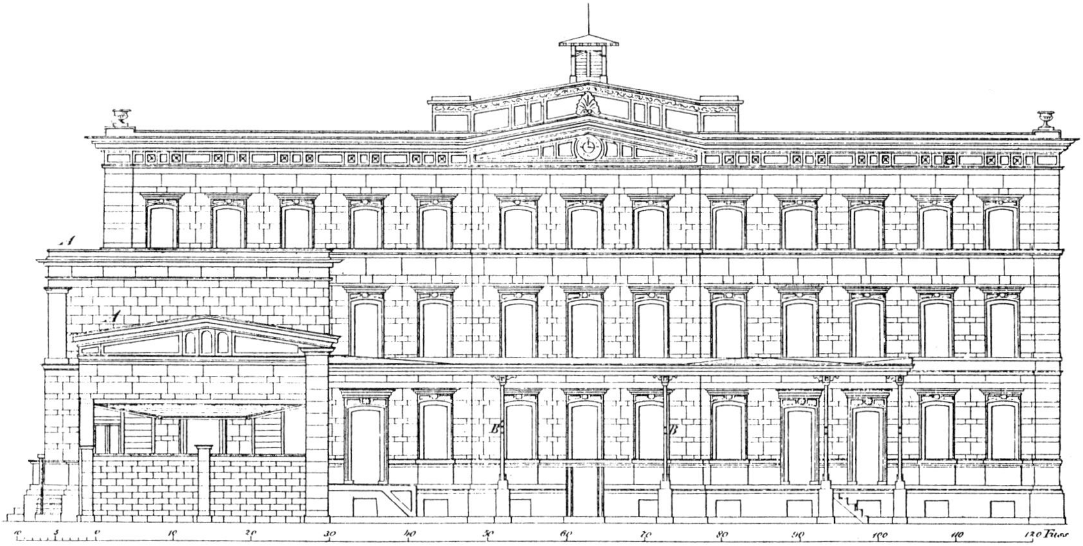

Bereits im Sommer 1841 hatte ein Berichterstatter geäußert, der Anhaltische Bahnhof in Berlin mache einen großartigen Eindruck, der „mit den größten englischen Bahnhöfen in Parallele gestellt werden könne", jedoch seien seine Gebäude noch schöner. Tatsächlich waren das Empfangsgebäude und das benachbarte Geschäftsgebäude für jene Zeit repräsentative Hochbauten, und auch das von der Bahngesellschaft angelegte Anhalter Tor mit seinen Nebengebäuden – darunter je einem Steuer- und einem Wachgebäude – paßte sich dieser Architektur an.

Die Anlagen für den Güterverkehr waren an der Ostseite des Bahnhofs – parallel zu der neuen Militärstraße – angeordnet. Damit konnte die Bahngesellschaft diese von ihr hergestellte Straße auch selbst als Zufahrt zu ihrem Güterbahnhof nutzen. An der Westseite des Bahnhofs hatte sich die BAE weitere große Flächen gesichert und mit einer neu angelegten Straße – der späteren Schöneberger Straße – erschlossen. Diese Flächen wurden im Zuge der Stadterweiterung bald darauf mit hohem Gewinn abgestoßen. Wie der Direktionsbericht vom April 1842 ausführte, konnte die Gesellschaft die Grunderwerbs- und Baukosten für ihren Bahnhof Berlin zu mehr als der Hälfte aus dem Verkauf überzähliger Grundstücke finanzieren.

Über die Gestaltung der Bahnhöfe und Anhalteplätze südlich von Berlin führte der Bericht aus:

Für die Anhaltepunkte Großbeeren und Ludwigsfelde waren kleine Wohngebäude für Einnehmer, und Koaksschuppen veranschlagt.

Statt dieser kleinen sind größere Gebäude aus Fachwerk, mit Wohnungen für sechs Bahnwärter und einen Einnehmer erbaut. Die Koaksschuppen sind weggefallen, dagegen sind Wasser-Stationen und Privets nothwendig geworden.

Der Bahnhof in Trebbin ist im Wesentlichen nicht gegen den Anschlag verändert, nur sind dadurch, daß derselbe, so wie der Lokomotiv-Schuppen bedeutend größer geworden, auch bessere Einrichtungen zum Wasser-Einnehmen getroffen worden, auch größere Kosten entstanden, als der Anschlag besagt. Die jetzigen Anlagen in Großbeeren, Ludwigsfelde und Trebbin kosten nämlich in Summa 21,789 Thlr., wogegen sie früher nur mit 19,000 Thlr. veranschlagt waren.

Ebenso verhält es sich mit den Bahnhöfen in Luckenwalde, Jüterbog und Zahna. Diese Anlagen waren resp. mit 12,000 Thlr., 16,000 Thlr. und 3,500 Thlr. veranschlagt, haben aber gekostet: 18,693—21,235 und 8,062 Thlr.

In diesen Summen sind jedoch die eisernen Röhrenleitungen zu den Wasserstationen, die Drehscheiben, Uhren, Umwehrungen etc. mit einbegriffen; alles größtentheils Dinge, deren bei der frühern Veranschlagung nicht gedacht war.

Für den Wittenberger Bahnhof waren anfänglich, excl. der für dort projektirten großen Werkstätten, 26,000 Thlr. bestimmt. Dieser Ort erscheint aber für die Zukunft von solcher Bedeutung für die Bahn, daß eine größere Anlage unerläßlich wurde.

Schon der Umstand, daß hier ein Sektions-Ingenieur wohnen muß, war Veranlassung, daß dies Empfangshaus etwas größer werden mußte, als die vorerwähnten. Das projektirte Werkstätten-Gebäude ist hier zwar für jetzt ausgefallen, und es ist nur eine kleine Schmiede und ein Lokomotiv-Schuppen erbaut; dafür hat aber der Bahnhof selbst eine bedeutend größere Ausdehnung erhalten, wodurch namentlich die Umwehrung desselben sehr kostbar geworden ist. . . .

In Koswig ist nur eine kleine Anlage hergestellt. Das dortige Empfangshaus ist nicht von der Gesellschaft, sondern von einem Gastwirth erbaut, welcher für diese Erlaubniß die Verpflichtung übernommen hat, das Lokal für das Billetverkauf-Büreau unentgeltlich herzugeben. Außerdem ist hier nur die Wasser-Station mit einem kleinen Wagenschuppen, und die nöthige Umwehrung gemacht. Für diese Anlagen waren 4000 Thlr. veranschlagt und es sind in Summa 3,240 Thlr. dafür verausgabt worden.

In Roßlau ist nur ein kleines Häuschen für einen Einnehmer und einen Bahnwärter erbaut, es kostet 2,169 Thlr., also 1,831 Thlr. weniger, als veranschlagt war.

Das Roßlauer Empfangshaus wird jetzt durch einen Anbau zu einem Post-Expeditions-Lokale vergrößert werden, wofür, bei dem liberalen Entgegenkommen der hohen Postbehörde, von der Gesellschaft keine Geldmittel in Anspruch genommen werden, und wobei dieselbe für sehr geringe Kosten noch eine Wohnung für einen Bahnwärter gewinnen wird.

In Deßau war das Wohngebäude, welches die Gesellschaft auf dem zum Bahnhofe bestimmten Grundstücke erkauft hatte, zum Empfangshause bestimmt. Dieses Gebäude hatte eine Schankgerechtigkeit, welche dort von

Das alte Empfangsgebäude des Bahnhofs Berlin um 1870

Werth ist. Da dasselbe jedoch etwas entfernt von der Bahn lag, und sich eine gute Gelegenheit zu dessen Verkauf bot, so wurde diese benutzt, und ein neues Empfangshaus mit einer Wohnung für einen Sektions-Ingenieur, einem Lokomotiv-Schuppen, einer Wasserstation, Schmiede-, Güter- und Wagenschuppen erbaut . . .

Kosten der Eisenbahnstrecke Berlin–Köthen

Bis Mitte März 1842 hatte die BAE für ihr Eisenbahnprojekt Berlin–Köthen insgesamt aufgewendet:

Aufwendungen für		Thlr.
— Technische Vorarbeiten, Unkosten für Ermittelung der Frequenz, Vermessungs- und Nivellements-Kosten etc. . . .		27,138
— Grunderwerb auf der Bahnlinie		289,456
— Geräthschaften		52,490
— Erdarbeiten		701,661
— Wegeübergänge		72,367
— Brücken und Durchlässe . .		354,549
— A. Gebäude auf der Bahn . .		173,043
B. Berliner Bahnhof		
a. Erwerb der Grundstücke	151,462 Thlr.	
b. Erdarbeiten	50,213 "	
c. Gebäude	231,000 "	
d. Verschiedene Baukosten	66,585 "	499,260
— Oberbau		
a. Schienen-Konto	958,039 Thlr.	
b. Oberbau-Material	378,819 "	
c. Verlegen des Gestänges	141,021 "	1,477,879
— Fahrzeuge		
a. Lokomotiven-Konto für 15 englische Lokomotiven nebst Steuer und für 1 Lokomotive von Herrn Borsig	247,098 Thlr.	
b. Wagen 169 eigene der verschiedenen Klassen nebst 77 gemeinschaftlichen Güterwagen, Brückenwagen etc.	219,569 "	466,667
— Insgemein		83,601
— Rendantur-Gebühren . . .		6,213
— Direktionskosten.		100,822
— Zinsen		310,584
— Kosten des Betriebs im Jahre 1840 zwischen Köthen und Dessau		7,344
Summa der Baukosten		4,623,074

Der alte Bahnhof Berlin um 1860, gesehen von der Gleisseite; links die Abfahrthalle, rechts der Ankunftbahnsteig, im Hintergrund die Rückseite des Empfangsgebäudes

Diese Kosten verminderten sich um den Wert der noch verkäuflichen Grundstücke und durch sonstige Einnahmen um etwa 500 000 Taler. Zur Deckung der verbleibenden Mehrkosten hatten die Aktionäre bereits Ende 1841 beschlossen, für weitere 500 000 Taler Prioritätsaktien auszugeben und das Gesellschaftskapital damit auf 4,5 Millionen Taler zu erhöhen. Der entsprechende Nachtrag zum Gesellschaftsstatut wurde am 18. Februar 1842 vom König genehmigt.

Weiterer Ausbau der Bahnanlagen bis zur Verstaatlichung

Die Bemühungen Potsdams, Anfangspunkt der Bahn nach Köthen zu werden, waren im Jahre 1838 gescheitert. Trotzdem setzte diese zweite preußische Residenzstadt weiterhin alles daran, ihre Stellung als Verkehrsknotenpunkt zu halten oder noch zu verbessern. Dafür bot sich eine Verlängerung der Berlin-Potsdamer Eisenbahn über Potsdam hinaus nach Westen an. Derartige Bestrebungen setzten schon 1840 ein. Sie zielten anfangs auf den Bau einer Eisenbahn von Potsdam über Genthin und durch die Altmark nach Hamburg sowie einer Zweigbahn Genthin–Magdeburg.

Zweigbahn Jüterbog–Röderau

Der König lehnte diese Planung mit einer Kabinettsorder vom 15. Januar 1841 jedoch ab, weil die Berlin-Anhaltische Eisenbahn (BAE) der Konzessionierung einer Bahn in Richtung Magdeburg widersprochen hatte. Dieses Recht ergab sich für die BAE aus dem Eisenbahn-Gesetz vom 3. November 1838, das eine bereits genehmigte Eisenbahn für die Dauer von 30 Jahren vor der Konzessionierung einer Konkurrenzlinie schützte. Die BAE bediente den Verkehr zwischen Berlin und Magdeburg zwar auf dem Umweg über Köthen, doch war die Bedienung gerade dieser Verbindung ein wesentliches Argument, als sich der Staat im Jahre 1838 bemüht hatte, anstelle des Projektes Berlin–Riesa die Strecke nach Köthen durchzusetzen. Allerdings hatte Preußen die Vorteile einer direkten Eisenbahnverbindung zwischen Berlin und Dresden inzwischen selbst erkannt. Es stellte der BAE daher am 8. September 1841 in Aussicht, ihr nun doch eine Eisenbahn von Jüterbog nach Riesa zu günstigen Bedingungen zu konzessionieren.

Das Projekt Potsdam–Magdeburg wurde trotz der ablehnenden Haltung des Königs von einem Eisenbahnkomitee in Potsdam weiterverfolgt. Das Komitee bot der BAE an, sich mit einem Viertel am Anlagekapital der Bahn nach Magdeburg zu beteiligen, jedoch lehnte die BAE dieses Angebot Ende 1843 ab.

Bereits im Sommer 1843 hatte die BAE das Angebot des Staates aufgegriffen, die Bahn nach Riesa doch noch zu bauen. Das fiel ihr um so leichter, als der Staat – wie in den Aktionärsversammlungen immer wieder beklagt wurde – für die über 100 000 Taler Planungskosten des ursprünglichen Projekts bisher keine Entschädigung geleistet hatte. Am 22. Mai 1844 beauftragten die Aktionäre die Direktion, die Konzession für den Bau einer Zweigbahn von Jüterbog zum Anschluß an die Leipzig-Dresdener Eisenbahn (LDE) zu beantragen, die für den Bau erforderlichen Vorbereitungen zu treffen und zu diesem Zweck eine Erhöhung des Gesellschaftskapitals um drei Millionen Taler durch Ausgabe neuer Stammaktien vorzusehen.

Ein entsprechender Antrag der Bahndirektion wurde am 23. November 1844 vom Finanzministerium positiv beantwortet. Der König hatte für den Fall, daß die Gesellschaft den Bahnbau in einer angemessenen Frist definitiv beschließe und Sachsen diesem Projekt zustimme, auch seine Zustimmung zum Bau der Zweigbahn und zur Erhöhung des Gesellschaftskapitals zugesichert, allerdings unter der Voraussetzung, daß sich der Staat die Genehmigung der Personen- und Gütertarife – einschließlich aller Änderungen – sowie der Fahrpläne vorbehalte und die BAE die allgemeinen Bedingungen zur Benutzung der Eisenbahn für militärische Zwecke anerkenne. Außerdem setzte der König voraus, daß die BAE bei einer Genehmigung der Zweigbahn in Richtung Riesa alle Widersprüche gegen eine Eisenbahn von Potsdam nach Magdeburg aufgeben werde.

In einer Generalversammlung am 28. April 1845 beschlossen die Gesellschafter einen entsprechenden Nachtrag zum Statut, dem der König Friedrich Wilhelm IV. am 2. September 1845 mit einer „Allerhöchsten Genehmigungs- und Bestätigungsurkunde" – der Konzession – zustimmte.

Die Bahndirektion untersuchte für die Riesaer Zweigbahn drei Trassenvarianten:

– Eine östliche Trasse am rechten Ufer der Schwarzen Elster, östlich an Herzberg und Liebenwerda vorbei und bei Nieska die Grenze nach Sachsen erreichend.

– Eine westliche Trasse mit dem Elsterübergang bei Schwanitz und weiter über Annaburg in die Nähe von Torgau und dann durch das Elbtal zur sächsischen Grenze bei Drebis.

– Eine direkte, etwa in der Mitte liegende, westlich an Herzberg und Liebenwerda vorbei nach Drebis führende Trasse.

Die direkte Trasse war nicht nur die kürzeste und mit Baukosten von etwa 1,85 Millionen Talern auch die billigste Variante. Sie bot mit ihren günstigen Neigungs- und Krümmungsverhältnissen auch dem Eisenbahnbetrieb die meisten Vorteile. Zwischenzeitliche Überlegungen der BAE, die Bahn nicht nach Riesa, sondern über Torgau zu führen und den Anschluß an die LDE in Dahlen herzustellen, waren bereits Anfang 1845 am Einspruch des Finanzministeriums gescheitert. Das hinderte die preußischen Behörden jedoch nicht daran, der BAE die Untersuchung einer weiteren Variante – Heranrücken der westlichen Trasse bis an den Brückenkopf von Torgau – aufzuerlegen. Am 3. November 1845 genehmigte der König dann endgültig die von der Bahndirektion bevorzugte mittlere Trasse über Herzberg.

Die Bauarbeiten begannen im Mai 1847. Sie kamen sehr schnell voran. Ende des Jahres waren die Erdarbeiten und die Brücken fast fertiggestellt, im Mai 1848 verkehrten bereits Bauzüge von Jüterbog bis zur Schwarzen Elster, und am 1. Juli 1848 eröffnete die BAE die fünf Meilen lange Teilstrecke Jüterbog–Herzberg für den öffentlichen Personen- und Güterverkehr.

Die Fortsetzung der Bahn auf sächsischem Gebiet war inzwischen in Verzug geraten, weil die Verhandlungen der BAE mit der LDE zu keinem Ergebnis geführt hatten. Beide Bahngesellschaften waren sich zwar über den Inhalt eines Anschlußvertrages einig, der vorsehen sollte, daß

– die LDE die Anschlußstrecke von der sächsisch-preußischen Grenze nach Riesa auf eigene Kosten erstellt,

– der Anschlußbahnhof auf sächsischem Gebiet auf Kosten der BAE errichtet wird,

– die BAE die gesamte Anschlußstrecke betreibt und unterhält und ihr dafür 45% der Bruttoeinnahmen dieser Teilstrecke zufließen.

Beide Bahnen hatten sich auch darauf verständigt, zwischen Berlin und Dresden einen durchgehenden Personen- und Güterverkehr einzurichten. Dagegen blieb die Einrichtung des durchgehenden Verkehrs zwischen Berlin und Leipzig strittig. Die LDE bestand darauf, während die BAE darin eine gravierende Gefährdung ihres durchgehenden Verkehrs auf dem Weg über Köthen sah. Im September 1847 stimmte die BAE dieser Forderung zwar widerstrebend zu, doch sah die LDE inzwischen neue Schwierigkeiten bei der Finanzierung und in den sächsischen Konzessionsbedingungen. Sie zog sich daher im März 1848 endgültig von einer Beteiligung an der Riesaer Zweigbahn zurück.

Um ihre Bahn von Jüterbog nicht vor der sächsischen Grenze enden zu lassen, hatte die Direktion der BAE bereits im Januar 1848 bei den Königlich-Sächsischen Behörden beantragt, die Konzession für die Anschlußstrecke auf sächsischem Gebiet nicht der LDE, sondern ihr – der Berlin-Anhaltischen Bahn – zu erteilen. Sachsen entsprach diesem Antrag mit der Konzessionsurkunde vom 9. Juni 1848. Bereits am 6. März 1848 hatten Preußen und Sachsen einen Staatsvertrag über den Bau dieser grenzüberschreitenden Eisenbahn geschlossen.

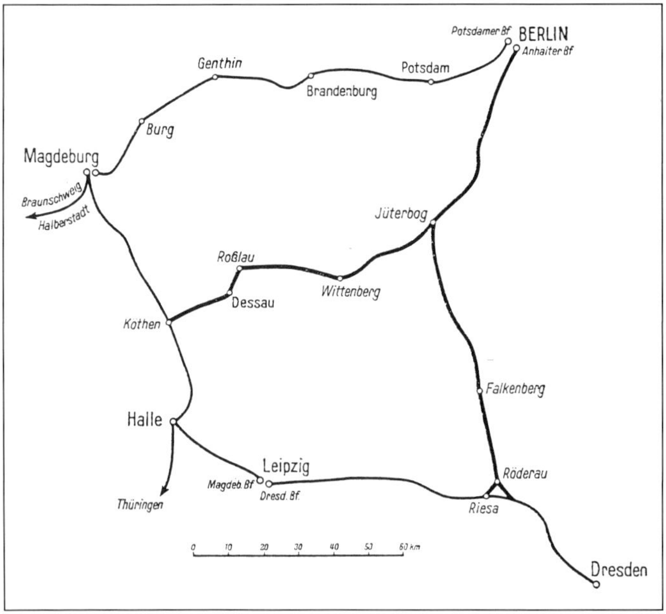

Das Streckennetz der BAE und der anschließenden Bahnen um 1848

Aufgrund der sächsischen Konzession konnte die BAE ihre Zweigbahn bis nach Röderau, einem sächsischen Dorf am östlichen Elbufer gegenüber von Riesa und in unmittelbarer Nähe der LDE, verlängern. Vom Endbahnhof Röderau baute die BAE eine östliche und eine westliche Anschlußkurve an die LDE, um den auch in der sächsischen Konzession geforderten direkten Wagendurchlauf von Berlin sowohl nach Dresden als auch nach Leipzig zu ermöglichen.

Am 1. Oktober 1848 nahm die BAE auch die Teilstrecke Herzberg–Röderau sowie die beiden Anschlußkurven zur LDE in Betrieb. An jenem Tag verließ ein mit etwa 500 Personen besetzter Eröffnungszug morgens um 7.30 Uhr den Anhaltischen Bahnhof in Berlin. Der Zug wurde in Jüterbog und in Herzberg mit Böllerschüssen empfangen. An der sächsischen Grenze war eine Ehrenpforte errichtet. Der Eröffnungszug traf – ab Röderau von den Direktionsmitgliedern der LDE begleitet – um 2 Uhr nachmittags in Dresden ein. Der öffentliche Verkehr zwischen Berlin und Dresden wurde am folgenden Tag aufgenommen.

Der Bau der Zweigbahn nach Röderau war auch Anlaß für einen Ausbau der Stammstrecke Berlin–Köthen. Die Direktion der BAE hatte zwar schon im Sommer 1841 – noch vor der Fertigstellung der gesamten Stammstrecke – erkannt, daß das zu erwartende Verkehrsaufkommen auf einer durchgehend eingleisigen Bahn nicht zu bewältigen sei. Sie leitete daher umgehend den Bau des zweiten Gleises auf den Teilstrecken Großbeeren–Ludwigsfelde und Wittenberg–Coswig ein. Spätestens seit dem Frühjahr 1842 konnten diese zusammen 2,37 Meilen langen Abschnitte zweigleisig befahren werden. Im Jahre 1845 wurde ein zweites Gleis auch zwischen Ludwigsfelde und Trebbin sowie zwischen Zahna und Wittenberg – zusammen auf weiteren drei Meilen Bahnlänge – fertiggestellt. 1849 kam noch die Strecke Berlin–Großbeeren hinzu. Damit waren zu diesem Zeitpunkt bereits 7¾ Meilen der Stammstrecke – die Abschnitte Berlin–Trebbin und Zahna–Coswig – zweigleisig in Betrieb.

Während der BAE anfangs nur Stuhlschienen eingebaut hatte – eine Folge ihrer Materialbestellung vom Frühjahr 1837 –, wurden für das zweite Gleis ausschließlich breitbasige (Vignol-)Schienen verwendet, die damals dem neuesten Stand der Technik entsprachen.

Die zweiten Gleise, welche die Bahn seit 1845 neu hergestellt hatte, wurden bereits aus dem Baufonds der Zweigbahn finanziert. Das galt auch für andere Baumaßnahmen, die in jenen Jahren an der Hauptbahn Berlin–Köthen stattfanden und deren Leistungsfähigkeit erhöhten. Zu diesen Maßnahmen gehörte der Bau einer neuen Drehbrücke in Berlin, auf der die Bahn den Landwehrkanal überquerte. Dieser Kanal wurde Ende der 1840er Jahre fertiggestellt. Er kreuzte die Anhaltische Bahn etwa 900 Fuß südlich des Schafgrabens, jenseits der Einfahrweiche des Bahnhofs Berlin, so daß die Bahngesellschaft jetzt nur eine eingleisige Drehbrücke über den Kanal zu errichten brauchte. Der Schafgraben, welcher den Bahnhof bisher so unglücklich zerschnitten hatte, wurde nach der Fertigstellung des Landwehrkanals zugeschüttet, die beiden Drehbrücken von 1841 abgebrochen. Das vormalige Grabengelände stand jetzt der BAE für eine Erweiterung ihrer Betriebsanlagen zur Verfügung.

Die drei Millionen Taler, welche die Aktionäre für den Bau der Röderauer Zweigbahn und für die Verbesserung der Hauptbahn aufgebracht hatten, wurden für diese Zwecke nicht vollständig verbraucht. Bis Ende 1849 waren für die Zweigbahn 2 168 741 Taler aufgewendet, ein sehr günstiges, auch auf die kurze Bauzeit zurückzuführendes Ergebnis, das sogar die Kosten für die ursprünglich nicht veranschlagte 1½ Meilen lange Anschlußstrecke in Sachsen – knapp 280 000 Taler – enthielt. Weitere 648 739 Taler hatte die Bahngesellschaft für den Ausbau der Stammstrecke Berlin–Köthen ausgegeben.

Bau neuer Zweigbahnen in Mitteldeutschland

Die Eröffnung weiterer Eisenbahnstrecken brachte für Berlin immer bessere Verbindungen in viele Gegenden Deutschlands und Europas. Ein erheblicher Teil dieser Verbindungen verlief über Strecken der BAE, beispielsweise über Röderau nach Dresden und seit 1851 von dort weiter nach Böhmen. Auf dem Weg über Köthen und Halle lag seit 1846/47 der Verkehr mit Thüringen, bald darauf auch mit Frankfurt am Main und Südwestdeutschland. Über Halle oder über Riesa ging es nach Leipzig und von dort seit 1848 weiter nach Bayern.

Für den Verkehr mit Halle oder Leipzig und darüber hinaus stellte der Weg – richtiger der Umweg – über Köthen zunehmend ein Hemmnis dar. Um das Wachstum von Handel und Industrie nicht zu behindern, wurde eine Verkürzung der Eisenbahnverbindungen Berlins mit diesen beiden Städten unumgänglich. Dafür bot sich der Bau einer in Wittenberg beginnenden Zweigbahn an, welche die Entfernungen von Berlin nach Halle um 3¼ Meilen, nach Leipzig sogar um 6¾ Meilen abkürzen konnte. Ein erstes derartiges Projekt wurde Anfang 1853 vorgestellt. Es gelang der BAE, sich nicht nur sehr schnell dieser Planung zu bemächtigen, sondern schon im November 1853 auch das grundsätzliche Einverständnis des Königs mit diesem Bahnbau zu erlangen.

Am 27. Januar 1854 stimmten auch die Aktionäre dem Vorhaben zu, eine Eisenbahn von Wittenberg nach Bitterfeld und von dort einerseits nach Halle und andererseits nach Leipzig zu bauen. Um die Abfuhr der Bitterfelder Braunkohle zur Elbe zu erleichtern, beschlossen die Aktionäre am 28. April 1854 außerdem den Bau einer Zweigbahn von Bitterfeld nach Dessau, ein Projekt, für das sich die anhaltische Regierung lebhaft eingesetzt und dessen finanzielle Förderung sie bereits zugesichert hatte.

Mit dem Bau der neuen Bahnen strebte die BAE an, den Verkehr des aufstrebenden Industriegebietes in Mitteldeutschland vollständig an sich zu ziehen und so die zu fremden Bahnverwaltungen gehörenden Strecken Magdeburg–Leipzig und Leipzig–Dresden aus dem Verkehr nach und über Berlin auszuschalten.

Weitere Überlegungen in jenen Jahren betrafen den Bau einer Eisenbahn von Halle über Nordhausen und Heiligenstadt bis zur Landesgrenze in Richtung Kassel. Schwierige Geländeverhältnisse ließen hier jedoch hohe Baukosten und eine geringe Rendite erwarten, so daß die Aktionäre der BAE eine Beteiligung an diesem Projekt im April 1857 endgültig ablehnten.

Die Kosten für den Bau der mitteldeutschen Zweigbahnen waren anfangs auf 4½ Millionen Taler veranschlagt. 1856 stimmten die Aktionäre der Bahn einer Erhöhung des Gesellschaftskapitals um diesen Betrag zu. Das neue Kapital wurde durch die Ausgabe von Prioritäts-Obligationen im Wert von 4 500 000 Talern beschafft. Die Verhandlungen mit den Staatsbehörden über die Linienführung ließen jedoch ebenso wie die detaillierten Planungen der Bahndirektion bald erkennen, daß der Bau der Zweigbahnen erheblich höhere Kosten verursachen würde als veranschlagt. So erläuterte beispielsweise der im April 1858 erstattete Geschäftsbericht für 1857, mit welchen Problemen die BAE zu kämpfen hatte, bevor ihr der Bau der Bahnhöfe in Halle und Leipzig genehmigt worden war:

Bei Aufstellung des Projectes für die Einführung der Linie bei Halle war angenommen, daß der neue Bahnhof auf ein unbebautes Terrain, unabhängig von den anderen Bahnhöfen, angelegt werden könne, und für den Uebergangs- und Durchgangs-Verkehr nur die benöthigten Verbindungsgeleise hergestellt werden dürften, und es hatte ein generelles bezügliches Project bereits auch Genehmigung erhalten.

Später wurden jedoch für dasselbe specielle Anforderungen gestellt, kostbare Straßen-Anlagen verlangt, und mit Bekämpfung größter Hindernisse und nach weitläufigsten Erörterungen endlich im Januar d. J. der Grundplan festgestellt. Dieses im Grundplane nunmehr genehmigte Project erforderte nicht allein die Erwerbung sehr wertvoller, theilweise bebauter Grundstücke, sondern auch den Ankauf des früher Thüringischen Empfang-Gebäudes, und da eine vollständige Vereinigung des Personen-Verkehrs mit der Thüringischen Bahn vorgeschrieben wurde, eine nicht unerhebliche Umgestaltung des derselben zugehörigen Bahnhofes.

Die Einführung der Linie in Leipzig erfuhr ähnliche Anstände; nachdem das dem Königl. Sächs. Finanz-Ministerio eingereichte Project die Genehmigung erhalten, nach welchem für die Ueberschreitung der Leipzig-Dresdener Eisenbahn die Königl. Verbindungsbahn benutzt und auf deren Planum die diesseitige Bahn bis zum erwählten Bahnhofsplatze in der Nähe des Bairischen Bahnhofes fortgeführt werden sollte, vorbehaltlich der speciellen Vorlagen in seiner Richtung, wurde, in Folge eines von der Leipzig-Dresdener Eisenbahn-Compagnie erhobenen Protestes gegen Ueberschreitung deren Bahn im Niveau, diese Genehmigung wieder zurückgenommen.

Es wurden in Folge Aufforderung der Königl. Behörden mehrfach anderweitige Projecte mit Ueberbrückung der Leipzig-Dresdener Bahn und eines Theiles der Vorstadt bearbeitet und vorgelegt, dieselben ergaben jedoch, neben außerordentlichem Kostenaufwande, noch so ungünstige Betriebs-Verhältnisse, daß von denselben gänzlich abgestanden und daß gegenwärtig das erst im Januar dieses Jahres endlich genehmigte Project, nach welchem der Bahnhof diesseits der Leipzig-Dresdener und Magdeburg-Leipziger Bahnhöfe, jedoch im Anschluße an die Verbindungsbahn, angelegt werden soll, für die Ausführung gewählt wurde.

Die Lage des neuen Bahnhofes zwischen den anderen Bahnen und der Stadt Leipzig erfordert jedoch, zur stets unbehinderten Communication mit der Stadt, die Anlage einer kostbaren Straße, durch welche die Magdeburg-Leipziger und Thüringische Bahn überbrückt werden müssen, wenngleich andererseits nicht zu verkennen ist, daß in Bezug auf Räumlichten für spätere Ausdehnung, Baugrund und Niveau-Verhältnisse der Bahnhof eine vorzügliche Lage erhält.

Noch größere Schwierigkeiten bereitete die Linienführung im Bereich der Festung Wittenberg, wo die Bahngesellschaft sich einer großen Anzahl militärischer Forderungen zu beugen hatte. Die umfangreichen Kostensteigerungen summierten sich auf weit über zwei Millionen Taler. Die Aktionäre beschlossen daher Ende April 1858, das Gesellschaftskapital um weitere 2½ Millionen Taler in Stammaktien zu erhöhen.

Bereits am 25. Juni 1856 hatte der preußische König die „Allerhöchste Genehmigungs- und Bestätigungsurkunde zur Anlage der Zweig-Eisenbahnen von Wittenberg und Dessau über Bitterfeld nach Halle und Leipzig" unterzeichnet. Im August 1857 vereinbarten Preußen und Anhalt ergänzend, den 1839 anläßlich des Baues der Strecke nach Köthen geschlossenen Staatsvertrag auch für den anhaltischen Teil der Strecke Dessau–Bitterfeld anzuwenden. Bereits am 12. Dezember 1856 hatte Preußen einen weiteren Staatsvertrag mit Sachsen geschlossen, der den Bau der Strecke von Bitterfeld nach Leipzig – deren letzte 1⅓ Meilen auf sächsischem Gebiet lagen – regelte. Nachdem der König von Sachsen am 27. Januar 1857 auch die sächsische Konzessionsurkunde unterzeichnet hatte, war der Weg nach Leipzig für die BAE endgültig frei.

Bereits im Herbst 1856 hatte die BAE die Bauarbeiten an den neuen Strecken aufgenommen. Der Geschäftsbericht für 1860 enthält eine zusammenfassende Darstellung dieser Bauausführungen:

Letztere begann zunächst auf der Dessau-Bitterfelder Linie, weil ein directer Schienen-Anschluß an die bereits im Betriebe befindlichen Strecken der Berlin-Anhaltischen Eisenbahn, der zur Förderung der Arbeiten, besonders des Materialien-Transportes wegen, dringend wünschenswerth war, in Wittenberg vor Beendigung der dortigen großartigen Brückenbauten nicht hergestellt werden konnte, sich dagegen vom Dessauer Bahnhofe aus sofort einrichten lies.

Schon am 17. August 1857 wurde der regelmäßige Betrieb zwischen Bitterfeld und Dessau eröffnet.

Waren aber auch damals wenigstens die Hauptbauten auf allen Punkten der Bahn bereits in vollstem Gange, so traten doch so viele Störungen, welche sich mit der gewünschten Schnelle nicht immer beseitigen ließen, dazwischen, daß es trotz einer umsichtigen und ausdauernden Thätigkeit nicht gelang, den gehegten Erwartungen zu entsprechen und das ganze Werk im Laufe des Jahres 1858 zu Ende zu führen.

In Bezug auf die hauptsächlichsten Gründe dieser Verzögerung sei hier bemerkt, daß die Pläne für die Bahnhofs-Anlagen in Halle und Leipzig und deren Schienenverbindungen mit den übrigen diese Orte berührenden Bahnen erst im Sommer 1858 in einer Weise definitiv festgestellt wurden, welche die desfallsigen Wünsche unserer Gesellschaft durchaus nicht vollständig erfüllte; daß ferner im Thalgebiet der Mulde, durch welches die Bahn vom Muldenstein ab bis gegen Bitterfeld hin auf einem etwa 800 Ruthen langen Damme mit drei massiven Brücken von zusammen 1400 Fuß lichter Weite geführt werden mußte, mehrere plötzlich eintretende Hochwasser nicht nur die Arbeiten hinderten, sondern auch starke Beschädigungen an den noch unvollendeten Bauwerken zur Folge hatten, daß endlich in Wittenberg eine rasche Förderung des Werkes durch die im Interesse der Fortification zu nehmenden Rücksichten, von denen viele erst während des Baues selbst zur Erörterung kamen, geradezu unmöglich gemacht wurde.

Ueberhaupt waren hier Schwierigkeiten der verschiedensten Art mit großen Opfern an Zeit und Geld zu besiegen.

Ganz abgesehen davon, daß für die Ueberführung über die Elbe ein Punkt bestimmt worden ist, der sich nur mittelst sehr scharfer Curven erreichen ließ, so bedingte auch dessen Lage unmittelbar oberhalb der mit Holz gedeckten fiskalischen Chausseebrücke rücksichtlich

Die Eisenbahnverhältnisse in Wittenberg Ende der 1870er Jahre; die 1841 in Betrieb genommene und 1859 stillgelegte alte Trasse ist gestrichelt dargestellt

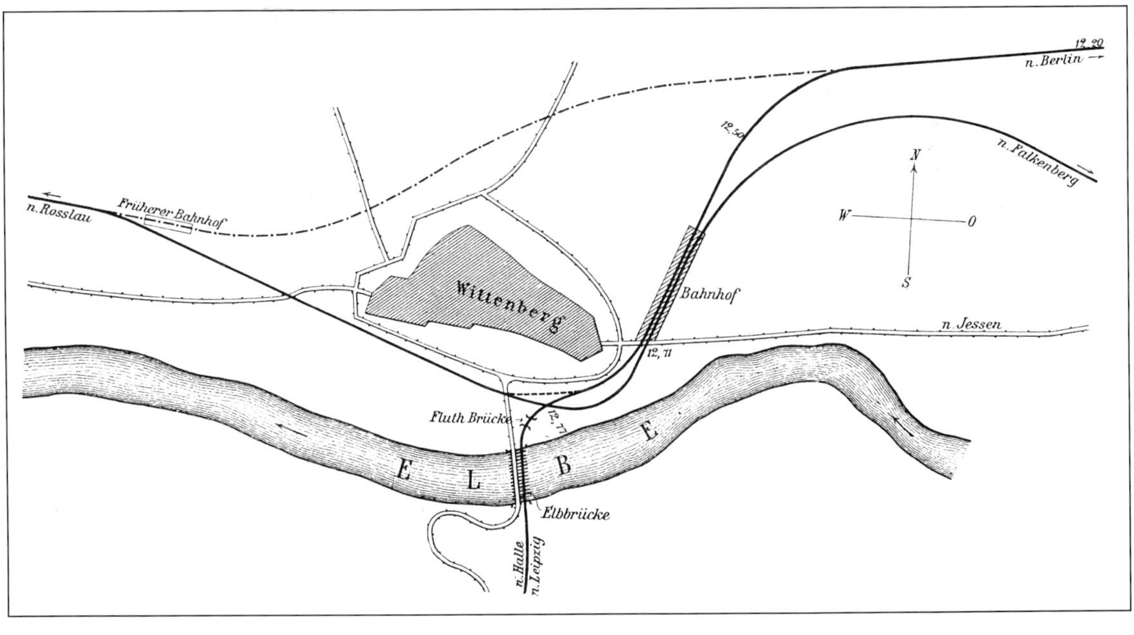

der Weite der Oeffnungen genausten Anschluß an diese, während bei dem für die Bahnbrücke vorgeschriebenen schmiedeeisernen Belage bedeutend größere Spannungen, sowie minder kostspielige Grundbauten zulässig gewesen wären und mehrere Strompfeiler hätten erspart werden können. Außerdem ist innerhalb des Festungs-Rayons für alle Punkte der Bahnkrone einschließlich der Brücken die Höhenlage Seitens der Militairbehörden nach fortificatorischen Regeln auf das Genaueste vorgeschrieben und es mußte die Bahn sonst ganz unnöthige Krümmungen erhalten, die lediglich nach den Feuerlinien der verschiedenen Bastionen regulirt, für die Anlage und den Betrieb mannigfache Unbequemlichkeiten herbeigeführt haben. Sogar bei Legung der Schienen auf der Eisenbahnstrombrücke wurde es nöthig, von der geraden Linie sowohl wie von der horizontalen abzusehen; auch sämmtliche Erd- und Entwässerungs-Anlagen mußten nach fortificatorischen Anordnungen ausgeführt und, um dieselben unter das Feuer der Festung zu bringen, Rasanten geschüttet werden, die viele Morgen werthvollen Landes in Anspruch nahmen.

Ebenfalls aus militairischen Gründen hat die Gesellschaft bedeutende Strecken der Berlin-Casseler Chaussee in der Elbniederung auf beiden Ufern des Flusses umbauen und sich dazu verstehen müssen, die Kosten zu tragen, welche durch Anlage einer neuen Lünette, zweier neuen Caponieren, sowie durch Umwandlung eines ganz unscheinbaren Erdwerkes auf dem linken Elbufer in einen großartigen Brückenkopf erwachsen sind und die sich auf fast 350,000 Thlr. belaufen.

Die Unmöglichkeit endlich, den für den Elbübergang bestimmten Punkt, von dem früheren Wittenberger Bahnhofe aus zu erreichen, hat dazu geführt, letzteren vollständig aufzugeben, auch gleichzeitig eine etwa eine halbe Meile lange Strecke der Berlin-Cöthener Bahn, beiläufig bemerkt, unseres Wissens der erste derartige Fall, nachdem dieselbe fast 18 Jahre hindurch unausgesetzt in regelmäßigem Betriebe gewesen war, zu kassiren und statt deren von dem unmittelbar unter den Wällen der Festung belegenen neuen Bahnhofe bei Wittenberg aus eine anderweite Schienenverbindung mit der alten Bahn in der Richtung auf Cöthen herzustellen.

Sämmtliche Baulichkeiten des jetzigen Bahnhofes durften nur in Holz ausgeführt werden, und wurden für dieselben Constructionen vorgeschrieben, die auf Kosten ihrer Dauerhaftigkeit es möglich machen, sie eintretenden Falles leicht und schnell zu zerstören; es sind deshalb auch Keller und massive Feuerungs-Anlagen in den Betriebs- und Wohnräumen nicht gestattet worden.

War bei solchen Verhältnissen der Bau weder eine leichte noch eine erfreuliche Arbeit, so verdient es um so mehr Anerkennung, daß der Verkehr von Berlin über Dessau und Bitterfeld nach Halle und Leipzig am 1. Februar 1859 eröffnet und auch die von Wittenberg direct auf Bitterfeld führende kürzeste Linie nach den genannten Städten am 3. August desselben Jahres in Betrieb gesetzt werden konnte.

Verbunden mit den eben beschriebenen neuesten Bauten wurde die Anlage einer Ladestelle an der Elbe zwischen Dessau und Roßlau, welche, mit dem Bahnhofe Dessau in directe Schienenverbindung gebracht, zunächst den Zweck hatte, die auf der Dessau-Bitterfelder Bahn ankommenden Kohlen ohne Umladung mittelst Dampfkraft bis unmittelbar an die Elbe zu führen, und die hierzu seit dem Jahre 1858 benutzt wird.

Inzwischen hat diese Anlage, welcher der Name Wallwitzhafen beigelegt ist, auch für Beförderung von Handelsgütern zwischen den Seeplätzen der Nieder-Elbe und Leipzig eine so ausgedehnte Beachtung gefunden, daß die Geleise bereits haben vermehrt werden müssen.

Die Neubaustrecken wurden von der BAE bis Ende 1859 aus dem Baufonds betrieben. Erst vom 1. Januar 1860 an waren die mitteldeutschen Zweigbahnen mit den älteren Strecken der Anhaltischen Bahn zu einem einheitlichen Netz von 47,4 Meilen Betriebslänge verschmolzen.

Ausbau der älteren Strecken

Seit 1849 betrieb die BAE ihre Stammstrecke nach Köthen zwischen Berlin und Trebbin sowie zwischen Zahna und Coswig zweigleisig. Die Leistungsfähigkeit der Bahn hatte sich dadurch zwar beachtlich erhöht, doch stieg das Verkehrsaufkommen, besonders im Güterverkehr, von Jahr zu Jahr stark an. Ein weiterer Ausbau der Bahn wurde damit immer dringlicher, von der Bahndirektion jedoch nicht schnell genug eingeleitet.

Der mit den Eisenbahnangelegenheiten befaßte Minister von der Heydt forderte die BAE daher im Jahre 1853 auf,

- die Strecke Trebbin–Jüterbog zweigleisig auszubauen,

- den vorhandenen Oberbau so umzubauen, daß die Schienenstöße nicht mehr versetzt, sondern nebeneinander angeordnet sind,

- die hölzernen Überbauten der Elsterbrücke an der Zweigbahn nach Röderau durch eiserne Überbauten zu ersetzen,

- den Betriebsmittelpark durch Neuanschaffungen wesentlich zu verstärken.

Für den Bau des zweiten Gleises zwischen Trebbin und Luckenwalde verwendete die Bahn ihren Reservebestand an Oberbaumaterialien. Daher konnte der zweigleisige Betrieb hier schon im Juni 1853 aufgenommen werden. 1855 wurde das zweite Gleis auch zwischen Luckenwalde und Jüterbog fertiggestellt. In den späten fünfziger Jahren begann die BAE mit dem Ersatz der alten Stuhlschienen aus den Anfangsjahren der Bahn durch breitbasige (Vignol-)Schienen. Anlaß dafür war die erhöhte Beanspruchung des Oberbaues, die sich aus den gestiegenen Achslasten der Lokomotiven und Güterwagen ebenso ergab wie aus der hohen Fahrgeschwindigkeit, welche die neu eingelegten Schnellzüge inzwischen erreichten.

Mit der Eröffnung der Neubaustrecken in Mitteldeutschland – vor allem des Abschnitts Wittenberg–Bitterfeld – verlor die Stammstrecke nach Köthen jenseits von Wittenberg ihre Bedeutung für den Durchgangsverkehr. Die BAE führte daher im Jahre 1860 zwischen Wittenberg und Coswig wieder den eingleisigen Betrieb ein. Andererseits setzte die Bahndirektion den zweigleisigen Ausbau ihrer stark belasteten Hauptbahn zunächst zwischen Berlin und Wittenberg fort. 1860 wurde das zweite Gleis zwischen Zahna und Blönsdorf, 1861 auch zwischen Jüterbog und Blönsdorf, in Betrieb genommen. Damit war die Anhaltische Bahn von Berlin bis Wittenberg durchgehend zweigleisig befahrbar.

Auf den Strecken südlich der Elbe begann der zweigleisige Ausbau Mitte der 1860er Jahre. So konnte das zweite Gleis von Pratau – einem kleinen Ort am südlichen Elbufer gegenüber von Wittenberg – nach Halle abschnittsweise in den Jahren 1865 bis 1869 in Betrieb genommen werden. Der zweigleisige Ausbau zwischen Bitterfeld und Leipzig folgte 1872/73. Auch die anderen Linien der BAE erhielten in jener Zeit ein zweites Gleis, so die Zweigbahn Jüterbog–Röderau in den Jahren 1866 bis 1873 und – mit Ausnahme der Elbbrücke – die Strecke von Roßlau über Dessau nach Bitterfeld im Jahre 1874. Dagegen blieb der eingleisige Betrieb zwischen Dessau und Köthen noch jahrzehntelang bestehen.

Neue Querverbindung Schlesien–Magdeburg

Am 1. November 1863 war in Anhalt die Herzoglich Anhaltische Leopoldsbahn eröffnet worden, eine knapp zwei Meilen lange, auf Staatskosten erbaute Strecke von Roßlau nach Zerbst. Die BAE hatte auf dieser Bahn zunächst nur die Betriebsführung gepachtet. Nachdem sie der anhaltischen Regierung die Baukosten erstattet hatte, wurde die Berlin-Anhaltische Eisenbahn-Gesellschaft am 1. Oktober 1871 auch Eigentümerin der Leopoldsbahn.

Der Erwerb dieser Bahn war die Voraussetzung für die Realisierung eines weiteren großen Neubauvorhabens der BAE, einer Ost-West-Verbindung nördlich der Elbe als Teil einer Durchgangsstrecke von Schlesien nach Magdeburg. Die BAE verlängerte zunächst die ehemalige Leopoldsbahn über Zerbst hinaus bis zu der anhaltisch-preußischen Grenze. Dort fand sie Anschluß an eine Neubaustrecke der Berlin-Potsdam-Magdeburger Eisenbahn-Gesellschaft (BPME), die in Biederitz, einem Ort östlich der Elbe gegenüber von Magdeburg, in die Hauptbahn Berlin–Potsdam–Magdeburg einmündete. Die Gesamtstrecke Zerbst–Biederitz wurde am 1. Juli 1874 zunächst eingleisig eröffnet und zusammen mit den vorhandenen Strecken Zerbst–Roßlau und Roßlau–Wittenberg bis Ende 1875 zweigleisig ausgebaut.

Eine weitere Neubaustrecke erstellte die BAE zwischen Wittenberg und Falkenberg. Wittenberg hatte seinen Charakter als Festung inzwischen verloren. Der dortige Bahnhof konnte daher in den Jahren 1875–1878 umgebaut und höhergelegt werden, ohne erneut fortifikatorische Vorschriften beachten zu müssen. Der Umbau ermöglichte vor allem die Zusammenfassung der Strecken Roßlau–Wittenberg und Wittenberg–Falkenberg zu einer Durchgangslinie, welche die Strecke Berlin–Halle/Leipzig im Bahnhof Wittenberg nur noch tangiert. Dazu gehörte auch der Bau eines Kreuzungsbauwerkes südlich des Bahnhofs, das gegenseitige Behinderungen im Betrieb beider Strecken ausschloß. Im Bahnhof Wittenberg entstand damals zwischen den Gleis- und Bahnsteiganlagen der beiden Linien ein stattliches Empfangsgebäude, das in vereinfachter Form noch heute vorhanden ist.

Die Neubaustrecke Wittenberg–Falkenberg ging am 15. Oktober 1875 in Betrieb. Sie fand in Falkenberg nicht nur Anschluß an die Zweigbahn Jüterbog–Röderau der BAE, sondern auch an die Oberlausitzer Eisenbahn, deren Strecke Falkenberg–Kohlfurt schon am 1. Juni 1874 eröffnet worden war. Am 21. Februar 1878 vereinbarten die BAE und die Oberlausitzer Eisenbahn in einem Vertrag, die Betriebsführung der Strecke Falkenberg–Kohlfurt für die Dauer von 60 Jahren der BAE zu übertragen. Nachdem die Oberlausitzer Eisenbahn den Betrieb schon seit dem 1. Januar 1878 auf Rechnung der BAE geführt und der König am 26. Juni dem Vertrag zugestimmt hatte, gingen am 1. Juli 1878 die Betriebsführung und alle Betriebsmittel der Oberlausitzer Bahn endgültig auf die BAE über. Die kürzeste Eisenbahnverbindung von Schlesien nach Magdeburg befand sich damit zum größten Teil in der Hand der BAE.

Im Zusammenhang mit dem erneuten Umbau des Bahnhofs Wittenberg wurde auch der letzte Engpaß an der Strecke Berlin–Halle, die eingleisige Elbüberquerung zwischen Wittenberg und Pratau, beseitigt. Dafür entstand eine zweite eingleisige Elbbrücke, deren Höhenlage sich nicht mehr nach den fortifikatorischen Bedingungen, sondern nur noch nach den Anforderungen der Eisenbahn und der Elbschiffahrt richtete. Nachdem die ältere Brücke von 1859 der Höhenlage der neuen Brücke angepaßt war, konnte im Jahre 1879 der zweigleisige Betrieb auch zwischen Wittenberg und Pratau aufgenommen werden.

Mit der Fertigstellung der Strecke Wittenberg–Falkenberg und der Übernahme der Betriebsführung auf der Strecke Falkenberg–Kohlfurt war die Erweiterung des Streckennetzes der Berlin-Anhaltischen Eisenbahn-Gesellschaft abgeschlossen. Allerdings hatte sich die BAE in den frühen 1870er Jahren mit noch viel weitergehenden Streckenplanungen befaßt. So war im Jahre 1872 von den Aktionären beschlossen worden, für folgende Strecken die Vorarbeiten einzuleiten oder sogar die Konzession zu beantragen:

– Von Lichterfelde nach Potsdam,

– von Glöwen an der Berlin-Hamburger Bahn über Brandenburg nach Jüterbog oder Wittenberg und weiter nach Wurzen mit einer Abzweigung nach Leipzig, die den Weg zwischen Jüterbog und Leipzig nochmals verkürzen sollte,

– von Luckenwalde über Fürstenwalde nach Küstrin.

Andere Eisenbahngesellschaften oder Bahnbaukomitees planten ähnliche Streckenführungen, doch waren alle diese Projekte unrealistisch, entsprangen sie doch mehr oder weniger stark der Lust an der Spekulation mit Eisenbahnaktien oder Eisenbahnkonzessionen. Durch den Gründerkrach fiel diese Spekulation schon Mitte der siebziger Jahre in sich zusammen und führte auch zum Ende der vorstehenden Projekte der Anhaltischen Bahn.

Entwicklung der Bahnanlagen in Berlin bis 1871

Seit der Eröffnung der Berlin-Anhaltischen Eisenbahn im Sommer 1841 waren in Berlin weitere Eisenbahnen hinzugekommen: 1842 nach Frankfurt/Oder, 1842/43 über Angermünde nach Stettin und 1846 nach Hamburg. Außerdem wurden im Jahre

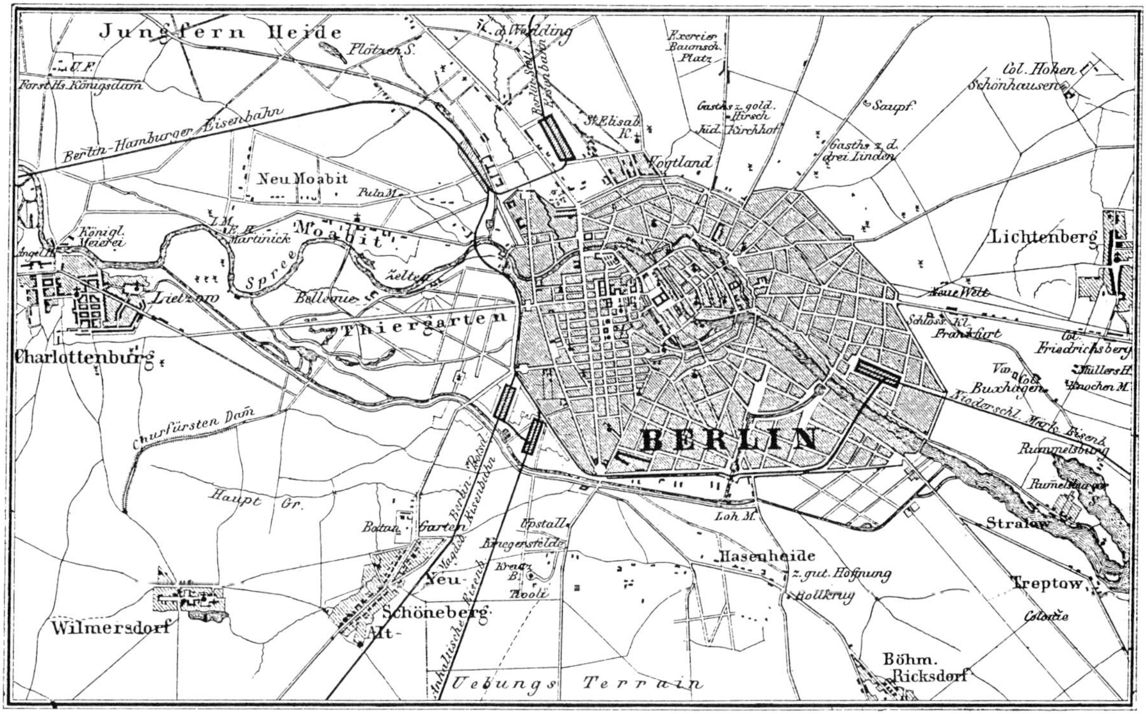

Berlin und seine Eisenbahnen im Jahre 1856

1846 die Verlängerungsstrecken Potsdam–Magdeburg und Frankfurt/Oder–Breslau fertiggestellt. Seit 1846 begannen in Berlin somit fünf Fernbahnen, jede in einem eigenen Kopfbahnhof und abseits der übrigen Bahnhöfe. Dadurch war der Durchgangsverkehr stark behindert, mußten doch sämtliche über Berlin hinaus zu befördernden Güter mit Straßenfuhrwerken von einem Bahnhof zum anderen überführt werden.

Dieser Zustand änderte sich erst 1851, als auf Veranlassung des preußischen Staates eine eingleisige Verbindungsbahn vom Stettiner Bahnhof*) – den Hamburger Bahnhof, den Potsdamer Bahnhof und den Anhalter Bahnhof tangierend – zum Frankfurter Bahnhof**) gebaut wurde. Am 15. September 1851 zunächst vom Stettiner Bahnhof bis zum Anhaltischen Bahnhof eröffnet, war die Verbindungsbahn ab 15. Oktober 1851 auf ganzer Länge in Betrieb. Die Bahn verlief überwiegend parallel zu der Stadtmauer; ihr Anschlußgleis an die Anhalter Bahn führte quer über den Askanischen Platz und mündete bei den Güterschuppen in den Anhaltischen Bahnhof ein.

*) Am 1. Dezember 1950 umbenannt in Nordbahnhof.

**) Später Niederschlesisch-Märkischer Bahnhof, seit dem 15. Oktober 1881 Schlesischer Bahnhof, ab 1. Dezember 1950 Ostbahnhof und seit 15. Dezember 1987 Hauptbahnhof.

Schon Ende 1850 hatte die BAE – dafür teilweise das Gelände des zugeschütteten Schafgrabens nutzend – ein Anschlußgleis hergestellt, das von ihrem Bahnhof über die Schöneberger Straße hinweg zum Landwehrkanal führte, der hier zu einem Hafen aufgeweitet war. Dieses Gleis setzte sich in einem weiteren Anschlußgleis fort, das hinter dem Hafen über eine Drehscheibe den Bahnhof der Berlin-Potsdam-Magdeburger Eisenbahn-Gesellschaft (BPME), den Potsdamer Bahnhof, erreichte. Demnach gab es in Berlin schon vor dem Bau der Verbindungsbahn über das Hafengleis eine direkte Schienenverbindung zwischen den Bahnhöfen der BAE und der BPME.

Das Verkehrsaufkommen der Anhalter Bahn stieg seit der Eröffnung ständig stark an. Mitte der 1850er Jahre wurde auf dem Anhaltischen Bahnhof in einem Monat annähernd die gleiche Menge Güter umgeschlagen wie im gesamten Jahr 1842. Die Aufhebung des Schafgrabens hatte der BAE zwar ermöglicht, ihren Bahnhof auf eine Länge von etwa 500 Meter – bis an den Landwehrkanal heran – auszudehnen. Die Bahn wurde jedoch beiderseits des Kanals in Schienenhöhe von Uferstraßen gekreuzt. Besonders die Niveaukreuzung mit der südlichen Uferstraße – dem Tempelhofer Ufer – stellte für den Straßenverkehr bald einen Engpaß dar, weil die Rangierfahrten der Bahn immer häufiger über den Kanal und die Uferstraßen hinaus vorziehen mußten und dabei auch diese Straße sperrten.

Seit 1856 verschärften sich auch die eigenen Probleme der Bahn, weil der Mangel an Abstell- und Ladegleisen die Betriebsführung auf dem Bahnhof zunehmend behinderte. Eine Verbesserung wurde jedoch nicht herbeigeführt, so daß der Betriebschef der BAE sich im Oktober 1857 veranlaßt sah, zwischen Berlin und Großbeeren eingleisigen Betrieb einzuführen. Auf dem gesperrten zweiten Streckengleis wurden jene Güterwagen abgestellt, für deren Entladung im Anhalter Bahnhof keine Gleise mehr verfügbar waren. Diese Maßnahme brachte der BAE zwar einen Verweis des Königlichen Eisenbahn-Kommissars ein, doch wirkte sie auch wie ein Signal. Auf Forderung des Eisenbahn-Kommissars durfte die BAE jetzt erstmals südlich des Kanals einige Abstellgleise errichten. Damit war der erste Schritt für den späteren Bau des Außenbahnhofs getan.

In jener Zeit wurde zunehmend über den Betrieb auf der Verbindungsbahn geklagt, der häufig zu Störungen des Straßenverkehrs führte. Diese Störungen traten besonders vor den Kopfbahnhöfen auf, weil die Rangierfahrten hier zurückdrücken mußten, um die Gleisanlagen dieser Bahnhöfe zu erreichen. Auch der Askanische Platz vor dem Anhalter Bahnhof war dadurch mehrmals am Tag für einige Zeit nicht passierbar. Bestrebungen, die Verbindungsbahn durch eine vor den Toren der Stadt neu anzulegende Bahn zu ersetzen, kamen zunächst nicht voran. Erst mit dem Eisenbahn-Anleihegesetz vom 9. März 1867 beschloß der preußische Staat, eine Berlin in weitem Bogen umfahrende, alle Straßen niveaufrei kreuzende „Neue Verbindungsbahn" zu bauen. Diese zunächst zweigleisige Bahn – der östliche Teil der späteren Berliner Ringbahn – führte von Moabit über Weissensee, Stralau-Rummelsburg und Rixdorf nach Tempelhof, wo sie sich in je einer eingleisigen Verbindung zur Anhalter Bahn und zur Potsdamer Bahn fortsetzte. Ihre Fertigstellung verzögerte sich durch den Deutsch-Französischen Krieg von 1870/71.

Am 17. Juli 1871 wurde die Neue Verbindungsbahn von Moabit bis Tempelhof für den Güterverkehr eröffnet. Zugleich stellte die bisherige Verbindungsbahn ihren Betrieb auf der Teilstrecke vom Stettiner Bahnhof bis zu den Gasanstalten an der Gitschiner Straße ein. Damit entfielen auch der Anschluß an den Anhalter Bahnhof und das Rangieren auf dem Askanischen Platz. Der Güterverkehr der BAE mit den anderen Berliner Eisenbahnen lief jetzt über das neu erbaute Verbindungsgleis, welches vom Anhalter Bahnhof zum Bahnhof Tempelhof an der Neuen Verbindungsbahn führte. Dieses Gleis trug später auch die Bezeichnung „russisches Gleis", ein Name, dessen Herkunft sich bisher leider nicht klären ließ.

Einzelne Teilstrecken der Neuen Verbindungsbahn waren bereits vor der offiziellen Eröffnung provisorisch in Betrieb. Das betraf vor allem das Verbindungsgleis von der BPME zum Bahnhof Tempelhof, das schon im August 1870 befahren wurde. Hier verkehrten zunächst nur Züge mit Verwundeten vom französischen Kriegsschauplatz nach Berlin. Vom 27. August 1870 an liefen diese Züge über das inzwischen gleichfalls befahrbare russische Gleis nach einem Barackenlazarett am Kreuzberg weiter.

Umbau und Erweiterung des Anhalter Bahnhofs in Berlin

Die Betriebsführung auf dem Anhalter Bahnhof wurde seit den 1850er Jahren zunehmend schwieriger; darauf ist bereits

Rechte Seite: Der Anhalter Bahnhof mit den Anschlüssen an die Alte Verbindungsbahn und an den Potsdamer Bahnhof, dargestellt in einem Stadtplan aus dem Jahr 1867

Potsdamer
Bernburger-
Strasse
Ascanischer
Platz
Anhaltische-
Puttkammer-
Str.
Bessel-
Charlotten-
Markgrafen-
Dessauer
Anhaltischer
Bahnhof
Sternwarte
Schöneberger
Halleschen
Halleschen-
Strasse
Möckern
Friedrichs-
Linden-
Strasse
Belle-
Alliance-
Platz
Victoria
Neuenburger
Luckenwalder-
Strasse
Trebbiner
Str.
Blücher-
Platz
Militair
Brücke
Teltower-
Ufer
Hallesche
Thor Brücke
Waterloo
Pl. am
Halleschen
Thor
Rother
Stift
Lankwitz-
Str.
Strasse
Hallescher
Kirchhof
Böhmischen
Begräbn. Platz
der
Jerusalemer u. Neuen
Gm.
Garde Dragoner Regiments
Caserne
Wartenburg-
Platz
York-
Strasse
Baruther-
Gneisenau-
Hagels-
berger-
Strasse
Anhaltische Eisenbahn
Gross Beeren-
Möckern-
Bergmanns-
Nostitz-

kurz eingegangen worden. Das Bahnhofsgelände nördlich des Landwehrkanals war inzwischen voll ausgenutzt, wobei die stückweisen Erweiterungen hier zu einer wenig zweckmäßigen Anordnung von Gebäuden und Gleisen geführt hatten. Eine wesentliche Ausdehnung des Bahnhofs wurde immer dringlicher, sie konnte aber nur südlich des Kanals erfolgen.

Für dieses Gebiet hatte der Stadtplaner und Gartenarchitekt Lenné im Auftrag des Königs einen Bebauungsplan entworfen, der nördlich des Höhenzuges bei Schöneberg und Tempelhof eine alleeartige Gürtelstraße von 56 Meter Breite vorsah; diese Straße sollte die BAE und die benachbarte BPME etwa rechtwinklig kreuzen. Der König genehmigte diesen Bebauungsplan mit der Kabinettsorder vom 18. Mai 1861. Der Plan erwies sich jedoch als unrealistisch, weil die Eisenbahngesellschaften nicht bereit waren, die hohen Kosten zu tragen, welche ihnen entstehen würden, wenn sie die geplante Alleestraße in voller Breite unter den zu erweiternden Bahnanlagen hindurchzuführen hätten. Hinzu kam die Befürchtung, die Grundwasserverhältnisse würden eine Führung der Gürtelstraße in einem Tunnel ohnehin nicht zulassen.

Vor allem die BPME, die den Neubau ihres Bahnhofs bereits eingeleitet hatte, engagierte sich für eine Verschwenkung der geplanten Straße. Nach langwierigen Verhandlungen gelang es ihr, eine Änderung des Bebauungsplanes zu erreichen. Die geplante Gürtelstraße wurde im Bereich der beiden Bahnen um knapp 400 Meter nach Süden verlegt, ihre Breite unter den Eisenbahnüberführungen auf 26 Meter eingeschränkt. Diese Straße ist heute als Yorckstraße ein stadtbekanntes Nadelöhr.

Auf den Bau weiterer Straßenunterführungen zwischen dem Tempelhofer Ufer am Landwehrkanal und der verschwenkten Gürtelstraße – somit auf eine Entfernung von mehr als einem Kilometer – wurde wegen des hohen Grundwasserstandes und der bei einer Untertunnelung entstehenden enormen Kosten endgültig verzichtet. Diese Entscheidung erwies sich in späteren Jahren als großer Fehler, bildeten doch die ausgedehnten Bahnanlagen bald eine Barriere, welche bis in die Gegenwart eine ausgewogene städtebauliche Entwicklung der Gegend zwischen der Möckernstraße und der Dennewitzstraße verhindert hat. Am 16. Oktober 1868 stimmte der König mit einer Kabinettsorder der Verschwenkung der Gürtelstraße zu.

Die Anhaltische Bahn hatte sich zwar an den Verhandlungen über die Änderung des Bebauungsplanes beteiligt, jedoch stand sie dabei nicht unter dem gleichen Zeitdruck wie die BPME. Es gelang ihr, den anhaltenden Verkehrsanstieg zunächst mit weiteren Provisorien zu bewältigen. So erstellte die BAE im Jahre 1863 südlich des Landwehrkanals weitere Ladegleise, die über einen neuen Fahrweg von der Möckernstraße aus zu erreichen waren. An der Bahnhofstraße – der späteren Güstener Straße – wurde ein dreistöckiges Wohn- und Bürogebäude neu errichtet. Das Erdgeschoß dieses Gebäudes nahm ein Postamt auf, das bisher im Bahnhof untergebracht war und auf eine Briefannahme-Expedition zurückging, welche schon am 1. Juni 1842 in einem Zimmer des Empfangsgebäudes den Betrieb aufgenommen hatte – übrigens als erste derartige Einrichtung in einem Bahnhof in Berlin.

Am 1. Juli 1865 entfielen die Steuerhebestellen am Anhalter Tor und am Potsdamer Tor, eine Folge des Wachstums der Stadt und der daraus entstandenen Notwendigkeit, die Steuergrenze zu verlegen. Ersatz bot ein neuer Güterschuppen, den die Bahn auf ihrem Bahnhof errichtet und mit einer Steuerabfertigung versehen hatte.

Aufgrund der Verhandlungen mit den Staatsbehörden nahmen die Überlegungen der Bahn, wie der Bahnhof erweitert werden solle, inzwischen Gestalt an. Die Bestrebungen der BAE, ihren gesamten Bahnhof südlich des Landwehrkanals – bis heran an den Höhenzug bei Schöneberg und Tempelhof – anzulegen, kollidierten mit dem Wunsch der Spediteure, zumindest den Güterbahnhof in nächster Nähe der Innenstadt zu belassen. Die Verhandlungen mit den Behörden führten zu der schon erwähnten Kabinettsorder vom 16. Oktober 1868, die nicht nur die südliche Verschwenkung der Gürtelstraße genehmigte, sondern auch bestimmte, daß der Personenbahnhof der Anhalter Bahn am Askanischen Platz zu verbleiben habe. Für diesen Standort prägte sich sehr schnell die Bezeichnung „Innenbahnhof", während die Anlagen zwischen dem Landwehrkanal und der Neuen Verbindungsbahn als „Außenbahnhof" bekannt wurden.

Die Kabinettsorder vom 16. Oktober 1868 hatte auch bestimmt, daß der gesamte Bahnhof künftig alle Straßen mittels Über- oder Unterführungen niveaufrei kreuzen müsse. Anhand dieser Vorgaben erstellte die BAE für ihren Bahnhof Berlin den endgültigen Entwurf für den Umbau, der einem vollständigen Neubau gleichkam. Seit Juli 1870 stimmte die Bahndirektion ihren Entwurf mit den Behörden des Staates und der Stadt Berlin ab. Im Frühjahr 1871 genehmigten auch die Aktionäre der Bahn das Umbauprojekt.

Der Umbauentwurf gliederte sich in mehrere Abschnitte:
- Bau eines provisorischen Personenbahnhofs für die Dauer des Umbaues,
- Neubau des Personenbahnhofs (Innenbahnhof),
- Neubau des Güterbahnhofs (Außenbahnhof),
- Neubau von Anlagen für die Fahrzeugunterhaltung (Lokschuppen, Reinigungs- und Aufstellgleise für Personenwagen usw.) auf dem Außenbahnhof,
- Neubau eines Rangierbahnhofs,
- Neubau eines Werkstättenbahnhofs.

Das Standardwerk „Berlin und seine Eisenbahnen 1846–1896" beschrieb die Grund-

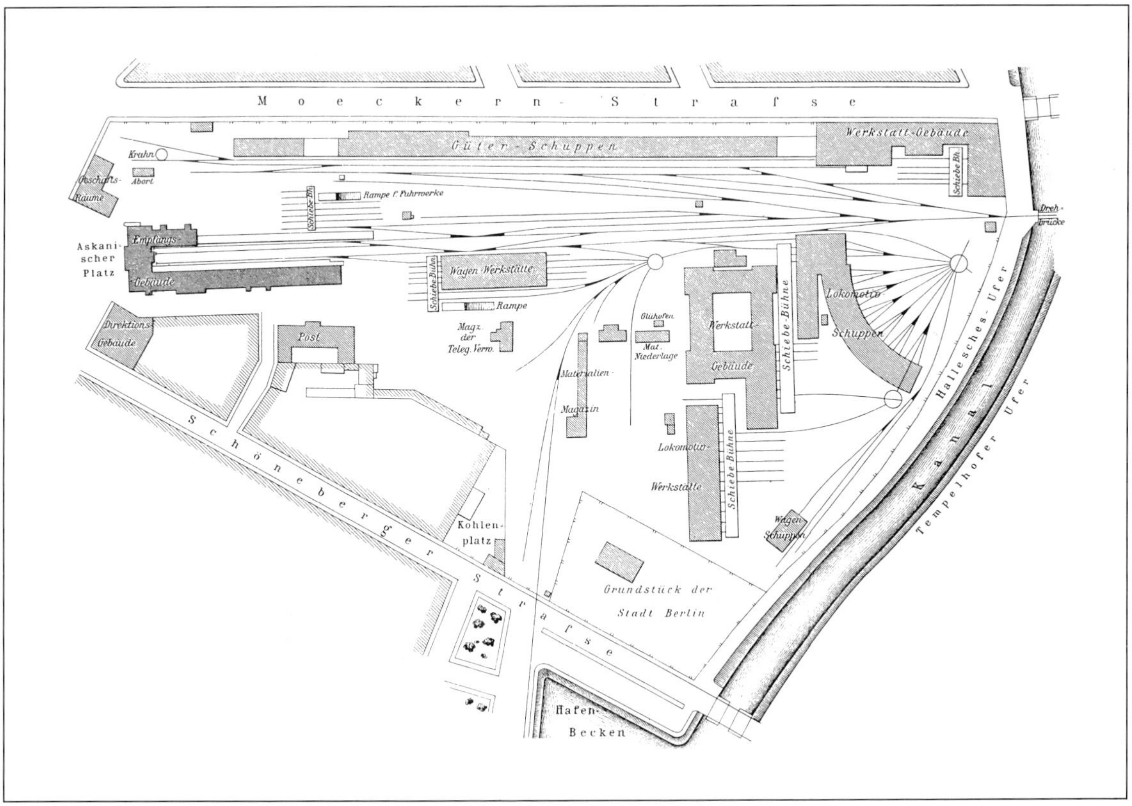

Der alte Bahnhof Berlin vor dem Beginn des Umbaues (etwa 1874)

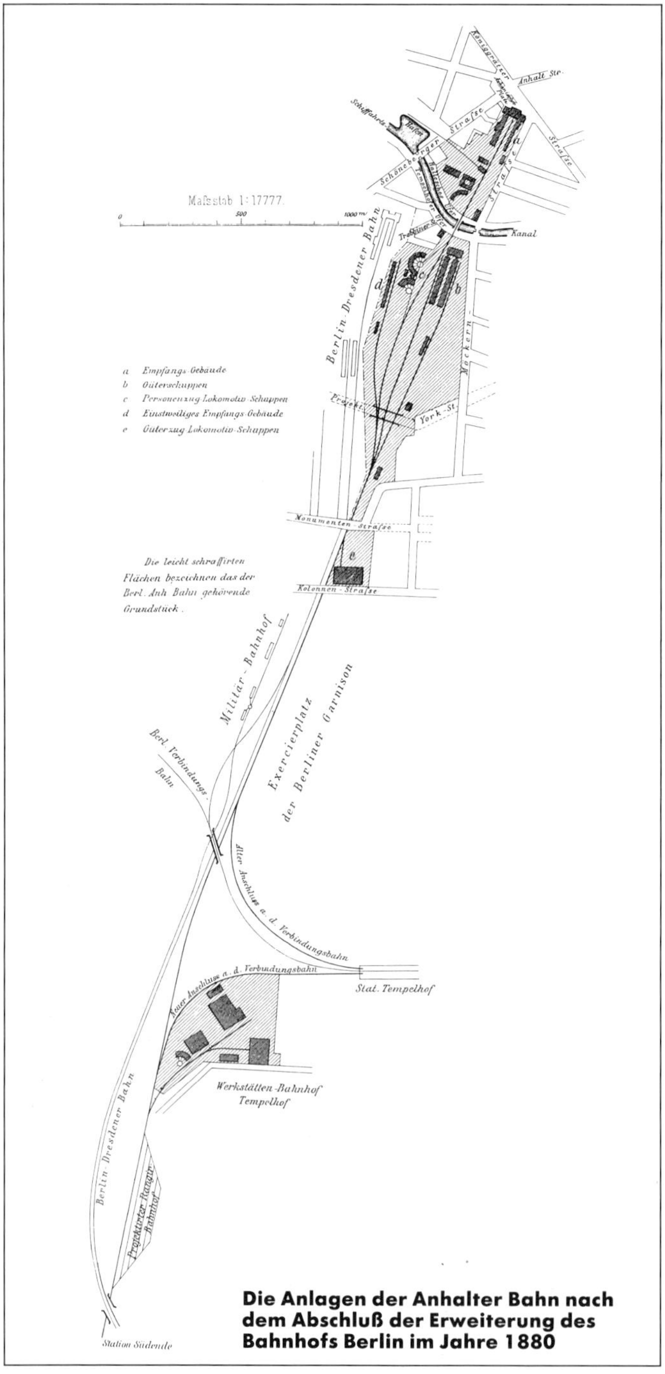

Die Anlagen der Anhalter Bahn nach dem Abschluß der Erweiterung des Bahnhofs Berlin im Jahre 1880

lagen des Umbauentwurfs sowie den Ablauf der Bauarbeiten einige Jahre später zusammenfassend:

Der ganze Unterbau des Personenbahnhofes musste um rund 4,5 m über Strassenkrone angehoben, und für alle Gebäude ein umfangreiches Fundament von voller Geschosshöhe hergestellt werden; für die Kolonnen- und Monumentenstrasse waren breite Strassenüberführungen, für das Tempelhofer und Hallesche Ufer Strassenunterführungen unter mehreren Gleisen herzustellen und die Yorkstrasse unter dem ganzen Bahnhofe hindurchzuführen. Die Anlage des neuen Personenbahnhofs an derselben Stelle bedingte die Ausführung besonderer, kostspieliger Provisorien für die Aufrechterhaltung des Personenverkehrs. Ferner ergab das dringend hervortretende Bedürfnis einer Trennung des örtlichen vom durchgehenden Güterverkehr die Nothwendigkeit, einen ausserhalb der Ringbahn gelegenen Rangirbahnhof in der Nähe der Kreuzung der Anhalter Bahn mit dieser anzulegen, damit hier die durchgehenden Gütersendungen ausgesondert werden konnten, ohne in den inneren Ortsgüterbahnhof, der der Entlastung dringend bedurfte, eingeführt zu werden.

Die alten Reparaturwerkstätten auf dem Innenbahnhofe zwischen dem Askanischen Platz und dem Schiffahrtskanal mussten wegen Hochlegung der Bahn, und weil deren Grundfläche zu den Anlagen des Personenverkehrs gebraucht wurde, beseitigt werden. Die neue Anlage sollte in der Nähe der Rangirstation bei Tempelhof erbaut werden, wo das Gelände weniger kostspielig, und auch für die Zukunft eine dem wachsenden Bedürfniss entsprechende Erweiterung möglich war. Das Gelände für diese Anlagen und für den neuen, daran angrenzenden Rangirbahnhof, das zugleich den Boden für die Aufhöhung des Innenbahnhofs lieferte, war bis auf kleine Parzellen bereits erworben. Die frühere Absicht, die Werkstätten auch auf dem Gelände nördlich der Gürtelstrasse im Zusammenhang mit den übrigen Bahnanlagen herzustellen, musste aufgegeben werden, nachdem sich die Berlin-Dresdener Bahn anfangs der 70er Jahre das noch freie Gelände zwischen der Anhalter und Potsdamer Bahn für ihre Bahnhofsanlagen gesichert hatte. Für den Güterbahnhof wurde bestimmt, dass er unmittelbar an die südliche Kanalufer-

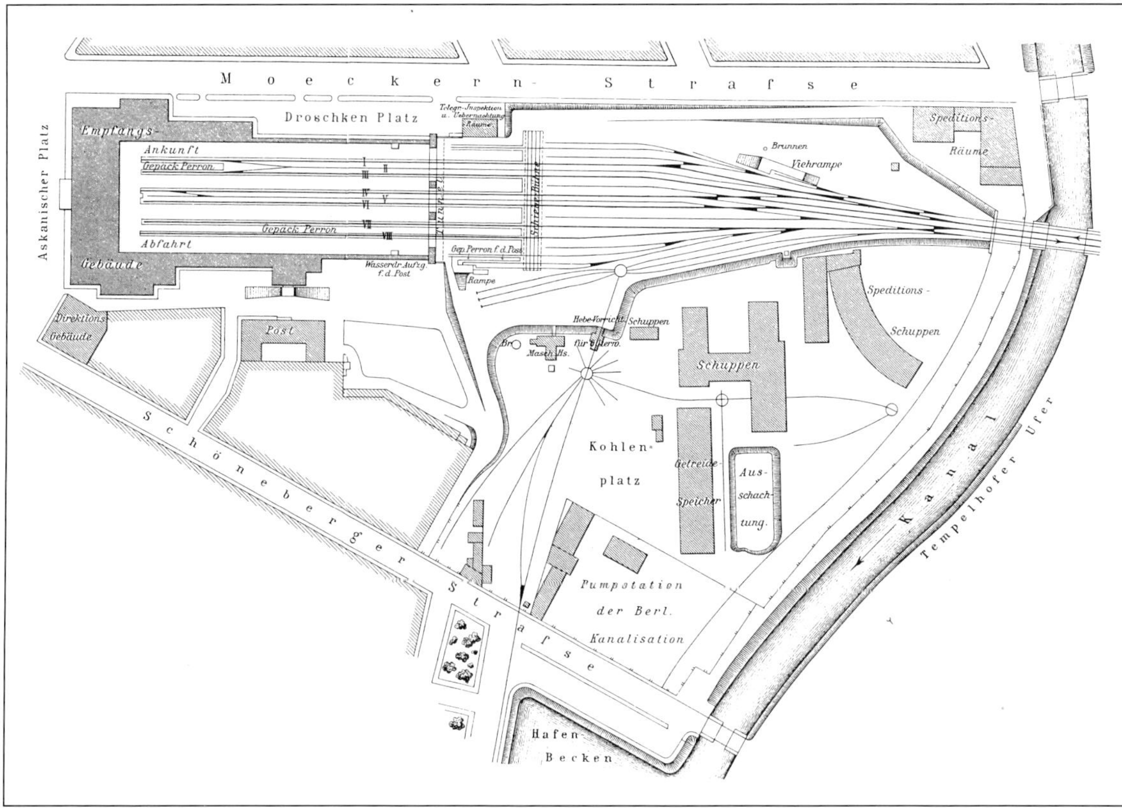

Der Personenbahnhof (Innenbahnhof) der Anhalter Bahn nach der Erweiterung; die restlichen Anlagen des alten Bahnhofs waren jetzt nur noch über eine Hebevorrichtung vom neuen Personenbahnhof aus erreichbar

strasse angrenzen sollte, um die Zu- und Abfuhr der Güter möglichst bequem zu machen. Die provisorischen Anlagen für den Personenverkehr wurden auf dem Gelände westlich der Hauptgleise, südlich der Teltowerstrasse hergestellt und von der Trebbinerstrasse aus zugänglich gemacht.

Mit dem Umbau der Bahnhofsanlagen wurde im Herbst 1872 begonnen. Provisorische Anlagen — ein Stationsgebäude in Fachwerk mit überdeckten, für Ankunft und Abfahrt getrennten Bahnsteigen — wurden im Herbst 1874 in Betrieb genommen. In den folgenden Jahren wurden die Anlagen für den neuen Güterbahnhof und der Bau der Strassenunter- und Ueberführungen vollendet. Im Frühjahr 1876 konnte der neue Empfang- und Versandschuppen in Benutzung genommen werden, womit wiederum ein Theil des alten Bahnhofs für den Umbau verfügbar wurde. Sodann wurden die Anlagen auf dem Werkstättenbahnhof begonnen und diese Bauten soweit vollendet, dass im Sommer 1878 die Wagenwerkstätte nach Tempelhof verlegt werden konnte. Die Lokomotivwerkstätte daselbst wurde im Jahre 1879 in Betrieb genommen.

Zu dem neuen Personenbahnhof wurden im Herbst 1876 die neuen Grundmauern hergestellt, im Herbst 1878 konnte mit der Aufstellung der grossen Bahnsteighalle begonnen werden. In demselben Jahre wurde der neue Güterzug-Lokomotivschuppen nördlich der Kolonnenstrasse dem Betriebe übergeben. Die im Jahre 1877 begonnenen Ueberbrückungen des Landwehrkanals und seiner Uferstrassen wurden im Jahre 1879 fertiggestellt; gleichzeitig wurden die Bodenanschüttungen für den Innenbahnhof, der Bau eines Zollschuppens und des

Hebewerkes für Güterwagen daselbst vollendet. Endlich am 15. Juni 1880 wurde das neue Empfangsgebäude dem Betriebe übergeben und damit der grossartige Bau zum Abschluss gebracht.

Die neuen gesammten Anlagen des Berliner Bahnhofs erstrecken sich vom Askanischen Platz etwa 5 km lang in südlicher Richtung bis nach Südende, wo die Dresdener und die Militärbahn zusammen über die Anhalter Bahn hinweggeführt werden. Die Bahn überschreitet mit vier Gleisen — aussen zu beiden Seiten der Hauptgleise je ein Ausziehgleis — auf einer Bogenbrücke den Landwehrkanal, auf Brücken mit Parallelträgern die beiden Uferstrassen und liegt hier rund 4 m höher als früher. Alsdann wird die Yorkstrasse unter-, die Monumenten- und die Kolonnenstrasse mit hölzernen Bauwerken überführt. Weiter südlich geht die Bahn unter der Ringbahn hindurch und zieht sich westlich von dem Werkstättenbahnhof und dem später angelegten Rangirbahnhof Tempelhof nach Südende-Lankwitz hin.

Der Personenbahnhof mit dem neuen Empfangsgebäude, dessen architektonische Gestaltung nach den Plänen Schwechten's erfolgte, liegt unmittelbar südlich des Askanischen Platzes zwischen Möckern- und Schönebergerstrasse. In der grossen, 170 m langen und 60 m weiten Bahnsteighalle sind, in drei Gruppen vereinigt, 6 Bahnsteig- und 2 Zwischengleise sowie 2 Seiten-, 2 Zwischen- und 2 schmalere Gepäckbahnsteige angeordnet. Die östliche Seite ist für die ankommenden, die westliche für die abfahrenden Züge des Fernverkehrs bestimmt, während an den Zwischenbahnsteigen vorwiegend Vorort- und Sonderzüge abgefertigt werden.

Das Empfangsgebäude ist im wesentlichen nur ein Kopfbau, der sich beiderseits an den grossen, in Strassenhöhe angeordneten Hauptflur anlegt und den nördlichen Hallengiebel architektonisch abschliesst. Vom Askanischen Platz aus gelangt man durch eine bedeckte Vorhalle in den Hauptflur, findet zur linken die Fahrkartenschalter, zur rechten die Gepäckabfertigung. Von der Mitte des Hauptflurs führt eine Freitreppe nach dem Hauptgeschoss empor und mündet in zwei Armen auf einen breiten Quergang, der mit dem über 12 m breiten Kopfbahnsteig in Verbindung steht. An den Kopfbau schliessen sich auf der rechten Seite an die Hallenwand noch Wartesäle, Aborte, Räume für den Stationsdienst und Kaiserzimmer an; zur linken Seite folgen: ein grosser Ausgangsflur, von dem man durch eine Treppe nach der zu ebener Erde angelegten Gepäckausgabe gelangt, ferner ein Wartesaal für Ankunft, Aborte, Räume für Polizei und Kaiserzimmer. Die Halle erhält durch die 19 m hohen Seitenwände und die im Scheitel der eisernen Dachkonstruktion angeordneten Oberlichter eine vortreffliche Beleuchtung. Die Doppelbinder, die, in 14 m Abstand von einander angeordnet, das Wellblechdach tragen, sind Fachwerksbogenträger mit Scheitel- und zwei Kämpfergelenken, von 62,5 m Stützweite und 15,0 m Pfeilerhöhe; Zugstangen aus Stahl von 70 mm Durchmesser nehmen den Horizontalschub der Binder auf. Die Pfetten des Wellblechdachs sind aus Holz hergestellt. Der Dachfirst der Halle liegt in der beträchtlichen Höhe von 34,25 m über den Schienen, so dass die Halle in ihrer Höhe in Deutschland unerreicht dasteht, während sie in der Spannweite nur von der neueren Mittelhalle des Cölner Hauptbahnhofs von 63,5 m Stützweite übertroffen wird. Die Eisenkonstruktionen der Halle sind nach den Ausarbeitungen des Oberingenieurs Wiedenfeld ausgeführt.

In der Architektur des Empfangsgebäudes ist ausserordentlicher Reichthum an Terrakotten und Formsteinen entfaltet, so dass der Bau als ein Meisterwerk in der feineren Ausbildung des Ziegelrohbaues gelten darf.

Zur Verbindung der unten liegenden Gepäckabfertigung mit den Gepäckbahnsteigen der Halle sind Wasserdruckaufzüge angeordnet. Um einzelne Wagen von dem oberen erhöhten Bahnkörper auf das alte Bahngelände am Kanal und Hafen herablassen oder umgekehrt von hier nach oben befördern zu können, ist auf der Westseite des Personenbahnhofs ein durch Wasserdruck betriebenes Hebewerk für Güterwagen von 4 m Hubhöhe angeordnet.

Die Kosten des Neubaus für den Innenbahnhof haben über 5 300 000 M, die des ganzen Umbaues einschliesslich des Grunderwerbs 14 100 000 M betragen.

Der Aussenbahnhof südlich des Kanals enthält westlich von den Hauptgleisen den Betriebsbahnhof für den Personenverkehr mit ausgedehnten Aufstellungsgleisen, zwei ring-

Der Anhalter Bahnhof in Berlin Anfang der 1880er Jahre; oben ein Blick vom Querbahnsteig in die Bahnsteighalle, unten die südliche Giebelseite dieser Halle

Der Außenbahnhof vom Landwehrkanal bis zur Ringbahn Anfang der 1880er Jahre

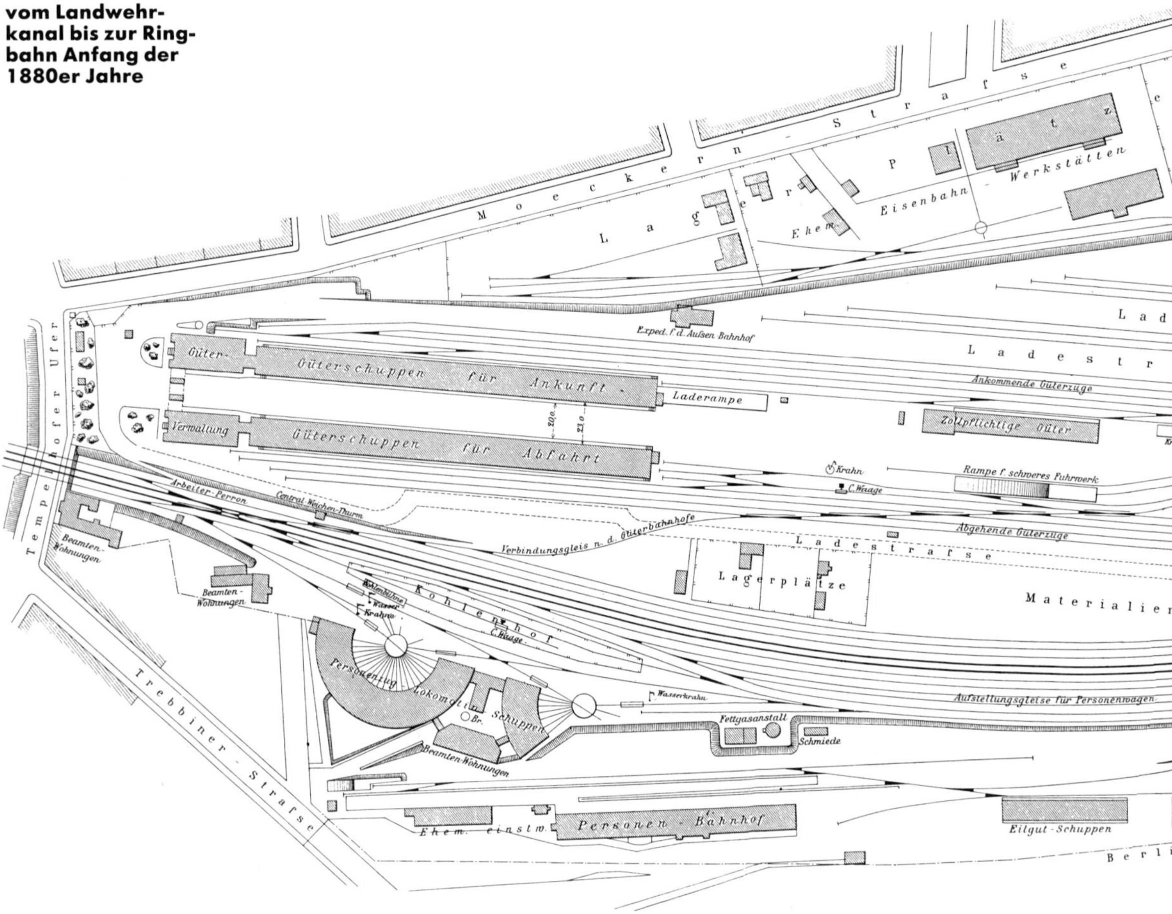

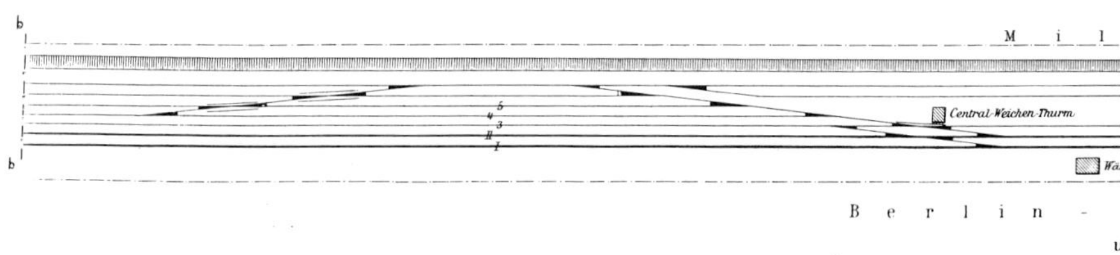

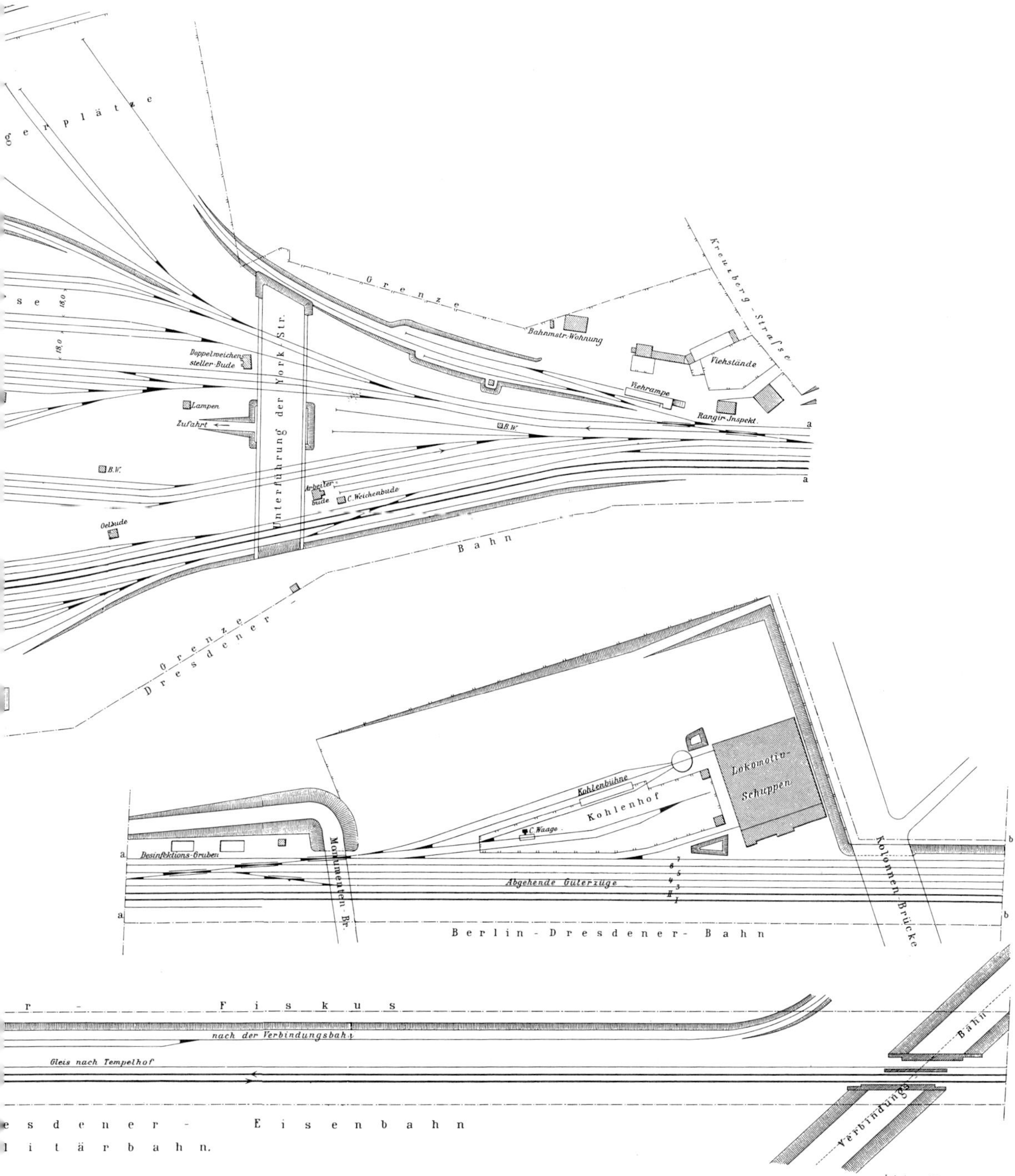

Lith. Anst. v. F. Wirtz, Darmstadt

förmigen Lokomotivschuppen zu 21 und 7 Ständen, Kohlenbühnen, eine Fettgasanstalt und die Anlagen für den Eilgutverkehr. Oestlich folgen dann die Gleise, Schuppen, Ladestrassen und Lagerplätze für den Güterverkehr, mit Zufahrten vom Tempelhofer Ufer und der Yorkstrasse aus; den nördlichen Abschluss der Güterschuppen bildet das stattliche Verwaltungsgebäude, aus einem Mittelbau mit Durchfahrten und zwei Seitenflügeln bestehend; nach Osten hin bis an die Möckernstrasse erstreckt sich der Produktenbahnhof, die ehemaligen Werkstätten an der Möckernstrasse sind zu Kornspeichern, die freien Flächen zu Lagerplätzen eingerichtet.

An dieser Stelle muß auf die vorstehend erwähnten Bahnen, die Dresdener Bahn und die Militärbahn, etwas näher eingegangen werden, weil die Geschichte der BAE bis in die Gegenwart von diesen beiden Eisenbahnen begleitet wird. 1868 hatte es erste Ansätze gegeben, das Monopol der BAE im Verkehr zwischen Berlin und Dresden durch den Bau einer etwa 20 Kilometer kürzeren Parallelstrecke zu brechen. Erst im Gründungsfieber nach dem Krieg von 1870/71 gelang es einem Eisenbahnkomitee, das Projekt voranzutreiben und 1872 von Preußen und von Sachsen die Konzessionen für eine Strecke zu erhalten, die Berlin und Dresden auf dem 15 Kilometer kürzeren Weg über Zossen und Elsterwerda verbinden sollte.

Die aus dem Komitee hervorgegangene Berlin-Dresdener Eisenbahn-Gesellschaft (BDE) vereinbarte im Jahre 1873 mit dem Kriegsministerium den Bau einer weiteren Eisenbahn, die von Berlin bis Zossen parallel zur Dresdener Bahn verlaufen sollte. Diese Bahn wurde als „Königlich Preußische Militär-Eisenbahn" bekannt. Sie diente vornehmlich der Ausbildung von Eisenbahntruppen und nahm deshalb bis zu ihrer Auflösung im Jahre 1919 eine Sonderstellung unter den deutschen Eisenbahnen ein. Die Militärbahn begann südlich der Kolonnenstraße in dem „Militärbahnhof Schöneberg bei Berlin" und führte zunächst bis zum Artillerieschießplatz Kummersdorf.

Im Vertrag mit dem Kriegsministerium war es der BDE auch gelungen, ein militärfiskalisches Gelände anzukaufen. Dieses Gelände jenseits des Landwehrkanals südlich der Luckenwalder Straße – zwischen den Außenbahnhöfen der BAE und der BPME gelegen – war für den Endbahnhof der Dresdener Bahn bestimmt. Die BDE konnte ihr Projekt wegen des Gründerkrachs nur noch unter großen Schwierigkeiten fertigstellen. Der Personenbahnhof in Berlin erhielt daher nur ein provisorisches Empfangsgebäude aus Holzfachwerk, ähnlich jenem Empfangsgebäude, welches die BAE seit dem 9. November 1874 auf ihrem benachbarten provisorischen Personenbahnhof an der Trebbiner Straße nutzte.

Der Dresdener Güterbahnhof lag westlich neben dem Hauptgleis der BDE. Er erstreckte sich vom Personenbahnhof südwärts bis an die neue Gürtelstraße. Von dort bis vor die Kolonnenbrücke schlossen sich der Lokschuppen, Rangier- und Abstellgleise sowie Lagerplätze mit Gleisanschluß an. Die Anlagen der BDE umfaßten somit ein fast 1½ Kilometer langes und bis zu 200 Meter breites Gelände an der Westseite des Außenbahnhofs der Anhalter Bahn.

Von der Kolonnenbrücke bis zur Neuen Verbindungsbahn verlief die eingleisige Dresdener Bahn zunächst parallel neben der Anhalter Bahn. Jenseits der Verbindungsbahn legte sich die Militärbahn neben die BDE. Diese beiden Bahnen führten nun gemeinsam – sich allmählich von der BAE absetzend – weiter nach Süden, schwenkten dann ab und überschritten etwa 400 Meter südlich des heutigen Prellerweges die Anhalter Bahn. Von dort verliefen sie schnurgerade an Marienfelde vorbei in Richtung Zossen. Das schiefwinklige Kreuzungsbauwerk am Schnittpunkt mit der BAE hatte die BDE auf Forderung der Anhaltischen Bahn in einer Länge herstellen müssen, die es der BAE ermöglichte, später ein drittes und ein viertes Gleis hindurchzuführen.

Die Dresdener Bahn wurde am 17. Juni 1875 für den Personen- und Güterverkehr eröffnet. Am 15. Oktober 1875 folgte die Inbetriebnahme der Militärbahn, die vorerst von Schöneberg bis Zossen ausschließlich militärischen Zwecken diente.

Die finanzielle Lage der BDE verschlechterte sich inzwischen weiter und zwang diese Gesellschaft zu Verhandlungen mit der BAE. Die BDE strebte in diesen Verhandlungen einen Ankauf ihrer Bahn oder zumindest eine Übernahme der Betriebsführung durch die Anhaltische Bahn an. Preußen war jedoch nicht bereit, diesem Plan zu folgen, der eine noch ausgeprägtere Monopolstellung der BAE herbeigeführt hätte. Der Staat vereinbarte daher Anfang 1877 mit der BDE, daß er selbst die Verwaltung und den Betrieb der Bahn auf Dauer übernehmen werde und nach 15 Jahren auch zu ihrem Erwerb berechtigt sein solle. Andererseits übernahm Preußen eine Zinsbürgschaft für eine neue Anleihe der BDE.

Am 11. August 1877 stimmte der Preußische Landtag einem entsprechenden Gesetz zu, am 20. August 1877 wurde eine „Königliche Eisenbahn-Commission für die Berlin-Dresdener Bahn" ins Leben gerufen und mit Wirkung vom 1. Oktober 1877 an war diese Bahn faktisch in der Hand des Staates. Am 30. März 1887 wurde Preußen auch Eigentümer der BDE, übertrug jedoch den sächsischen Streckenanteil Elsterwerda–Dresden am 1. April 1888 in das Eigentum Sachsens.

Weitere Baumaßnahmen in der Umgebung Berlins bis 1881

Am 15. November 1877 nahm der Staat die neu erbaute Strecke Tempelhof–Charlottenburg-Westend*)–Moabit in Betrieb. Die Neue Verbindungsbahn war damit zu einem Ring geschlossen, der seither als „Berliner Ringbahn" bekannt ist.

Die Erweiterung des Anhalter Bahnhofs umfaßte auch zwei große Vorhaben jenseits der Berliner Ringbahn: den Bau eines Werkstättenbahnhofs und eines Rangierbahnhofs. Der Werkstättenbahnhof mit der zugehörigen Hauptwerkstatt der BAE entstand in der Nähe des Dorfes Tempelhof, südöstlich des Schnittpunktes der Anhalter Bahn mit der Ringbahn. Er wurde 1879 fertiggestellt und im Laufe der Zeit mehrfach erweitert. Nach dem Ersten Weltkrieg erhielt die Hauptwerkstatt den Namen „Reichsbahnausbesserungswerk Tempelhof".

Der Rangierbahnhof jenseits der Ringbahn bei Tempelhof bezweckte, den Anhalter Güterbahnhof vom Durchgangsgüterverkehr freizuhalten. Dafür sollten alle von außerhalb kommenden und nach der Ringbahn weiterlaufenden Güterwagen auf dem neuen Rangierbahnhof ausrangiert und dann auf direktem Weg zum Ringbahnhof Tempelhof befördert werden. Ebenso sollten die von der Ringbahn kommenden Güterwagen nach Zielen südlich von Berlin direkt vom Ringbahnhof Tempelhof zum Rangierbahnhof laufen. Der Bau des Rangierbahnhofs wurde von der BAE jedoch zurückgestellt, weil sich der Übergangsverkehr mit der Ringbahn nach einem Verkehrsrückgang Mitte der 1870er Jahre noch zufriedenstellend im Anhalter Außenbahnhof abwickeln ließ.

Die Güterwagen nach und von der Ringbahn wurden in jener Zeit auf Gleisen südlich der Yorckstraße ausrangiert. Diese Gleise gingen direkt in das russische Gleis über, das jetzt auch als „innerer Ringbahnanschluß der Anhaltischen Bahn" bezeichnet wurde. Das russische Gleis gehörte schon seit 1870 zu den Anlagen der staatlichen Neuen Verbindungsbahn – der späteren Ringbahn –, war aber an die BAE verpachtet. Es ist daher anzunehmen, daß die Übergabezüge zwischen dem Anhalter Bahnhof und dem Ringbahnhof Tempelhof von Lokomotiven der BAE befördert wurden. Diese Übergabezüge waren vielleicht auch der Anlaß dafür, daß die BAE damals an der Ostseite der Bahn, unmittelbar nördlich der heutigen Dudenstraße, einen Rechteckschuppen für die Unterbringung von Güterzuglokomotiven errichtete.

Über die Anbindung ihres geplanten Rangierbahnhofs an die Ringbahn hatte die BAE seit 1872 mit den Staatsbehörden verhandelt. Im Dezember 1877 erhielt sie die ministerielle Genehmigung zum Bau einer eingleisigen Verbindungsstrecke von dem künftigen Rangierbahnhof nach dem Ringbahnhof Tempelhof. Dieser „äußere Ring-

*) Heute Westend

bahnanschluß" wurde nach der Eisenbahnstatistik am 15. Mai 1879*) eröffnet; der innere Ringbahnanschluß – das russische Gleis – sei gleichzeitig für den gewöhnlichen Güterverkehr außer Dienst gestellt, jedoch am 14. Oktober 1879 für Extrazüge und eilige Überführungen erneut in Betrieb genommen worden.

Jene Güterzüge, die jetzt zwischen dem Anhalter Güterbahnhof und dem Ringbahnhof Tempelhof nicht mehr auf dem russischen Gleis, sondern mit Kopfmachen über den äußeren Ringbahnanschluß verkehrten, benutzten jenseits der Kolonnenbrücke ein neu erbautes Gleis, das nach dem Werkstättenbahnhof Tempelhof führte und an das auch einige Rangiergleise neben der neuen Hauptwerkstatt angebunden waren. Auf diesem Werkstättengleis verkehrten morgens, mittags und abends auch besondere Arbeiterzüge, welche die in Berlin wohnenden Werkstättenarbeiter zwischen dem Anhalter Außenbahnhof und der Hauptwerkstatt beförderten.

Schon in den 1860er Jahren hatte die Grundstücksspekulation einen ersten Schritt in die Umgebung Berlins getan. Er zielte zunächst auf den Bau einer Villenkolonie an der Anhalter Bahn und wurde zum Vorbild für ähnliche Vorhaben, die sich in den folgenden Jahren vornehmlich an der Eisenbahn Berlin–Potsdam konzentrierten. Initiator war der Besitzer der Rittergüter Lichterfelde und Giesensdorf, Johann Anton Wilhelm von Carstenn, der damals beabsichtigte, das Gutsgelände westlich der Anhalter Bahn zu parzellieren – ein Vorhaben, welches sich nur mit einer angemessenen Verkehrsverbindung nach Berlin realisieren ließ. Carstenn vereinbarte daher im Jahre 1868 mit der BAE die Einrichtung einer Haltestelle bei Lichterfelde. Er stellte der Bahngesellschaft das erforderliche Gelände zur Verfügung und errichtete dort auf eigene Kosten ein kleines Stationsgebäude. Am 20. September 1868 wurde die Haltestelle „Lichterfelde" eröffnet. Damit war sie die erste Eisenbahnstation überhaupt, welche in der Umgebung Berlins für die Erschließung neuer Siedlungsgebiete entstand. Zunächst hielten in Lichterfelde täglich drei Züge in jeder Richtung.

*) Das Eisenbahn-Verordnungs-Blatt Nr. 8/1880 nennt den 19. Juli 1879.

Die Projekte von Carstenn gingen aber noch weiter. „Berlin und seine Eisenbahnen" berichtete darüber später:

Die Verhandlungen des Gutsbesitzers Carstenn mit dem Kriegsministerium wegen Herstellung eines Kadettenhauses bei Lichterfelde (anstatt auf dem hierfür früher vorgesehenen Grundstück am Hippodrom in Berlin) gaben der Berlin-Anhaltischen Eisenbahngesellschaft im Jahre 1870 Veranlassung zu dem Angebot, den Offizieren und Zöglingen dieser Anstalt gewisse Transportvergünstigungen zu gewähren. Als Gegenleistung wurden vom Handelsministerium Zugeständnisse in Bezug auf die Konzessionirung einer Bahn von Lichterfelde nach Potsdam und der Bahn von Zerbst bis zur Anhaltisch-Preussischen Landesgrenze verlangt.

Die Rechtsverhältnisse zwischen dem Gutsbesitzer Carstenn und der Anhalter Bahn wegen der Anlage der Kadettenanstalt, die 1871 endgiltig beschlossen war, wurden durch einen besonderen Vertrag vom 9. Juni 1871 geregelt. Danach übernahm die Eisenbahngesellschaft die unentgeltliche Beförderung aller Baumaterialien von Berlin bis zur Baustelle, verpflichtete sich, nach Eröffnung des Kadettenhauses ausser den 4 Kurier- und Schnellzügen von und nach Frankfurt (M.) alle übrigen Schnell- und Personenzüge, im ganzen damals 7 nach jeder Richtung, in Lichterfelde halten zu lassen, die Kadetten zum Reitunterricht, zum Pagendienst und zum Besuch der Königlichen Theater unentgeltlich zu befördern, den Offizieren der Anstalt freie Fahrt zu gewähren und noch verschiedene sonstige Vergünstigungen eintreten zu lassen. Dagegen übereignete Carstenn der Gesellschaft das Bahnhofsgelände von Lichterfelde, leistete eine Baarzahlung von 63750 M und zahlte jährlich 1590 M als Transportvergütung.

Spätestens vom Sommer 1872 an gab es zwischen Berlin und Lichterfelde auch Abonnementfahrkarten für drei, sechs oder zwölf Monate, die in der 2. Klasse 15, 24 bzw. 36 Taler, in der 3. Klasse 9, 14½ bzw. 22 Taler kosteten. Sie brachten für Berufspendler eine beachtliche Entlastung, denn für Einzelfahrkarten waren damals in der 1. bis 4. Klasse sieben, fünf, drei bzw. zwei Silbergroschen zu zahlen. Im Jahre 1873 wurden 86 und 1875 schon 246 Abonnementkarten – davon jeweils etwa die Hälfte für die 2. Wagenklasse – verkauft.

In Lichterfelde fand übrigens einige Jahre später die Weltpremiere der elektrischen Straßenbahn statt. Dafür wurde die Trasse der vormaligen Materialtransportbahn verwendet, die vom Bahnhof Lichterfelde nach der Kadettenanstalt führte. Vom 16. Mai 1881 an pendelte auf dieser jetzt meterspurigen Bahn ein von Werner v. Siemens entwickelter elektrischer Triebwagen, der erste Straßenbahnwagen der Welt.

Fahrzeugpark

Lokomotiven

Die Geschichte aller Lokomotiven der BAE ist anhand der Geschäftsberichte und der preußischen Eisenbahnstatistik fast lückenlos nachvollziehbar.

Die Anhaltische Bahn beschaffte von 1841 bis 1881 insgesamt 185 Lokomotiven; davon waren beim Übergang der Bahn in den Staatsbesitz 38 Maschinen bereits ausgemustert. Die Lokomotivbeschaffung umfaßte

– 104 Personenzug- und Schnellzugloks (57 Loks 1A1, eine Lok 2A1 und 46 Loks 1B),

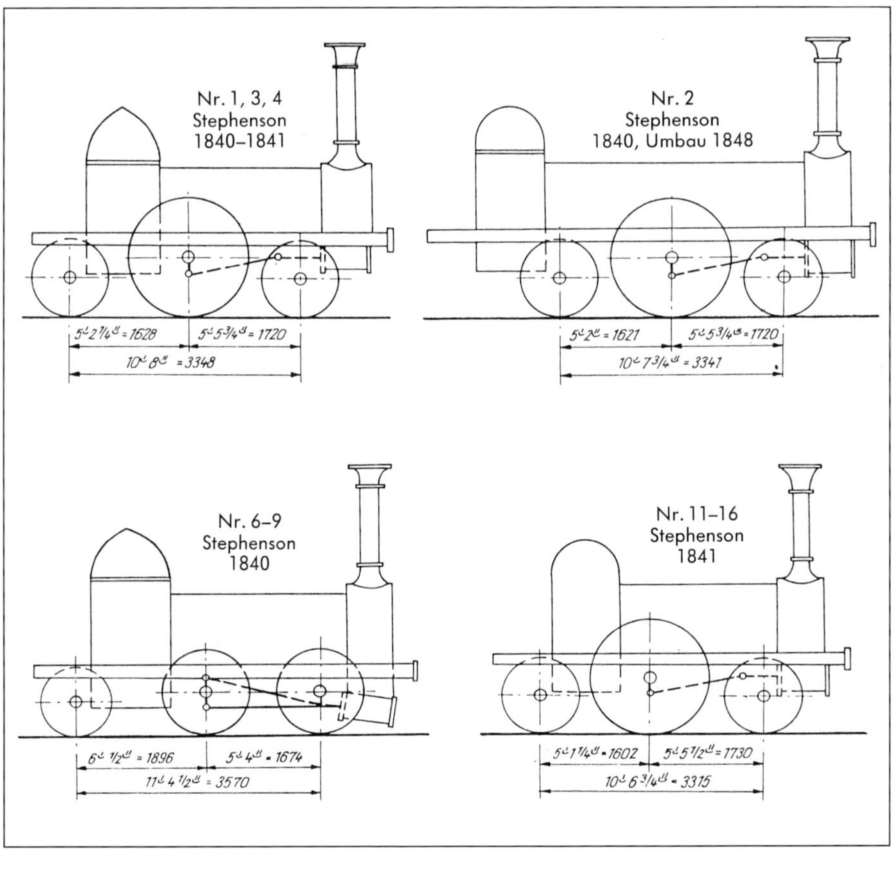

Die ältesten Lokomotiven der BAE. Diese und die nachfolgenden Skizzen ergänzten die „Statistischen Nachrichten von den preußischen Eisenbahnen im Jahr 1853"

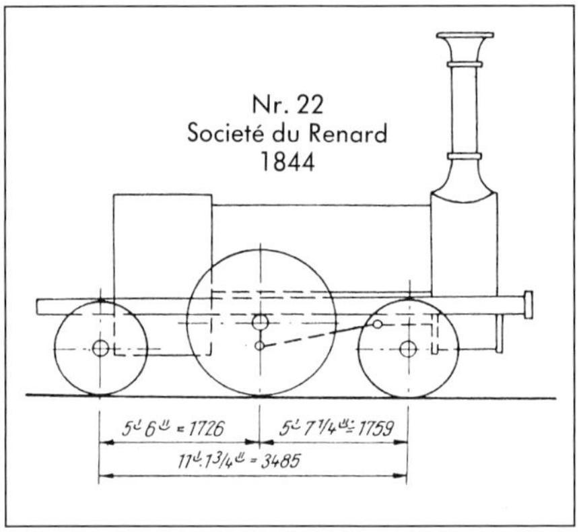

– 77 Güterzugloks (44 Loks zweifach und 33 Loks dreifach gekuppelt),
– 4 B-Tenderloks.

15 Maschinen stammten von Stephenson, eine aus Brüssel und vier von Schichau in Elbing, die übrigen 165 von Borsig. Die Lokomotiven entsprachen bei ihrer Lieferung jeweils dem aktuellen Stand der Technik. Sie führten eine laufende Betriebsnummer der BAE, zumeist auch einen Namen.

Ihre ersten Lokomotiven bezog die BAE aus der Fabrik des bekanntesten Lokherstellers seiner Zeit, Robert Stephenson im englischen Newcastle. Sie trafen seit 1840 – in Einzelteile zerlegt – in Dessau und in Berlin ein, wo ihr Zusammenbau erfolgte. Bis 1842 lieferte Stephenson 15 Loks mit Innenzylinder, davon elf 1A1-Maschinen (BAE-Nr. 1–5 und 11–16) sowie vier B1-Lokomotiven (BAE-Nr. 6–9). Die 1A1-Maschinen besaßen große Treibräder von 6 Fuß Durchmesser und entsprachen mit ihren Innenzylindern, dem Außenrahmen als Tragrahmen und einem inneren Hilfsrahmen zur Aufnahme der Triebwerkskräfte den alten Stephenson'schen Patentlokomotiven.

Die B1-Lokomotiven Nr. 6–9 waren für die Beförderung schwerer Güterzüge bestimmt. Sie hatten daher erheblich kleinere Treibräder, ähnelten aber sonst den übrigen Stephenson-Maschinen. Diese ältesten Lokomotiven der BAE bewährten sich sehr gut; sie blieben überwiegend bis in die 1860er Jahre im Einsatz.

Als letzte ausländische Lokomotive stellte die BAE 1843 die von der Societé du Renard in Brüssel gelieferte 1A1-Innenzylinderlokomotive Nr. 22 „Brüssel" in Dienst. Die Lok wurde für 10 937 Taler ohne Tender übernommen. Wegen Materialmängeln 1845 teilweise erneuert, blieb diese Maschine bis 1867 in Betrieb.

Inzwischen war die Maschinenbaufirma des August Borsig in Berlin auf dem Weg zum alleinigen Lokomotivlieferanten der BAE. Borsig hatte Ende der 1830er Jahre zunächst die Lokomotiven der Berlin-Potsdamer Bahn repariert und dabei auch jene beiden Maschinen kennengelernt, welche 1839 aus der Fabrik des William Norris in Philadelphia/USA nach Berlin geliefert worden waren. Borsig studierte diesen Loktyp, dessen Bauart von den in Europa üblichen Lokomotiven aus England erheblich abwich, sehr genau. Anhand dieses Vorbildes stellte er im Jahre 1841 die erste in Preußen gebaute Lokomotive fertig. Die typischen Merkmale der Norris-Lokomotiven – schräg angesetzte Außenzylinder, Innenrahmen und Rundkuppelstehkessel – hatte Borsig unverändert übernommen. Lediglich die Achsfolge 2A, die bei den Norris-Loks einen unruhigen Lauf herbeiführte, veränderte Borsig durch Anfügen einer dritten Laufachse in 2A1.

Am 20. Juni 1841 fand eine erste Probefahrt mit der Borsig-Maschine statt. Die „Vossische Zeitung" berichtete darüber:

Berlin, den 21sten Juni. Gestern ist auf der Berlin-Anhaltischen Eisenbahn eine erste Probefahrt von einer Meile mit einer vaterländischen Lokomotive, in den Werkstätten des Hrn. Borsig gebaut, gemacht worden. Die Maschine kam am Freitag Mittag auf dem Bahnhofe an, und war Sonntag früh schon so weit zusammengesetzt, daß der Versuch derselben Morgens 6 Uhr statt fand. Sie giebt hinsichtlich der Arbeit den englischen nicht nur nichts nach, sondern ist mit noch größerer Genauigkeit und Eleganz gearbeitet. Alle mit ihr vorgenommenen Proben hinsichtlich der Schnelligkeit und der Dampfentwicklung hat sie vollkommen bestanden. Sie hat 8 Räder, die Cylinder haben 10½ Zoll Durchmesser, die Treibräder 4½ Fuß. Eine wesentliche Verbesserung der Maschine ist, daß der Dampf in den

Cylindern expandiren kann, und daher weit weniger Wasser und Brennmaterial gebraucht wird, wie bei andern Dampfwagen. So wäre denn nun der Beweis geliefert, daß wir die Lokomotiven nicht über Meer zu holen haben, und eine Fabrik unserer Vaterstadt hat sich den Ruhm erworben, uns in dieser Beziehung völlig zu emancipiren.

Weitere Versuchsfahrten erbrachten den Nachweis, daß die Borsig-Lok den englischen Maschinen technisch mindestens gleichwertig war. Dagegen lag ihr Kaufpreis mit 12 000 Talern einschließlich Tender erheblich niedriger als jener der englischen Maschinen, die einschließlich Ersatzteilen und Steuer, jedoch mit nur elf Tendern, durchschnittlich 15 673 Taler gekostet hatten. Die BAE übernahm diese älteste preußische Lokomotive im Sommer 1841 als Betriebs-Nr. 10 in ihr Eigentum und benannte sie nach ihrem Konstrukteur „Borsig". Die Lok blieb bis 1845 im Betriebseinsatz, kam ab 1847 vor Arbeitszügen an der Zweigbahn nach Röderau zum Einsatz, wurde 1850 endgültig außer Dienst gestellt und dann – vermutlich als Schrott – verkauft.

Mit der Lokomotive „Borsig" war in Preußen und dem übrigen Deutschland der Grundstein gelegt für eine eigene Lokomotivbauindustrie, die das bisherige Monopol der englischen Lokfabriken in wenigen Jahren brach und die industrielle Revolution in jener Zeit entscheidend vorantrieb.

Borsig lieferte im Jahre 1842 zunächst weitere zwei Lokomotiven an die BAE, die Nr. 17 („Berlin") und 18 („Pfeil"). Beide Maschinen besaßen nur noch drei Achsen; das für Lokomotiven der Bauart Norris so typische Drehgestell war hier erstmals durch eine feste Laufachse ersetzt. Im übrigen ähnelten diese beiden Loks – die Borsig-Fabrik-Nr. 2 und 4 – weitgehend der Fabrik-Nr. 1 „Borsig" von 1841; sie wurden 1850 bzw. 1853 außer Dienst gestellt. Neben diesen Lokomotiven hatte die BAE 1842 auch vier Tender zu je 2300 Taler von Borsig bezogen, „indem wir mit den aus England bezogenen 15 Maschinen nur 11 Tender mitkommen ließen, weil solche hier bei gleicher Güte billiger anzuschaffen sind".

Anfang 1843 kamen von Borsig erneut drei Lokomotiven mit der Achsfolge 1A1, die BAE-Nr. 19 („Blitz"), Nr. 20 („Greif") und

Die Lokomotive „Borsig" aus dem Jahr 1841. Eine weitere – eventuell sogar von Borsig bezahlte – Abbildung dieser Maschine mit Tender schmückte den Sommerfahrplan der BAE für 1842 (siehe Seite 77)

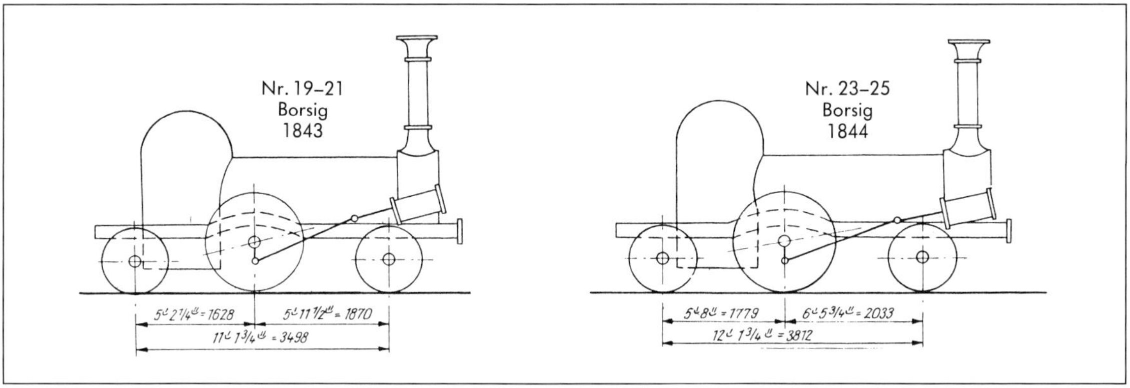

Nr. 21 („Faust"), die schon zu der weiterentwickelten Bauart der „Beuth"-Klasse überleiteten, welche Borsig bis 1847 in insgesamt 70 Exemplaren an verschiedenen Bahnverwaltungen lieferte.

1844 erhielt die BAE nochmals drei gleichartige Loks, die BAE-Nr. 23, 24 und 25. Die Lok Nr. 25 „Beuth" – benannt nach Peter Christian Beuth, dem Vorsitzenden des Vereins zur Beförderung des Gewerbefleißes – wurde zunächst auf der „Allgemeinen Ausstellung deutscher Gewerbs-Erzeugnisse" im Berliner Zeughaus gezeigt und aus diesem Anlaß eingehend beschrieben. Sie blieb 20 Jahre – bis 1864 – im Einsatz. Anhand der detaillierten Beschreibungen von 1844 stellte die Firma Borsig 1912 einen nicht betriebsfähigen 1:1-Nachbau der Lok ohne Tender her, welcher zunächst in das Deutsche Museum nach München kam und jetzt im Museum für Verkehr und Technik in Berlin steht. Die „Beuth" und alle anderen Lokomotiven ihrer Klasse besaßen schräg angeordnete Dampfzylinder, die den vorderen Überhang verminderten und so zu einem ruhigeren Lauf beitrugen. Mit der Beuth-Klasse hatte Borsig eine Lokomotiv-

Diese Zeichnung der Lokomotive „Beuth" wurde 1904 veröffentlicht

bauform geschaffen, die den damaligen Anforderungen in vollem Umfang genügte und sich konstruktiv weiterentwickeln ließ.

Die ältesten Lokomotiven der BAE entsprachen inzwischen nur noch teilweise den Anforderungen. Der Geschäftsbericht für 1846 führte darüber aus:

Die Locomotiven unserer Bahn sind, fast ohne Ausnahme, zu schwach und den jetzigen Verkehrs-Verhältnissen nicht mehr angemessen. Die Güterzüge sind in der Regel so stark, daß von den dazu vorhandenen 4 Maschinen mit gekuppelten Treibrädern selten eine — und nur bei guter Witterung — zur Fortschaffung eines Zuges ausreicht, sondern gewöhnlich einer Vorspann-Maschine bedarf. Dasselbe ungünstige Verhältniß findet bei den Personenzügen statt, da alle dafür bestimmten Maschinen, mit Ausnahme der zuletzt angeschafften Locomotiven Vorwärts, Germania und Beuth, kleine Kessel und Cilinder von 10,6 bis 12,1 Zoll Durchmesser besitzen.

So mußten von den 2520 Zügen im Jahre 1846 = 929 Züge mit 2 Maschinen, 53 Züge sogar mit 3 Maschinen befördert werden.

Die unvortheilhafte Verwendung von 2 Maschinen zur Beförderung eines Zuges ist genugsam bekannt. Dieser Uebelstand tritt beim Betriebe unserer Bahn dadurch noch greller hervor, daß etwa ¾ der Züge für eine Maschine zu stark, dagegen für 2 Maschinen zu leicht sind.

An anderer Stelle wurde ergänzend berichtet, im Jahre 1846 seien 142 Personen- und 109 Güterzüge in zwei Teilen sowie 83 Extrazüge gefahren worden.

Die Bahn beschaffte daher 1847 für den Güterverkehr zunächst drei kräftige 1B-Lokomotiven Nr. 26, 27 und 28 mit überhängendem Stehkessel und Rundkuppel sowie ovalem Langkessel. Ihre Treib- und Kuppelräder entsprachen mit einem Durchmesser von 4½ Fuß englisch dem der bewährten B1-Maschinen von Stephenson.

Anläßlich der Eröffnung der Zweigbahn nach Röderau wurden in den Jahren 1848/49 für Personenzüge vier 1A1-Loks Nr. 29, 30, 31 und 34 sowie für Güterzüge zwei 1B-Lokomotiven Nr. 32 und 33 beschafft. Bis 1860 kamen weitere 13 Güterzugmaschinen ähnlicher Bauart (Nr. 35–37,

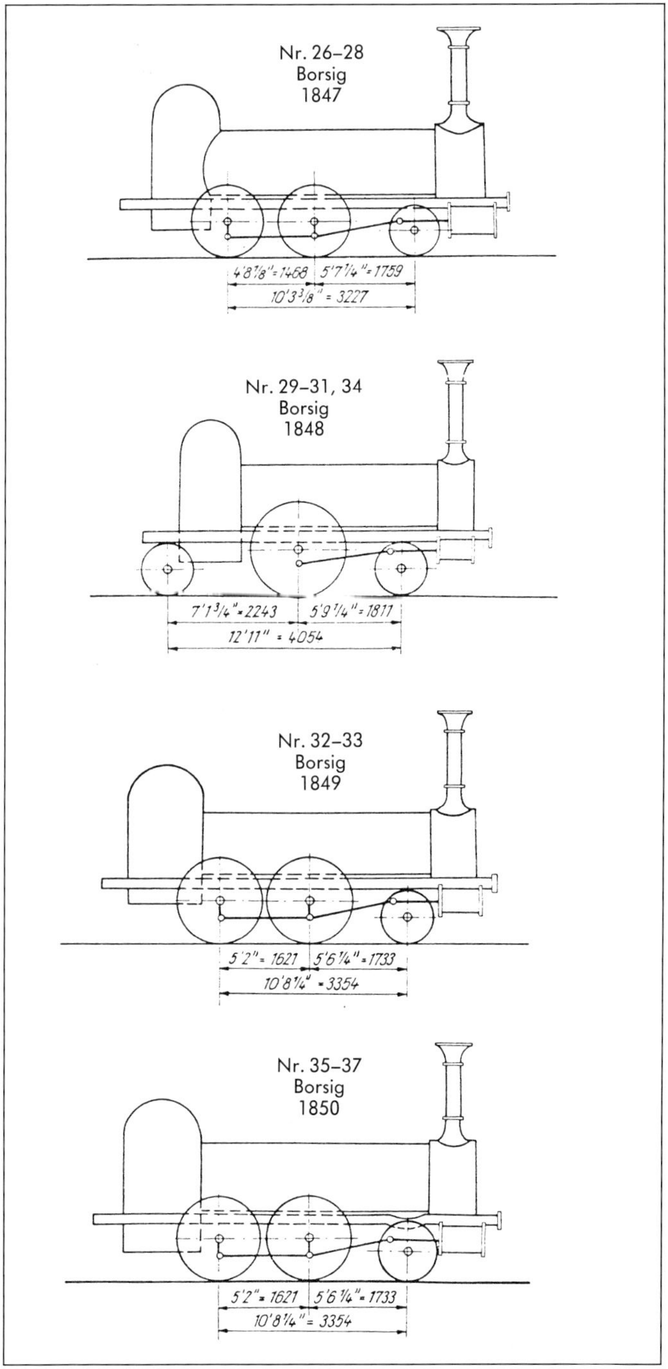

1 B-Personenzuglok aus der BAE-Serie Nr. 97–107, Baujahre 1867/68

43–47, 55–58 und 71) hinzu. Für die Beförderung von Schnellzügen stellte die BAE von 1853 bis 1857 die zwölf Lokomotiven Nr. 38–42 und 48–54 in Dienst. Diese noch immer ungekuppelten Maschinen mit der Achsfolge 1A1 besaßen große Treibräder von 6 Fuß und Laufräder von 4 Fuß Durchmesser sowie erstmals ein Führerhaus – eine Einrichtung, mit der schon bald darauf alle Lokomotiven der BAE ausgerüstet waren.

Weitere 17 Schnellzugmaschinen ähnlicher Bauart mit Treibrädern von 6½ Fuß Durchmesser wurden 1858–1861 als BAE-Nr. 59–70 und 72–76 in Dienst gestellt. 1862 kamen nochmals zwei Schnellzugloks (BAE-Nr. 77 und 78) hinzu, die sich durch eine abweichende Stehkesselbauart unterschieden. Außerdem beschaffte die BAE 1863 für die Beförderung von Personenzügen die Lokomotiven Nr. 79 und 80, die den 1858–1861 gelieferten Schnellzugloks entsprachen, wegen der geringeren Geschwindigkeit jedoch Treibräder mit nur 5½ Fuß Durchmesser besaßen. Mit diesen Maschinen schloß die BAE die Beschaffung von ungekuppelten Lokomotiven mit vorderer und hinterer Laufachse – Achsfolge 1A1 – ab.

Seit 1865 lieferte Borsig kräftige Güterzugmaschinen mit der Achsfolge B1, zunächst als BAE-Nr. 81–84 vier Stück einer älteren Bauform mit Laufachse hinter dem Stehkessel, dann von 1866–1872 weitere 18 Maschinen (BAE-Nr. 89–96 und 108–117) mit der Laufachse unter dem Stehkessel und weiteren konstruktiven Abweichungen, die sich aus dem technischen Fortschritt in jenen Jahren ergaben.

Schon 1866 setzte auch die Beschaffung von zweifach gekuppelten Lokomotiven für Personenzüge – Achsfolge 1B – ein. Bis 1872 wurden insgesamt 20 Maschinen geliefert, die bei der BAE die Nr. 85–88, 97–107 und 118–122 führten. Auch diese drei Lieferungen unterschieden sich in technischen Details und damit in ihrem Aussehen.

Inzwischen mußte die Bahn feststellen, daß ihre nur zweifach gekuppelten Güterzuglokomotiven den steigenden Anforderungen nicht mehr genügten. Sie bezog daher in den Jahren 1873–1878 von Borsig 33 baugleiche Maschinen mit drei Treib- und Kuppelachsen – Achsfolge C –, BAE-Nr. 123–128, 136–147 und 165–179.

Für den Schnellzugverkehr wurden 1873–1876 insgesamt 26 Lokomotiven (BAE-Nr. 129–131 und 148–164) sowie – als letzte Lokbeschaffung der BAE vor der Verstaatlichung – 1881 nochmals sechs Maschinen (BAE-Nr. 180–185) in Dienst gestellt.

Alle seit 1843 an die BAE gelieferten und vorstehend genannten „inländischen" Lokomotiven kamen aus der Fabrik von Borsig; sie besaßen durchweg einen zwei- oder dreiachsigen Tender. Lediglich vier Loks waren in dieser Zeit – vermutlich als Gelegenheitskauf – von einem anderen Hersteller bezogen worden. Es handelte sich dabei um die bei Schichau in Elbing gebauten B-gekuppelten Tenderlokomotiven Nr. 132–135, die 1874 bei der BAE ihren Dienst aufnahmen und vornehmlich im näheren Umkreis von Berlin eingesetzt waren.

Die bei der Verstaatlichung noch in Dienst befindlichen Maschinen gingen 1883 in den Bestand der Königlichen Eisenbahndirektion (KED) Erfurt über.

In der Anfangszeit verwendeten die Eisenbahnen als Feuerungsmaterial für Lokomotiven fast nur Koks. Die BAE stellte ihren Koks in eigenen Koksöfen selbst her. Derartige Anlagen befanden sich auf allen größeren Bahnhöfen. Auf dem Anhaltischen Bahnhof in Berlin gab es beispielsweise anfangs zwei, später sogar vier Koksöfen, die wegen ihres Qualms bald Proteste der Nachbarn hervorriefen. Trotzdem blieben diese Öfen in Betrieb. Sie entfielen erst Anfang der 1860er Jahre anläßlich der Umstellung der Lokfeuerung auf Steinkohlen.

Während des Baues der mitteldeutschen Zweigbahnen verwendete die BAE auf den zur Beförderung von Bauzügen eingesetzten Lokomotiven versuchsweise Braunkohle aus den benachbarten Tagebauen. Dieser Brennstoff bewährte sich bei den nur schwach beanspruchten Bauzugmaschinen zufriedenstellend. Wer hätte damals gedacht, daß die Braunkohle hundert Jahre später in dieser Gegend fast der alleinige Lokomotivbrennstoff sein würde?

Personen- und Güterwagen

Der Wagenpark der BAE war naturgemäß wesentlich umfangreicher als der Lokomotivpark; auf seine Entwicklung kann daher nur punktuell eingegangen werden.

Die ersten genauen Angaben enthält der Direktionsbericht vom 16. April 1842. Die Bahn hatte ursprünglich beabsichtigt, für die Personenbeförderung 6 Wagen 1. Klasse, 12 Wagen 2. und 24 Wagen 3. Klasse, außerdem 100 Wagen für den Transport von Gütern zu beschaffen. Allein für diese 42 Personenwagen wendete sie 64118 Taler auf; hinzu kamen „(wie nach dem Polizei-Reglement vorgeschrieben) 10 Stück Bremsen incl. des obern Coupés" für 1803 Taler. Anstelle von gußeisernen Rädern hatten die Wagen solche aus Schmiedeeisen erhalten; jeder Satz (gemeint sind damit alle vier Räder eines Wagens) kostete 200 Taler.

Der Bestand an Personenwagen wurde schnell erhöht. Im März 1842 besaß die BAE bereits

6 Wagen 1. Klasse,
24 Wagen 2. Klasse,
36 bedeckte Wagen 3. Klasse,
12 offene Wagen 3. Klasse,
6 Bagagewagen

sowie einen Königswagen, der später als Wagen 1. Klasse geführt wurde.

Für den Güterverkehr waren damals 2 Pferdewagen, 16 Lastwagen mit Kasten und 28 Lastwagen ohne Kasten vorhanden.

Diese Güterwagen sowie alle Personenwagen befanden sich in dem alleinigen Eigentum der BAE. Ihre Beschaffung hatte 176056 Taler gekostet; davon entfielen allein 3024 Taler auf den Königswagen.

Für den Wechselverkehr über Köthen hinaus in Richtung Magdeburg und Leipzig besaßen die BAE und die Magdeburg-Leipziger Eisenbahn-Gesellschaft damals gemeinschaftlich weitere 14 Bagagewagen, 49 bedeckte Güterwagen sowie 14 Güterwagen ohne Kasten für den Equipagentransport. Die Kosten dieser Wagen teilten sich beide Bahnen nach dem Verhältnis der Bahnlänge.

Bis Ende 1844 hatte sich der eigene Wagenpark der BAE nochmals kräftig erhöht; er bestand jetzt aus

7	Personenwagen	1. Klasse mit je 18 Plätzen,
2	"	1. und 2. Klasse mit je 12 Plätzen 1. Klasse und 24 Plätzen 2. Klasse,
30	"	2. Klasse mit je 24 Plätzen,
35	"	3. Klasse mit Verdeck mit je 30 Plätzen,
2	"	3. Klasse mit Verdeck mit je 40 Plätzen,
26	"	3. Klasse ohne Verdeck mit je 30 Plätzen
102	Personenwagen	mit 2828 Plätzen.

14 Bagagewagen,
15 Viehwagen,
1 achträdriger Güterwagen,
9 Equipagewagen,
91 Lastwagen,
18 Rollwagen,
5 Kohlen-Wagen,
6 Schneepflüge,
4 Bahn-Draisinen.

Hinzu kamen gemeinsam mit der MLE 28 Equipagenwagen sowie 87 Last- und Bagagewagen.

Die Berlin-Anhaltische Eisenbahn-Gesellschaft fertigte ihre Personen- und Güterwagen zu einem erheblichen Teil in der eigenen Werkstatt auf dem Bahnhof Berlin.

Ein Eisenbahnabteil vor fast 150 Jahren – eine Illustration aus der 1844 in Leipzig verlegten Posse „Herr Buffey auf der Berlin-Leipziger Eisenbahn" von Ad. Brennglas; unter diesem Pseudonym erschienen damals die zeitkritischen Schriften von Adolf Glasbrenner

Sie griff bei der Fertigung zwar anfangs auf englische Vorbilder zurück, jedoch war hierfür – im Gegensatz zu der Lokbeschaffung – keine ausländische Zulieferung mehr erforderlich.

Seit Mitte der 1840er Jahre erhielten zunächst einige offene Wagen 3. Klasse ein Verdeck. Die BAE hatte sich mit diesen „Sommerwagen" erheblicher Kritik ausgesetzt, vor allem, weil ihre Züge in den Sommermonaten für Reisende 3. Klasse zunächst ausschließlich solche Wagen mitführten. Anfang der 1850er Jahre musterte die BAE einen Teil ihrer ältesten Personenwagen – vor allem die restlichen Wagen ohne Verdeck – aus oder baute sie in Güterwagen um. Die ausgemusterten Personenwagen wurden durch neue dreiachsige Fahrzeuge mit erheblich größerer Länge ersetzt. Im Frühjahr 1852 waren 31 dreiachsige und 52 zweiachsige Personenwagen vorhanden. Für den Güterverkehr besaß die BAE damals neben 215 zweiachsigen auch 28 dreiachsige und 27 vierachsige Güterwagen.

Schon Ende der 1840er Jahre hatten die BAE und die MLE ihren gemeinschaftlichen Wagenpark aufgeteilt, eine Folge des Zusammenwachsens der Eisenbahnen zu einem Netz, auf dem mit der Einführung erster Verbandsverkehre auch der Übergang von Güterwagen auf andere Bahnen bald üblich geworden war.

Die Inbetriebnahme der Neubaustrecken in Mitteldeutschland führte der BAE einen gewaltigen Verkehrsstrom zu, der umfangreiche Wagenbeschaffungen – vor allem für den Güterverkehr – erforderte. Innerhalb kurzer Zeit wurde nicht nur der Wagenpark mehr als verdoppelt, sondern auch qualitativ erheblich verbessert. Die Geschäftsberichte für 1859 und für 1873 nannten für das jeweilige Jahresende folgenden Wagenbestand:

Wagenart	Wagenbestand am 31. Dezember 1859	1873
A. Personenwagen		
dreiachsige Salonwagen	–	1
dreiachsige Personenwagen 1. und 2. Klasse	35	63
dreiachsige Personenwagen 2. und 3. Klasse	4	3
dreiachsige Personenwagen 3. Klasse	42	56
zweiachsige Personenwagen 1. und 2. Klasse	5	19
zweiachsige Personenwagen 1. und 2. Klasse (Salonwagen)	–	1
zweiachsige Personenwagen 2. Klasse	–	4
zweiachsige Personenwagen 2. und 3. Klasse	16	24
zweiachsige Personenwagen 3. Klasse	–	36
zweiachsige Personenwagen 4. Klasse	–	48
Personenwagen insgesamt:	102	255
mit Sitzplätzen 1. Klasse	342	617
mit Sitzplätzen 2. Klasse	1 240	2 261
mit Sitzplätzen 3. Klasse	3 000	5 400
mit Stehplätzen 4. Klasse	–	2 128
B. Lastwagen		
vierachsige bedeckte Güterwagen	26	15
vierachsige Plateauwagen	4	15
dreiachsige bedeckte Güterwagen	53	41
dreiachsige bedeckte Gepäckwagen	9	9
dreiachsige offene Güterwagen	31	30
zweiachsige bedeckte Güterwagen	185	663
zweiachsige bedeckte Post- und Gepäckwagen	10	12
zweiachsige bedeckte Güterwagen zum Schweinetransport	13	17
dto. zum Pferdetransport	5	5
zweiachsige offene Güterwagen mit Wänden oder Aufsatz	488	1 256
zweiachsige offene combinirte Langholzwagen	–	20
zweiachsige offene Lowry und Equipagenwagen	38	–
Lastwagen insgesamt:	862	2 083
Tragfähigkeit insgesamt in Zentner:	122 490	376 580
C. Sonstige Fahrzeuge		
Erdtransportwagen	50	68
Bahnmeisterstrecken- bzw. Kiesgrubenwagen	53	102
Bahnhofswagen	23	38
Schneepflüge	3	.

Seit 1872 setzte die BAE auch in der 3. Klasse Wagen mit Dampfheizung ein; vorher hatte es beheizbare Personenwagen nur für Reisende in der 1. und 2. Klasse gegeben. 1874 wuchs der Wagenpark wegen der bevorstehenden Eröffnung der Querverbindung Zerbst–Wittenberg–Falkenberg nochmals stark an.

Für das Ende des letzten vollen Privatbahnjahres, also für den 31. 12. 1881, nennt die Eisenbahnstatistik 346 eigene Personenwagen; davon waren 152 Wagen zweiachsig, die übrigen dreiachsig, und 189 Wagen besaßen eine Bremse. Die Personenwagen verteilten sich auf

112 Wagen 1. und 2. Klasse,
4 Wagen 2. Klasse,
30 Wagen 2. und 3. Klasse,
138 Wagen 3. Klasse,
57 Wagen 4. Klasse,
5 Wagen für besondere Zwecke, u. a. Speisewagen.

Nach der Bauart unterschieden sich die Personenwagen in 311 Fahrzeuge in Abteilbauart, also mit seitlichen Eingängen, und 35 Wagen mit Zugang an der Stirnseite. Die BAE hatte von 1841 bis Ende 1881 insgesamt 473 Personenwagen beschafft und davon 127 inzwischen wieder ausgemustert.

Für den Güterverkehr besaß die Bahn Ende 1881

13 zweiachsige Gepäckwagen,
49 dreiachsige Gepäckwagen,
1070 zweiachsige bedeckte Güterwagen,
21 dreiachsige bedeckte Güterwagen,
1992 zweiachsige offene Güterwagen,
50 dreiachsige offene Güterwagen,
30 vierachsige offene Güterwagen,
56 zweiachsige Viehwagen,

somit insgesamt 3281 Gepäck- und Güterwagen. Außerdem waren noch 170 kleine zweiachsige Wagen für innerdienstliche Zwecke vorhanden; ein Teil dieser Wagen besaß jedoch keine elastischen Zug- und Stoßvorrichtungen und durfte deshalb nicht in Züge eingestellt werden. Insgesamt hatte die BAE seit 1841 3700 Gepäck- und Güterwagen beschafft, davon waren 419 Wagen inzwischen wieder ausgemustert. Allerdings war die BAE eine sparsame Bahn, die – wie die Geschäftsberichte immer wieder erkennen lassen – ihre ausgemusterten Personen- oder Güterwagen häufig nicht verschrottete, sondern für eine weitere Nutzung herrichtete und diese Wagen dann erneut in Betrieb nahm.

Für den Postverkehr gab es bei der BAE schon sehr frühzeitig besondere Wagen. So erwähnte der Geschäftsbericht für 1845, die BAE habe die Untergestelle von zehn Postwagen zu unterhalten. Diese Wagenzahl blieb lange Zeit konstant. Erst ab 1859 kamen bei der BAE weitere Postwagen hinzu; Ende 1879 war mit 37 derartigen Wagen der Höchststand erreicht.

Beförderungstarif

Die Eröffnung einer Eisenbahn brachte vor 150 Jahren in der Personen- und Güterbeförderung einen ungeheuren Qualitätsschub. Hinzu kam, daß die Selbstkosten bei den Eisenbahnen zumeist erheblich niedriger lagen als bei den bisherigen Verkehrsmitteln. Die Eisenbahnen besaßen somit bei der Festsetzung ihrer Beförderungspreise einen erheblichen Spielraum. Einerseits waren sie bestrebt, diesen Spielraum durch hohe Tarifsätze zu nutzen, um so die Einnahmen – und damit die Dividende – zu steigern. Andererseits durften die Tarife auch nicht zu hoch sein, weil sonst die Gefahr einer Rückwanderung zu den anderen Verkehrsmitteln bestand. Schließlich konnten durch geeignete Tarifmaßnahmen neue Benutzer gewonnen werden, die sich aus Kostengründen bisher nicht der Eisenbahn bedient hatten.

In der Anfangszeit hatte jede Eisenbahn ihre eigenen Beförderungstarife, die jeweils in einem „Betriebs-Reglement" zusammengefaßt waren. Die Bahnen zielten damals mit ihren Tarifen in sehr unterschiedliche Richtungen, jedoch war bei allen Gesellschaften die Suche nach den besten Lösungen unverkennbar. Die Einführung oder Änderung von Tarifen unterlag aufgrund des Eisenbahngesetzes vom 3. November 1838 in den ersten drei Jahren nach der Bahneröffnung keiner Genehmigung, sondern mußte den Staatsbehörden vor Inkrafttreten nur angezeigt werden.

Tarif für die Beförderung von Personen, Gepäck und Equipagen

Die BAE erhob für die Beförderung von Personen anfangs je Meile in der 1. Wagenklasse 5,9 Sgr., in der 2. Klasse 3,9 Sgr. und in der 3. Klasse 2,5 Sgr. Die Tarifsätze, die im Sommer 1842 für die Personen-, Gepäck- und Equipagenbeförderung galten, sind der Tabelle auf Seite 69 zu entnehmen.

Über die weiteren Tarifbestimmungen der BAE liegt ein Bericht vor, der den Stand von Anfang 1844 wiedergibt:

Personenbeförderung

— Jeder Reisende hat sich zeitig mit dem erforderlichen Passe oder einer Paßkarte zu versehen, indem bei Verhinderung der Abreise wegen desfallsiger Mängel aus polizeilichen Gründen die Rückgabe bereits bezahlten Fahrgeldes nicht Statt finden kann.

— Jedes Fahrbillet ist nur für die darauf gestempelte Fahrt gültig, daher jeder Käufer sofort zu prüfen hat, ob es auf die gewünschte Fahrt lautet; spätere Reklamationen können nicht berücksichtigt werden.

— Sichtlich kranke Personen, namentlich Epileptische, Ausschlags- oder Gemüthskranke, so wie Personen im trunkenen Zustande und überhaupt solche, welche durch ihre Nachbarschaft oder durch ungebührliches Betragen den Mitreisenden augenscheinlich lästig fallen, können zur Mit- oder resp. Weiterfahrt (mit Verlust des gezahlten Fahrgeldes) nicht zugelassen werden.

— Nur kleine Kinder, welche noch nicht gehen können, also im Arme getragen werden müssen, werden frei befördert; Kinder unter 10 Jahren zwei auf ein Billet; für ältere Kinder aber müssen Fahrbillets wie für Erwachsene gelöst werden. Für ein Kind unter zehn Jahren in I. Wagenklasse ist ein Billet II. Klasse, in II. Klasse ein Billet III. Klasse, und in III. Wagenklasse ist für ein Kind und einen Erwachsenen ein Billet II. Klasse zu lösen.

— Es können geschlossene Koupés zu 6 Personen in Wagen I. Klasse, zu 8 Personen in Wagen II. Klasse, und zu 10 Personen in Wagen III. Klasse genommen werden, in welche

Fahrtaxe in Silbergroschen, für eine Person.

von	nach Berlin. I	II	III	nach G. Beeren. II	III	nach Ludwigsfelde. II	III	nach Trebbin. I	II	III	nach Luckwalde. I	II	III	nach Jüterbog. I	II	III
Berlin	—	—		10	6	13	8	30	20	12	40	27	17	55	35	22
Gr. Beeren	—	10	6		—	4	2½	—	8	5	—	—	—	—	—	—
Ludwigsfelde	—	13	8	4	2½	—	—	—	5	3	—	—	—	—	—	—
Trebbin	30	20	12	8	5	5	3	—	—	—	14	9	6	25	16	10
Luckenwalde	40	27	17	—	—	—	—	14	9	6	—	—	—	12	8	5
Jüterbog	55	35	22	—	—	—	—	25	16	10	12	8	5	—	—	—
Zahna	70	45	28	—	—	—	—	40	27	17	30	20	12	18	12	7
Wittenberg	80	52	32	—	—	—	—	50	35	21	40	27	16	30	20	12
Coswig	90	60	36	—	—	—	—	60	40	25	48	32	20	38	25	16
Roßlau	100	68	42	—	—	—	—	75	50	32	63	42	26	50	34	21
Dessau	105	70	44	—	—	—	—	78	52	32	67	45	27	55	37	23
Coethen	120	80	50	—	—	—	—	95	63	39	82	55	34	72	48	30

von	nach Zahna. I	II	III	nach Wittenbrg. I	II	III	nach Coswig. I	II	III	nach Roßlau. I	II	III	nach Dessau. I	II	III	nach Coethen. I	II	III
Berlin	70	45	28	80	52	32	90	60	36	100	68	42	105	70	44	120	80	50
Gr. Beeren	—	—	—	—	—		—		—	—	—	—	—	—	—	—	—	—
Ludwigsfelde	—	—	—	—			—	—	—	—	—	—	—	—	—	—	—	—
Trebbin	40	27	17	50	35	21	60	40	25	75	50	32	78	52	32	95	63	39
Luckenwalde	30	20	12	40	27	16	48	32	20	63	42	26	67	45	27	82	55	34
Jüterbog	18	12	7	30	20	12	38	25	16	50	34	21	55	37	23	72	48	30
Zahna	—	—	—	12	8	5	21	15	9	35	23	14	40	27	16	55	37	23
Wittenberg	12	8	5	—	—	—	10	7	4	25	16	10	30	20	12	45	30	19
Coswig	21	15	9	10	7	4	—	—	—	15	10	6	20	14	8	35	24	15
Roßlau	35	23	14	25	16	10	15	10	6	—	—	—	6½	4½	3	21½	15½	10½
Dessau	40	27	16	30	20	12	20	14	8	6½	4½	3	—	—	—	15	11½	7½
Coethen	55	37	23	45	30	19	35	24	15	21½	15½	10½	15	11½	7½	—	—	—

Jahrbillete von Berlin nach Magdeburg, Leipzig und Halle, (ohne Umladung des Gepäcks in Cöthen.) können nur von Berlin ab gelöst werden, auf den Zwischenstationen aber nicht weiter als bis Cöthen, wo dann neue Billete zu lösen sind.

	Personengeld in Sgr. I	II	III	Gepäck-Ueberfracht. 40 Pfund à Person sind frei, für Mehrgewicht ist zu zahlen: von 1 bis 60 Pfd.	von 61 bis 110 Pfd.	von 111 bis 160 Pfd.
Von Berlin nach Magdeburg	140	95	60	13⅓	26⅔	40
Berlin nach Halle	149	99	61½	12½	25	37½
Berlin nach Leipzig	165	110	70	14½	29	43½

Der Betrag für Gepäck-Ueberfracht nach und von allen Zwischenstationen ist aus den besonderen Anschlägen zu ersehen.

Tarif für Equipagen-Transport (in Thalern).

von	nach Berlin. I	II	III	nach Jüterbog. I	II	III	nach Wittenberg. I	II	III	nach Dessau. I	II	III	nach Coethen. I	II	III	nach Magdeburg. I	II	III	nach Halle. I	II	III	nach Leipzig. I	II	III
Berlin	—	—	—	9	7½	6	12½	10½	8½	16½	13½	10½	18	15	12	25	20½	16½	22½	18½	15	27	21½	18
Jüterbog	9	7½	6	—	—	—	5	4½	3½	10	8½	6½	12½	10½	8½	—	—	—	—	—	—	—	—	—
Wittenberg	12½	10½	8½	5	4½	3½	—	—	—	5	4½	3½	8	6½	5½	—	—	—	—	—	—		—	—
Dessau	16½	13½	10½	10	8½	6½	5	4½	3½	—	—	—	3	2½	2	—	—	—	—	—	—	—	—	—
Coethen	18	15	12	12½	10½	8½	8	6½	5½	3	2½	2	—	—	—	7	5½	4½	4½	3½	3	9	6½	6

I bedeutet schwere Equipagen, II gewöhnliche leichtere 4 räderige, III Einspänner und 2 räderige.

dann auch einige Kinder über die Zahl mitzunehmen unverwehrt ist. Solche Koupés können jedoch nur bis Köthen garantirt werden.

— Der Umtausch von Billets am Abfahrtsorte kann nur zu einer höhern Wagenklasse, vor dem Schlusse der Kasse, und zu derselben Fahrt Statt finden.

— Wer von Zwischen-Stationen aus in einer bessern Wagenklasse weiter fahren will, hat zu einem Billet II. Klasse noch ein Billet III. Klasse zu nehmen, um in I. Klasse, und zu einem Billet III. Klasse noch ein zweites dergleichen, um in der II. Klasse fahren zu können. Nur in Berlin und Köthen geben die zur I. und II. Wagenklasse gelösten Billets unbedingten Anspruch auf solche Wagenplätze, auf den Zwischen-Stationen aber nur in so weit, als in den daselbst ankommenden Wagen I. und II. Klasse noch Plätze unbesetzt sind.

— Tabakrauchen ist in der I. Wagenklasse unter keiner Bedingung gestattet; in II. Wagenklasse nur dann, wenn keiner der im Koupé Sitzenden dagegen Einspruch thut.

— Versäumte Abfahrt begründet überall keinen Anspruch irgend einer Art. Eine unterbrochene Fahrt berechtigt nur zur Rückforderung des bezahlten Fahrgeldes pro rata Seitens derjenigen, welche etwa nicht mit demselben Zuge später, oder mit dem nächstfolgenden Zuge weiter fahren wollen.

— Wer bei der Revision ohne Billet oder mit einem unrichtigen befunden würde, ist zur Nachzahlung des Fahrgeldes für die ganze, schon zurückgelegte Fahrt des Zuges und für den Platz, auf welchem er sich befindet, verpflichtet.

— Die Fahrbillets haben dieselbe Farbe wie die Wagenklasse, auf welche sie lau-

Tarif für die Beförderung von Personen, Gepäck und Equipagen – Stand Sommer 1842

ten (I. Klasse roth, II. Klasse gelb, III. Klasse grün), und über den Wagen oder über einzelnen Koupés sind die Ortsnamen der verschiedenen Stationen aufgesteckt, wohin der Zug geht. Die Aufnahme in einen andern Wagen oder in ein anderes Koupé, als über welchem der im Fahrbillet genannte Bestimmungsort aufgesteckt ist, kann kein Passagier verlangen.

— Fahrbillets direkt bis Magdeburg und Leipzig (ohne Umladen des Gepäcks in Köthen) können nur von Berlin ab gelöst werden, von den Zwischen-Stationen aus aber nicht weiter als bis Köthen, wo neue Billets gelöst werden müssen.

— Hunde dürfen nicht in den Personenwagen, können aber in besonderen Behältnissen gegen Fahrbillets (à 1 Sgr. pro Meile) mitgenommen werden, ohne daß jedoch dafür irgend eine Garantie geleistet wird.

Passagiergepäck

Seit dem 1. Januar 1844 sind statt der bisherigen 40 Pfund Freigepäck à Person 50 Pfund Freigepäck gestattet, und ist die bisherige Abstufung für Uebergewicht von 60 und resp. 50 Pfund auf eine Skala von 10 zu 10 Pfund ermäßigt worden.

Die Taxe für jede 10 Pfund Uebergewicht beträgt:

zwischen Berlin und	Magdeburg	4½ Sgr.,
" " "	Halle	4½ "
" " "	Leipzig	5 "
" " "	Köthen	3½ "
" " "	Braunschweig	7 "

und für geringere Strecken nach dem auf allen Stationen aushängenden Tarife.

Der niedrigste Tarifsatz für Uebergewicht wird 1 Sgr. betragen.

Bemerkungen

— Das Passagiergepäck muß mit dem Namen des Eigenthümers und dem Bestimmungsorte deutlich bezeichnet und festgepackt oder verschlossen, spätestens eine halbe Stunde vor der Abfahrt, unter Vorlegung des Fahrbillets, in die Gepäcks-Expedition eingeliefert und daselbst die etwaige Ueberfracht berichtigt werden, widrigenfalls der Reisende es sich selbst beizumessen hat, wenn die Beförderung unterbleibt.

— Gegen ordnungsmäßig eingeliefertes Gepäck werden unentgeltlich Garantiescheine ertheilt, durch welche dasselbe von der Gesellschaft mit einem Thaler pro Pfund garantirt wird. Alles Gepäck muß gewogen werden. Nur kleinere Gegenstände darf der Reisende, so weit dies ohne Belästigung der Mitfahrenden geschehen kann, bei sich im Wagen unter eigener Aufsicht behalten, jedoch ohne irgend eine Vertretung dafür Seitens der Gesellschaft.

— Der Inhaber eines Garantiescheines hat solchen sorgsam zu verwahren, indem das darin bezeichnete Gepäck jedem Vorzeiger des Scheins gegen dessen Zurückgabe ausgeliefert und dadurch die Gesellschaft von jedem weitern Anspruche befreit wird.

— Alle in den Wagen oder auf den Bahnhöfen von Reisenden verlorene Sachen müssen von den Wagen- und Bahnhofswärtern in die Gepäcks-Expedition zu Berlin eingeliefert werden, wo dieselben von den Eigenthümern nach gehöriger Legitimation in Empfang genommen werden können.

— Die uniformirten und mit einer Nummer und den Buchstaben B. A. E. an der Mütze versehenen Gepäckträger auf dem Berliner Bahnhofe führen gedruckte polizeiliche Erlaubnißscheine bei sich, mit Taxe für die verschiedenen Dienstleistungen für Reisende, welche sie auf Verlangen vorzuzeigen und streng einzuhalten verpflichtet sind. Auf erwiesene Ueberschreitung derselben erfolgt die Bestrafung oder Entlassung der Kontravenienten.

Equipagen-Transport

(I. bedeutet 4- oder 2sitzige Kutschen mit unbeweglichem Verdecke, II. alle andere leichtere Equipagen.)

Von	bis Berlin		bis Jüterbogk		bis Wittenberg		bis Dessau		bis Köthen	
	I. Thlr.	II. Thlr.	I. Thlr.	II. Thlr.	I. Thlr.	II. Thlr.	I. Thlr.	II. Thlr.	I. Thlr.	II. Thlr.
Berlin	—	—	9	7	12½	9¾	16¼	13	18	15
Jüterbogk	9	7	—	—	5	3½	9	7	12	9
Wittenberg	12½	9¾	5	3½	—	—	5	3½	7½	5½
Dessau	16¼	13	9	7	5	3½	—	—	3	2½
Köthen	18	15	12	9	7½	5½	3	2½	—	—

Von Berlin bis Magdeburg
I. 25 Thlr. II. 18 Thlr.
Von Berlin bis Halle
I. 22½ Thlr. II. 16⅔ Thlr.
Von Berlin bis Leipzig
I. 27 Thlr. II. 19 Thlr.

Bemerkungen

Die Equipagen müssen spätestens eine Stunde vor Abgang des Zuges auf dem Bahnhofe, unter Vorzeigung des dafür gelösten Billets, abgeliefert werden. — Nach Ankunft auf der Bestimmungs-Station wird gegen Zurückgabe des Billets an den Zugführer die Equipage ausgeliefert, und muß spätestens innerhalb zwei Stunden vom Bahnhofe abgefahren werden, widrigenfalls für jede Equipage pro Stunde 5 Sgr. Standgeld zu entrichten ist.

In Berlin werden Equipagen auf Anmeldung (12 Stunden vor Abgang des betreffenden Zuges) in der Billet-Expedition oder in einem der Anmeldelokale in der Stadt gegen billige Vergütung sowohl nach dem Bahnhofe abgeholt als von da abgefahren.

Der Abholer der Equipage muß sich durch Abgabe des von der Güter-Expedition abgestempelten Duplikats des Anmeldezettels legitimiren und ihm ist, gegen Aushändigung des Equipagen-Billets (mit Koupon), der darauf bemerkte Betrag zu bezahlen.

Auf allen übrigen Stationen kann diese An- und Abfuhr nicht zugesagt werden. Für Equipagen übernimmt die Gesellschaft keine andere Garantie, als die gegen Feuersgefahr während der Fahrt, und zwar für Equipagen I. Klasse bis zum Belaufe von 600 Thlr., für Equipagen II. Klasse bis zum Belaufe von 300 Thlr. pro Stück. Für das auf oder in den Equipagen befindliche Gepäck wird gar keine Garantie geleistet.

Den Eigenthümern der Equipagen, so wie deren Domestiken, steht es zwar frei, während der Fahrt in ihrer Equipage sitzen zu können, jedoch nur gegen Lösung eines Billets II. Klasse für jede Person (der Herrschaft) und eines Billets III. Klasse für jeden Domestiken.

Viele dieser Bestimmungen haben sich im Grundsatz bis heute gehalten. Schon seit dem 1. Januar 1844 fertigte die BAE „zur Bequemlichkeit der Reisenden" Personen und Gepäck durchgehend auch nach Braunschweig ab, das am 15. Juli 1843 auf dem Weg über Magdeburg und Oschersleben mit der Eisenbahn erreichbar geworden war. Noch früher – spätestens am 15. Juli 1843 – hatte die BAE eine durchgehende Abfertigung von Personen und Gepäck zwischen Berlin und Hamburg eingerichtet; dabei wurde bis Magdeburg die Eisenbahn (BAE und MLE) und anschließend ein Schiff der „Vereinigten Hamburg-Magdeburger Dampfschifffahrts-Compagnie" benutzt. Diese Verbindung ging der BAE zusammen mit dem gesamten Magdeburger Verkehr im Spätsommer 1846 verloren, als die BPME ihre Neubaustrecke Potsdam–Magdeburg in Betrieb nahm.

Am Anfang der Tarifbestimmungen von 1844 findet sich ein Hinweis auf die Mitführung von Paßkarten. Diese Karten dienten der „Legitimationsführung bei Reisen auf den Berlin-Anhalt-Magdeburg-Leipzig-Dresdener Eisenbahnen". Ihre Einführung hatte sich unmittelbar aus der Eröffnung der „grenzüberschreitenden" Eisenbahnen Magdeburg–Leipzig und Berlin–Köthen ergeben, für die das bisherige System mit Paß und Visum zu schwerfällig war. Preußen, Sachsen und Anhalt waren daher Ende 1841 übereingekommen, ab 1. Januar 1842 anstelle von Pässen Paßkarten nach einheitlichem Muster auszugeben. Diese Paßkarten – eine Art Personalausweis – erhielten alle selbständigen Personen, die als „sicher und zuverlässig" galten und innerhalb des „Bahn-Rayon" ihren festen Wohnsitz hatten. In unmittelbarem Zusammenhang damit standen die polizeiliche Begleitung der Züge zwischen Berlin und Leipzig sowie die Anwesenheit örtlicher Polizei auf den Bahnhöfen bei der Abfahrt und Ankunft von Zügen. Mit dem Anwachsen des Personenverkehrs wurde die Legitimationsführung auf diesen Eisenbahnen zunehmend anachronistisch; sie entfiel daher einige Jahre später endgültig.

1849 erhöhte die BAE ihre Tarifsätze für den Personenverkehr in den drei Wagenklassen auf rd. 6¾, 4⅔ und 3⅔ Sgr. je Meile. Viele Reisende wanderten dadurch in eine niedrigere Wagenklasse ab oder verzichteten – vor allem auf Entfernungen bis zu fünf Meilen – ganz auf die Benutzung der Eisenbahn. Dieser Verkehrsrückgang veranlaßte die BAE, Mitte November 1850 in den Nahverbindungen Rückfahrkarten einzuführen, die 48 Stunden galten und nur wenig mehr kosteten als ein Billet für einfache Fahrt.

1868 führte die BAE auch die 4. Wagenklasse ein. Zunächst nur in einigen Zügen angeboten, gab es schon Anfang der 1870er Jahre auf den Strecken der BAE kaum einen Personenzug, der keinen Wagen 4. Klasse mitführte.

Tarif für den Güterverkehr

Die BAE besaß für den Güterverkehr anfangs nur einen „Vorläufigen Tarif". Am 1. April 1842 trat ein neuer Tarif in Kraft, welcher die durchgehende Abfertigung der „ordinairen Fracht" von und nach allen Bahnhöfen der BAE und der MLE zuließ. Dagegen wurde Eilfracht zunächst nur zwischen einigen großen Bahnhöfen befördert; diese Einschränkung entfiel jedoch schon am 15. Oktober 1842.

Ab 1. April 1842 galten für die Güterbeförderung die untenstehenden Tarifsätze.

Auch die Tarifbestimmungen, welche Anfang 1844 für den Güterverkehr der BAE galten, sind uns überliefert:

Reglement für den Güter-Transport

Die Bedingungen zur Aufnahme von Gütern zum Transport auf der Eisenbahn sind folgende:

— Beifügung eines Frachtbriefes, enthaltend: Ort und Datum der Aufgabe; Bezeichnung und Anzahl der Kolli; dann Marken, Nummer, Bruttogewicht und Inhalt; Name und Wohnort des Absenders; Name und Wohnort des Empfängers. Gedruckte Formulare zu solchen Frachtbriefen sind in der Güter-Expedition jeder Station und in den untengedachten Anmeldelokalen à 3 Pf. für 1 Stück (10 Stück für 1 Sgr.) zu haben. Wird auch die Ausfüllung des Formulars verlangt, so ist dafür (inkl. des Formulars) 1 Sgr. pro Stück zu zahlen. — Frachtgut mit andern als solchen

Tarif für den Güterverkehr, gültig ab 1. April 1842

Tarif für Güter zur ordinairen Fracht, für 1 Cntr. (110 Pfd.)

in Silbergroschen. **(Vom 1. April 1842 ab.)**

von	nach Berlin.	nach Gr. Beeren.	nach Ludwsfelde.	nach Trebbin.	nach Luckenwalde.	nach Jüterbog.	nach Zahna.	nach Wittenberg.	nach Coswig.	nach Roßlau.	nach Deßau.	Güterfr. nach Cöthen.	Eilfracht nach Cöthen.
Berlin	—	2½	3	3¼	4¾	6	7	8	9	10½	10½	13	20
Gr. Beeren	2½	—	2	2½	3¼	4½	5½	6¼	7¼	8½	9½	11	—
Ludwigsfelde	3	2	—	2	3	4	5¼	6½	7	8½	8½	10½	—
Trebbin	3¼	2½	2	—	2	2	4½	6	6½	7½	8	9¼	—
Luckenwalde	4¾	3¼	3	2	—	2	3¼	4½	5½	6½	7	8¼	—
Jüterbog	6	4½	4	3	2	—	2½	3½	4½	6	6½	7½	—
Zahna	7	5½	5¼	4½	3¼	2¼	—	2	3	4½	4½	5½	—
Wittenberg	8	6¼	6½	6	4½	3½	2	—	2	3	3¼	5½	—
Coswig	9	7¼	7	6½	5½	4¼	3	2	—	2	2¼	4½	—
Roßlau	10½	8½	8½	7½	6½	6	4½	3	2	—	2	3	—
Deßau	10½	9½	8½	8	7	6½	4½	3½	2½	2	—	2¼	—
Cöthen	12	11	10½	9¼	8¼	7½	5½	5½	4½	3	2½	—	20

In vorstehenden Sätzen sind überall 6 Pf. pro Centner für Auf- und Abladen, und bei den Sendungen von und nach Berlin noch 6 Pf. für Transport der Güter nach oder von dem Berliner Bahnhofe mit inbegriffen.

von	nach Magdeburg. ord. Fracht.	nach Magdeburg. Eilfracht.	nach Halle. ord. Fracht.	nach Halle. Eilfracht.	nach Leipzig. ord. Fracht.	nach Leipzig. Eilfracht.
Berlin	14	22¼	14 *	22½	16	26
Wittenberg	10	—	8½	—	11½	—
Deßau	7½	—	5½	—	8½	—

In nebenstehenden Sätzen für die Touren zwischen Berlin, Magdeburg, Halle und Leipzig sind 1½ Sgr. mit inbegriffen für Auf- und Abladen, und Transport der Güter von oder nach den beiderseitigen Bahnhöfen; in den Sätzen für die Touren zwischen Wittenberg, Deßau — und den jenseitigen Stationen ist aber nur 1 Sgr. Spesen berechnet, indem der Transport der Güter von oder nach den Bahnhöfen zu Wittenberg und Deßau nicht von der Eisenbahn-Gesellschaft besorgt wird.

* Der bisherige Frachtsatz zwischen Berlin und Halle hat von 13 auf 14 Sgr. erhöht werden müssen, weil der Ausschuß der Magdeburg-Leipziger Ges. den gewöhnlichen vollen Frachtsatz von 2½ Sgr. und 9 Pf. Spesen zwischen Cöthen und Halle nicht ermäßigen zu können erklärt hat.

Frachtbriefen wird nur dann zur Beförderung angenommen, wenn diese ausdrücklich die Bemerkung enthalten: mit Anerkennung der Bestimmungen des Güter-Reglements der Berlin-Anhaltischen Eisenbahn-Gesellschaft.

— Die Beifügung einer besonderen Deklaration für solche Gegenstände, welche bei Einführung in die Städte Wittenberg und Berlin gesetzlich der Schlacht- und Mahlsteuer unterliegen.

— Die Beifügung eines gehörig abgestempelten Begleitscheines oder Frachtbriefes bei solchen Gegenständen, welche nach § 93 der Zollordnung vom 23. Januar 1838 der Transport-Kontrolle im Innern unterliegen.

— Eine solide Verpackung und Emballage aller Kolli.

— Ausgeschlossen von der Beförderung auf der Eisenbahn sind:

a. alle postzwangspflichtige Gegenstände, mithin einzelne Kolli unter 40 Pfund, baare Gelder, ungemünztes Gold und Silber, Dokumente und Prätiosen.

b. alle leicht feuerfangende oder durch Reibung entzündbare Gegenstände.

Wer dennoch unter falscher Deklaration solche Gegenstände zur Beförderung bringen sollte, wird im Falle eines dadurch veranlaßten Brandes für jeden desfallsigen Schaden in Anspruch genommen.

— Bäume, Sträucher und andere Gegenstände, welche die Königl. Fahrposten nicht annehmen, oder solche von mehr als 12 Fuß Länge, werden in der Regel auf der Eisenbahn nicht befördert, sondern es bedarf dieserhalb besonderer Uebereinkunft.

— Schwefelsäure, Scheidewasser und andere derartige Gegenstände können auf der Eisenbahn nur dann befördert werden, wenn das zu versendende Quantum eine ganze Wagenladung von mindestens 40 Ztr. beträgt. Die Gesellschaft übernimmt jedoch für solche Sendungen keine Verbindlichkeit irgend einer Art.

— Gegenstände, welche schneller Verderbniß unterliegen, können nur frankirt zur Beförderung angenommen werden.

— Bei Berechnung der Frachtgelder werden Frachtposten, die weniger als 1 Ztr. wiegen, für einen vollen Ztr. gerechnet, Gewichtstheile unter 14 Pfund gar nicht, von 14 Pfund aufwärts aber für ¼ Ztr.

— Bei Berechnung und Erhebung der Frachtbeträge wird der über 6 Pf. ausfallende Betrag für 1 Sgr. voll, dagegen der unter 6 Pf. gar nicht gerechnet.

— Möbeln und andere Gegenstände, welche bei geringem Gewichte bedeutenden Raum einnehmen, können nur zu dem doppelten Satze der Güter resp. Eilfracht befördert werden. Auf Verlangen werden jedoch für solche Artikel auch ganze, von den Absendern reglementsmäßig zu beladende Wagen gestellt, gegen Vergütung von 1 Thlr. pro Meile und 1½ Thlr. für Auf- und Abladen, womit auch die An- oder Abfuhr zum oder nach dem Berliner Bahnhofe schon mit vergütet ist.

— Der Transport von Produkten kann auf Verlangen des Absenders in ganzen Wagenladungen erfolgen, gegen Vergütung von 1 Thlr. pro Meile und 1½ Thlr. für Auf- und Abladen. Der Wagen darf aber mit nicht mehr als 72 Ztr. belastet werden.

Auf der Magdeburg-Leipziger Bahn gehen solche Wagenladungen nur dann zu gleichem Frachtsatze über, wenn die Ladung von Berlin, Jüterbogk, Wittenberg oder Dessau bis Magdeburg, Halle oder Leipzig geht und aus reinen Produkten besteht.

Zum Transporte von Gegenständen, welche als Eilgut mit den Personenzügen befördert werden sollen, übernimmt die Gesellschaft keine unbeschränkte Verbindlichkeit, sondern bei starkem Andrange nur so weit, als die disponiblen Betriebsmittel es irgend gestatten.

Wenn Güter mit den Personenzügen befördert werden sollen, so muß dies auf der Adresse des Frachtbriefes durch den Vermerk

„Eilgut“

mit rother Tinte in die Augen fallend bezeichnet werden.

Wer Güter länger als 24 Stunden auf den Bahnhöfen liegen läßt, bezahlt 6 Pf. Lagerzins pro Ztr. und Tag und verliert außerdem alle Ansprüche an die Gesellschaft für etwaige Beschädigung oder Diebstahl.

Am 15. März 1845 ermäßigte die BAE ihre Frachtsätze für Frachtgut. Gleichzeitig wurde eine Vereinbarung wirksam, welche die BAE und sechs andere, direkt oder indirekt miteinander in Verbindung stehende Eisenbahnen geschlossen hatten. Diese Vereinbarung ermöglichte die Annahme von Gütern zur direkten Beförderung und zu festen Frachtsätzen zwischen allen Bahnhöfen der angeschlossenen Bahnen.

Ein Spediteur war somit nur noch erforderlich, wenn Güter über das Netz dieser sieben Bahnen hinaus zu befördern waren. Die Vereinbarung vom März 1845 ist faktisch ein Vorläufer der Verbandsverkehre, zu denen sich einige Jahre später in Relationen mit stärkerem Güterverkehr jeweils einige Eisenbahnverwaltungen zusammenfanden, um ihren Anteil am Transportaufkommen zu erhöhen.

Grundlagen der Betriebsführung

Am 26. Mai 1841 gab das Finanzministerium das „Bahn-Polizei-Reglement für die Berlin-Anhaltische Eisenbahn" heraus. Rechtsgrundlage für dieses Reglement, das in 127 Paragraphen „die Aufrechterhaltung der Ordnung und Sicherheit des Publikums bei dem Transportbetriebe" sicherstellen sollte, war der § 23 des Eisenbahngesetzes vom 3. November 1838.

Das Reglement gliederte sich in folgende Abschnitte:

I. Allgemeine Bestimmungen über Einrichtung, Unterhaltung und Beaufsichtigung
   A. Der Bahn.
   B. Der Transportmittel.

II. A. Allgemeine Vorschriften über den Transportbetrieb auf der Bahn.
   B. Besondere Vorschriften über den Transportbetrieb zur Nachtzeit.

III. Vorschriften bei Benutzung der Eisenbahnbeförderung.

IV. Von den Obliegenheiten der Beamten der Gesellschaft in Ansehung der Sicherheit der Dampfbeförderung auf der Bahn und den zu diesem Zwecke zu treffenden Vorsichtsmaaßregeln.
   Im Allgemeinen
   A. Funktion des Maschinisten
   B. Funktion des Bahn-Aufsichts-Personals
   C. Funktion des Wagen-Aufsichts-Personals

V. Bestimmungen zum Schutze der Bahn und des Verkehrs auf derselben.

VI. Ausübung der Polizei auf der Bahn und den Bahnhöfen.

Das Reglement für die BAE war eine Weiterentwicklung des ersten preußischen Bahn-Polizei-Reglements, das bereits am 19. Januar 1839 für die Berlin-Potsdamer Eisenbahn ergangen war. Das BAE-Reglement fand ab 1842 auch auf der neueröffneten Berlin-Stettiner Eisenbahn Anwendung.

Einige wesentliche Bestimmungen des Bahn-Polizei-Reglements seien hier stichwortartig genannt:

– Unterteilung der Bahn in Meilen und Sektionen, die am Bahnrand durch Nummern auf Pfählen oder Steinen anzuzeigen waren.
– Genehmigung des Fahrplans durch den Eisenbahn-Kommissar.
– Pflicht zur Veröffentlichung des Fahrplans der regelmäßig verkehrenden Züge.
– Regelmäßig verkehrende Züge durften bei Helligkeit auch als Konvoi in zwei oder drei Teilen fahren; Abstand dieses Konvois untereinander mindestens zehn Minuten.
– Rechtsfahren auf zweigleisigen Strecken und auf Kreuzungsgleisen in Bahnhöfen.
– Bei Dunkelheit: Geschwindigkeitslimit eine Meile je Viertelstunde; als Signal an der Lokomotive fünf weiße und am letzten Wagen eine grüne Laterne.
– Das Streckenpersonal bestand – unter der Aufsicht von Bahnmeistern – aus Bahnwärtern, die an jedem Übergang und an jeder „Ausweichungs-Exzentrik", mindestens aber in einem Abstand von 350 Ruthen, zu postieren waren. Jeder Bahnwärter hatte einen bestimmten Teil der Strecke zu beaufsichtigen und zu unterhalten, bei Annäherung eines Zuges „die Barrieren des über die Bahn führenden Weges auf beiden Seiten zu schließen" oder die „Ausweichungs-Exzentrik zu handhaben und zu überwachen" sowie die vorgeschriebenen Signale zu geben.

Das Bahn-Polizei-Reglement führte über die Signale aus:

§ 73. Die Signale der Bahnwärter zerfallen in weiter gehende oder Bahnsignale und in Streckensignale.

§ 74. Die Bahnsignale, welche die Bahnwärter weiter geben müssen, werden an hohen

Stangen, welche in entsprechender Entfernung aufzurichten sind, markiert.

Sie bedeuten:

a) es ist ein Dampfwagenzug von der Station abgegangen, ein Signal, welches bis zur nächsten Station fortgegeben wird;
b) es soll eine Reserve-Maschine zur Hülfe kommen;
c) die Reserve-Maschine kann zurückbleiben, weil anderweit Hülfe geschafft ist.

Die nähere Einrichtung dieser Signale wird der Gesellschaft überlassen, jedoch hat dieselbe dafür zu sorgen, daß erstere auch bei Nachtfahrten leicht und unzweifelhaft markirt werden können.

Die Signale unterliegen der Zustimmung des für die Bahn bestellten Königl. Kommissarius.

§ 75. Die Streckensignale, welche von den Bahnwärtern gegeben werden, beziehen sich hauptsächlich auf den Zustand der einzelnen Strecken der Bahnwärter oder auf die von ihnen gemachten sonstigen Beobachtungen. Sie bedeuten:

a) die Bahn ist fahrbar, d. h. also, es ist kein Hinderniß auf der Bahn, die Uebergänge sind geschlossen, die Exzentriks sind richtig gestellt;
b) es soll langsam gefahren werden;
c) es soll angehalten werden.

Die Einrichtung dieser Signale wird der Gesellschaft überlassen, doch hat dieselbe dafür zu sorgen, daß dieselben auch bei Nachtfahrten, z. B. durch farbige Laternen gegeben werden können. Das Signal unter b fällt zur Nachtzeit fort, und es wird in solchen Fällen, wo bei Tage langsam gefahren werden müßte, das Signal zum Anhalten gegeben.

Auch diese Signale unterliegen der Zustimmung des für die Bahn bestellten Königl. Kommissarius.

Über die Art der Signale berichtete die Bahndirektion im Geschäftsbericht für 1849:

– Strecke Berlin–Köthen:

Die Telegraphen bestehen aus einem einfachen Baume mit zwei Armen für die Tagessignalisirung, und für die Nachtsignale aus 2 Pfählen, an denen die Signale mit Laternen gegeben werden. Außerdem hat jeder Telegraph noch den dazu gehörigen, neben dem Baume auf- und nieder zu ziehenden Telegraphen-Korb. Es befinden sich auf der ganzen Bahn 196 Telegraphen.

– Zweigbahn Jüterbog–Röderau:

Die Telegraphen bestehen aus 30—50 Fuß langen Ständern von Holz, an deren oberem Ende zwei Flügel oder Arme zum Auf- und Niederbewegen befestigt sind. Außerdem befindet sich noch ein Korb in Form eines Elypsoids am Telegraphen, der vermittelst einer Kette, die über 2 Rollen läuft, auf- und niederbewegt werden kann.

Für Nachtsignale werden Laternen theils an dem mit Haken versehenen Telegraphenständer, theils an einem neben dem Telegraphen stehenden Laternenpfahle aufgehängt.

Auf der Bahnstrecke vom Bahnhofe in Holzdorf bis zum Bahnhofe zu Falkenberg, auf welcher die Kreuzungen der Züge stattfinden, ist eine elektromagnetische Telegraphenleitung von 3,1 Meilen Länge angelegt.

Den optischen Telegrafen auf der Strecke Berlin–Köthen ersetzte die BAE in den Jahren 1851/52 durch einen bahneigenen elektromechanischen Telegrafen, wie er bereits seit 1848 auf der Zweigbahn nach Röderau erfolgreich erprobt worden war. Ein Teil der Bahnwärter-Stationen wurde mittels Läutewerken an den neuen Telegrafen angeschlossen, die restlichen Bahnwärter entfielen.

Die Bahnbewachung scheint übrigens in jener Zeit nicht ganz ungefährlich gewesen zu sein, jedenfalls gaben das Finanz- und das Innenministerium im Herbst 1843 zu verstehen, sie hätten nichts dagegen, „daß sowohl den Bahnmeistern auf der Berlin-Anhaltischen Eisenbahn das Tragen von Seitengewehren, auch den Bahnwärtern die Führung von Spießen, während der nächtlichen Bewachung gestattet werde".

Im Frühjahr 1848 trat ein auf 78 Paragraphen gestrafftes neues Bahn-Polizei-Reglement in Kraft, das nicht nur auf der BAE, sondern auch auf der BPME, der Magdeburg-Leipziger und der Magdeburg-Halberstädter Eisenbahn galt. Dieses Reglement sprach zwar das Signalwesen nicht mehr an, jedoch nannte es erstmals zulässige Geschwindigkeiten: für jede Meile am Tage mindestens neun und bei Dunkelheit mindestens elf Minuten Fahrzeit.

Das Reglement von 1848 wurde am 15. Dezember 1858 auf allen vier Bahnen durch ein fortentwickeltes Bahn-Polizei-Reglement ersetzt. Am 1. Januar 1871 trat für alle Eisenbahnen im Norddeutschen Bund ein einheitliches Reglement in Kraft, welches in das „Bahn-Polizei-Reglement für die Eisenbahnen Deutschlands vom 4. Januar 1875" – gültig ab 1. April 1875 – einmündete. Aus diesem Reglement hat sich die heute gültige Eisenbahn-Bau- und Betriebsordnung entwickelt.

Fahrplan

Auf den Fahrplan der BAE im Eröffnungsjahr 1841 ist bereits eingegangen worden. Am 13. März 1842 trat ein neuer Fahrplan in Kraft, mit dem die Bahn ihr Zugangebot verdoppelte. Zwischen Berlin und Köthen gab es jetzt zusätzlich einen zweiten Personenzug in jeder Richtung. Neu war auch ein Güterzugpaar ohne Personenbeförderung, das durchgehend zwischen Berlin und Leipzig bzw. Magdeburg verkehrte. Diese Güterzüge bedienten unterwegs nur Wittenberg, Dessau und Köthen; sie erreichten ihr Ziel noch am gleichen Abend.

Zu Pfingsten 1842 veranstaltete die BAE an drei Tagen „Extra-Dampffahrten" nach Dessau, morgens hin, abends zurück, die den Berlinern erstmals die Möglichkeit gaben, den berühmten Wörlitzer Park zum Ziel eines Tagesausflugs werden zu lassen.

Ab 1. Juni 1845 entfielen die als „Zwischenzüge" bezeichneten bisherigen Güterzüge mit Personenbeförderung. In ihrem Plan verkehrten jetzt die durchgehenden Güterzüge nach Leipzig und Magdeburg, die fortan auch Personen beförderten.

Mit der Eröffnung der Zweigbahn Jüterbog–Röderau richtete die BAE hier zwei Zugpaare, davon eines mit Güterbeförderung, ein, die durchgehend von und nach Berlin verkehrten. Aus den Fahrplänen jener Zeit ist nicht zu entnehmen, in welchen über die Endpunkte der BAE hinausgehenden Verbindungen damals durchgehende Reisezüge oder Kurswagen liefen. Aus der sächsischen Konzession für die Anschluß-

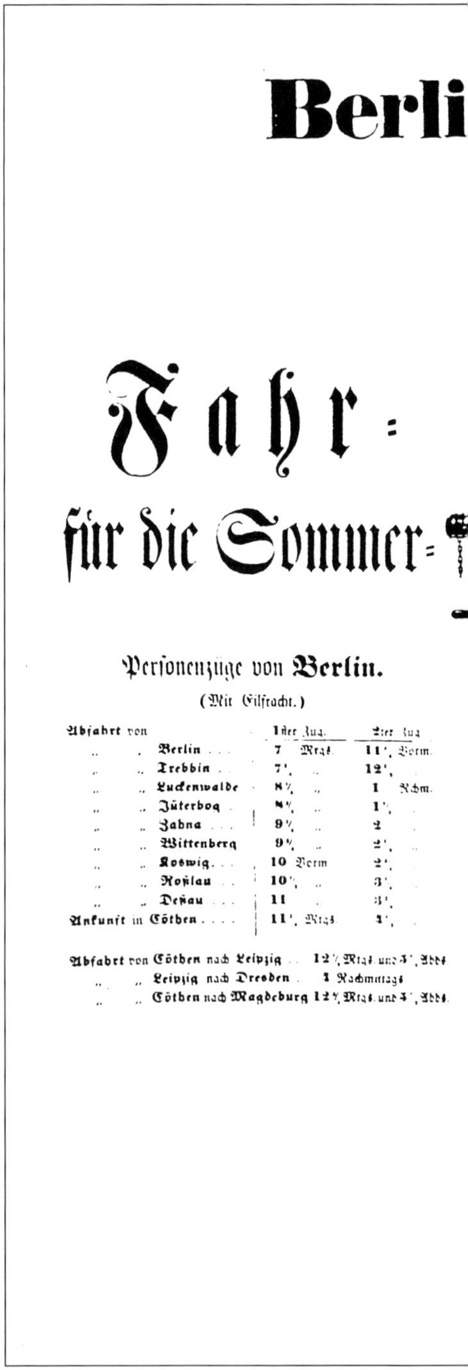

Anhaltische Eisenbahn.

Plan
Monate 1842.

…nenzüge von Cöthen.

(Mit Eilfracht.)

	1ster Zug.		2ter Zug.	
…thben . . .	8	Mrgs.	1	Mtgs.
…ßau . . .	8'/,	„	1'/,	„
…ßlau . .	8'/,	„	1'/,	„
…swig. . .	9'/,	„	2	Nchm.
…ittenberg	9'/,	„	2',	„
…hna . . .	10	Vorm.	2'/,	„
…üterbog .	10'/,	„	3'/,	„
…ckenwalde	11'/,	„	4	„
…ebbin . .	11'/,	„	4',	„
…lin	1	Mtgs.	5'/,	Abds.

…zig . . . 2'/, Nachm. und 7'/, Abends.
…sden . . . 7'/, Abends.
…gdeburg 2'/, Nachm. und 7 Abds.

Güterzug für die Zwischen-Stationen

womit auch Personen in II. und III. Wagenklasse befördert werden.

Von Berlin nach Cöthen.

Abfahrt von Berlin . . .	6',	Abends
„ „ Großbeeren . .	6',	
„ „ Ludwigsfelde	7	
„ „ Trebbin . .	7',	
„ „ Luckenwalde .	7',	
„ „ Jüterbog .	8',	
„ „ Zahna . . .	9	
Ankunft in Wittenberg .	9',	
Abfahrt von Wittenberg .	5',	Morgens
„ „ Koswig . .	5',	
„ „ Roßlau . .	6',	
„ „ Deßau . .	6',	
Ankunft in Cöthen . . .	7',	

Von Cöthen nach Berlin.

Abfahrt von Cöthen . .	5'/,	Abends
„ „ Deßau . . .	6	„
„ „ Roßlau .	6',	„
„ „ Koswig .	7	„
Ankunft in Wittenberg	7',	„
Abfahrt von Wittenberg	6'/,	Morgens
„ „ Zahna .	6'/,	„
„ „ Jüterbog .	7',	„
„ „ Luckenwalde	8'/,	„
„ „ Trebbin . .	8	„
„ „ Ludwigsfelde	9',	„
„ „ Großbeeren	9',	„
Ankunft in Berlin .	10',	Vormit

…erzug zwischen Berlin, Magdeburg und Leipzig.

Abfahrt von Berlin 7 Uhr 10 Min. Morgens.

Abfahrt von Leipzig 6'/, Morgens
Abfahrt von Magdeburg 6'/, Morgens

…sen Zügen verladenen Güter treffen noch an demselben Tage an ihren Bestimmungsorten ein.
…n werden weder in der Richtung von Berlin noch von Cöthen Personen mit befördert: sie laden auch auf keiner andern Zwischenstation.
…enberg und Deßau, Güter ein oder ab.
…ntägen (außer in den Meßzeiten) fällt dieser Güterzug aus.

Sommerfahrplan 1842

strecke nach Röderau kann jedoch geschlossen werden, daß die BAE-Züge von Berlin nicht in Röderau endeten, sondern nach Dresden weiterfuhren, und daß diese Züge außerdem Kurswagen mitführten, die in Röderau auf einen Zug nach Leipzig übergingen.

Fahrplan vom Juli 1847

II. A. Berlin-Anhaltische Eisenbahn.

(Berlin-Cöthen.)

Nach Cöthen. Personenzüge. 1.	Nach Cöthen. Personenzüge. 2.	Nach Cöthen. Güterz. m. P.-Bef.	Abfahrt von	Nach Berlin. Personenzüge. 1.	Nach Berlin. Personenzüge. 2.	Nach Berlin. Güterz. m. P.-Bef.
7.30 Mg.	1.15 Nm.	4.45 Nm.	**Berlin** 1)			
† †	† †	5.30 -	Gross-Beeren 2)	† †	† †	8.45 fr.
† †	† †	5.45 -	Ludwigsfelde 3)	† †	† †	8.30 -
8.15 -	2.— -	6.15 -	Trebbin	11.45 Mg.	5.15 Nm.	8.15 -
8.45 -	2.30 -	7.— -	Luckenwalde	11.15 -	4.45 -	7.30 -
9.15 -	3.— -	7.45 -	Jüterbogk 4)	10.45 -	4.15 -	7.— -
10.— -	3.45 -	8.30 -	Zahna 5)	10.15 -	3.30 -	6.— -
10.15 -	4.— -	5.— Mg.	**Wittenb.** 6)	9.45 -	3.15 -	5.30 -
10.45 -	4.30 -	5.15 -	Coswig	9.30 -	2.45 -	9.15 Ab.
11.15 -	5.— -	6.— -	Rosslau 7)	9.— -	2.15 -	8.30 -
11.30 -	5.15 -	6.30 -	**Dessau** 8)	8.45 -	2.— -	8.— -
			Cöthen 9)	8.15 -	1.30 -	7.15 -
in Cöthen			Ankunft	in Berlin		
12.15 Nm.	6.— Nm.	7.15 Mg.		12.45 Nm.	6.15 Ab.	9. 4 Mg.

1. Berlin. Postverbindungen von hier aus siehe Seite 2. Andere Eisenb.-Verbind. von hier vergl. die Pläne I. II. B. C. III. u. IV

2. Grossbeeren. Die mit † † bezeichneten Züge halten hier nicht. — Fahrpreis zwischen Berlin u. Grossbeeren: II. Kl. 10 Sgr., III. Kl. 6 Sgr.; zw. Grossbeeren u. Ludwigsfelde: II. Kl. 4 Sgr., III. Kl. 2½ Sgr.

3. Ludwigsfelde. Die mit † † bezeichneten Züge halten hier nicht. — Fahrpreis zw. Berlin u. Ludwigsf.: II. Kl. 13 Sgr., III. Kl. 8 Sgr., zw. L. u. Trebbin: II. Kl. 5 Sgr., III. Kl. 3 Sgr.

4. Jüterbogk. Nach **Dresden** Pers.-Post tägl. 3¾ U. Nm.; Abg. aus Dresden tägl. 5 U. Nm. (17⅔ Ml. in 16 St. f. 3 Thlr. 17 Sgr.) — Nach **Treuenbrietzen** Pers.-Post Mont., Mittw., Donnerst., Sonnab. 2¾ U. Nm.; Abg. a. Tr. dieselb. Tage 4 U. fr. (2¾ Ml. in 2½ St. f. 10 Sgr.) — Nach **Luckau** Pers.-Post tägl. 4 U. Nm.; Abg. aus L. tägl. 3 U. fr. (6½ M. in 6 St. f. 1 Thlr. 3 Sgr.)

5. Zahna. Nach **Annaburg** Pers.-Post tägl. 11 U. Vm.; Abg. aus A. tägl. 3 U. fr. (4¾ Ml. in 6½ St. f. 23¾ Sgr.)

6. Wittenberg. Nach **Leipzig** (über Bitterfeld) Pers.-Post tägl. 10½ U. Ab.; Abg. aus L. tägl. 7 U. Ab. (10 Ml. in 9 St. f. 1⅔ Thlr.) Anschliessend von Bitterfeld n. **Halle** Pers.-Post tägl. 3½ U. fr.; Abg. aus H. tägl. 7½ U. Ab. (9 Ml. in 8½ St. f. 1½ Thlr.) — Nach **Potsdam** Pers.-Post tägl. 10½ U. Ab.; Abg. aus P. tägl. 8½ U. Ab. (9 Ml. in 7¾ St. f. 1½ Thlr.) — Nach **Eilenburg** Pers.-Post tägl. 5 U. Nm.; Abg. aus E. tägl. 5 U. fr. (8 Ml. in 8¾ St. f. 1⅓ Thlr.) — Nach **Torgau** Pers.-Post tägl. 11 U. Vm.; Abg. aus T. tägl. 7½ U. fr. (6¼ Ml. in 5¾ St. f. 1 Thlr. 1¼ Sgr.) — Nach **Belzig** Pers.-Post Mont., Mittw., Sonnabend 4½ U. Nm.; Abg. aus Belzig dieselben Tage 4 U. fr. (4¼ Ml. in 4½ St. f. 21¼ Sgr.)

7. Roslau. Nach **Zerbst** Pers.-Post tägl. 9¼ U. Vm., 11¾ U. Vm., 2¾ U. Nm., 8¾ U. Ab.; Abg. aus Z. 4 U. fr., 7 U. fr., 12¼ U. Mitt. 6½ U. Ab. (2 Ml. in 1½ St. f. 7½ Sgr.)

8. Dessau. Nach **Zerbst** Pers.-Post tägl. 10¾ U. Vm. und 1¾ U. Nm.; Abg. aus Z. 7 U. fr. u. 6½ U. Ab. (3 Ml. in 2½ St. f. 10 Sgr.)

9. Cöthen. Nach **Aken** Pers.-Post täglich 8 U. fr. u. 6¾ U. Ab.; Abg. aus A. tägl. 4¼ U. fr. u. 3¼ U. Nm. (1¾ Ml. in 1¾ St. f. 8 Sgr.) Anschluss an die Dampfwagenzüge nach Bernburg, Magdeburg, Halle, Leipzig und Erfurt vergl. die betr. Fahrpläne.

Im Gegensatz dazu mußten jene Fahrgäste, die auf dem Weg über Dessau und Köthen in Richtung Magdeburg oder Leipzig reisten, jahrelang in Köthen umsteigen; lediglich ihr Reisegepäck war in jener Zeit – vergleichbar der Regelung im Güterverkehr – in den dafür gemeinschaftlich vorgehaltenen Bagagewagen ohne Umladung auf die anschließende Bahngesellschaft übergegangen. Wahrscheinlich ab 1. Juni 1845 – spätestens seit 1848 – fuhren jedoch auch auf dem Weg über Köthen Personenwagen nach Leipzig durch. Nur so hatte die BAE die Möglichkeit, dem ihr in der sächsischen Konzession aufgezwungenen Wagendurchlauf Berlin–Röderau–Leipzig – an dem sie nur mit einem geringeren Streckenanteil beteiligt war als über Köthen – erfolgreich zu begegnen.

Seit Ende der vierziger Jahre bemühte sich die preußische Regierung, auf dem zusammenwachsenden Eisenbahnnetz aufeinander abgestimmte Fahrpläne durchzusetzen und damit eine allgemeine Beschleunigung des Verkehrs herbeizuführen. Der größte Zeitgewinn ließ sich durch die Einführung von Nachtzügen erreichen. Dafür war auf der Anhaltischen Bahn eine Zustimmung aller beteiligten Regierungen nötig. Als zum Sommerfahrplan 1851 die ersten Nachtzüge auf der BAE verkehren sollten, gab es noch eine kurze, heute operettenhaft anmutende Auseinandersetzung mit der anhalt-cöthenschen Regierung, die ihre Interessen nicht ausreichend berücksichtigt wähnte. Erst nach einer diplomatischen Vermittlung konnte der neu eingelegte Nachtzug – Berlin ab 10.15 Uhr abends, Leipzig an 5.15 Uhr morgens – verkehren. In der Gegenrichtung gab es übrigens vorerst keine vergleichbare Verbindung.

Mit der Indienststellung schnellfahrender Lokomotiven verkehrte auf der BAE seit Mitte 1853 anstelle des Nachtzuges erstmals ein Schnellzugpaar, das eine durchgehende Nachtverbindung zwischen Berlin und Frankfurt/Main mit 16¼ bzw. 17½ Stunden Fahrzeit herstellte. Diese Züge gingen in Halle von der Magdeburg-Leipziger

Zwischen **Berlin und Leipzig.** 29½ Meilen.

Meilen.	Stationen.	Güter-Zug. Früh.	Pers.-Zug. Früh.	Güter-Zug. Nm.	Schn.-Zug. Abds.	Personengeld** I. Cl. Sgr.	II. Cl. Sgr.	III. Cl. Sgr.
	Berlin . . . . . Abg.	— —	8 10	4 15	6 40	Von Berlin ab		
2,5	Gr. Beeren[1]	— —	8 30	4 30	— —	—	11	9
4,5	Trebbin	— —	9 —	5 20	— —	30	20	16
6,6	Luckenwalde	— —	9 15	6 5	7 30	42	29	23
8,3	Jüterbogk[2]	— —	9 45	8 50	8 —	55	38	30
12,8	Wittenberg	5 30	10 30	9 30	8 45	84½	58½	45½
14,3	Coswig[3]	5 45	10 45	— —	9 —	94	65	51
16,7	Rosslau	6 30	11 15	— —	9 15	107	74	58
17,4	Dessau	7 15	11 30	— —	9 30	114	79	61
20,2	Cöthen[4]	9 —	12 15	— —	10 15	130	90	70
22,4	Stumsdorf[5]	9 40	— —	— —	— —	144	99	75½
25	Halle[6]	10 45	1 15	— —	11 10	164	112½	86
27,5	Schkeuditz	11 30	— —	— —	— —	178	122	95
29,4	Leipzig* . . . . . Ank.	12 15	2 5	— —	12 15	190	130	100
		Nm.	Nm.	Abds.	Früh.			

Meilen.	Stationen.	Güter-Zug. Früh.	Schn.-Zug. Früh.	Pers.-Zug. Nm.	Güter-Zug. Nm.	Personengeld. I. Cl. Sgr.	II. Cl. Sgr.	III. Cl. Sgr.
	Leipzig* . . . . . Abg.	— —	5 —	3 15	5 30	Von Leipzig ab		
1,9	Schkeuditz[6]	— —	5 15	3 30	5 45	12	8	5
4,4	Halle[5]	— —	6 5	4 30	6 15	27	18	11
7	Stumsdorf[4]	— —	6 20	4 45	6 45	42	28	17
9,2	Cöthen	— —	7 —	5 30	7 45	56	37	22½
12	Dessau	— —	7 15	6 —	8 30	74	50	31½
12,7	Rosslau[3]	— —	7 30	6 10	9 15	80	54½	35
15,1	Coswig	— —	7 45	6 30	10 —	95	64	43½
16,6	Wittenberg[2]	5 —	8 —	6 50	10 50	105	71	48½
21,1	Jüterbogk	6 15	9 —	7 50	— —	134	91	64½
22,8	Luckenwalde	7 —	9 15	8 15	— —	144	98	69½
24,9	Trebbin[1]	7 30	— —	8 30	— —	157	107	76½
26,9	Gr. Beeren	8 30	— —	— —	— —	169	113	81½
29,4	Berlin . . . . . Ank.	9 30	10 30	9 30	— —	190	130	100
		Vm.	Vm.	Abds.	Abds.			

1 Zwischen Gr. Beeren und Trebbin über Ludwigsfelde.
2 „ Jüterbogk u. Wittenberg über Seehausen u. Zahna.
3 „ Coswig und Rosslau über Klieken.
4 „ Cöthen und Stumsdorf über Weissant.
5 Zwischen Stumsdorf und Halle über Riemberg.
6 „ Halle und Schkeuditz über Gröbers.
7 „ Bernburg und Cöthen über Biendorf.

* Zwischen Berlin und Leipzig über Röderau und Riesa, s. No. 13. — ** Schnellzug zwischen Berlin und Halle: I Cl. 184 Sgr., II. Cl. 112 Sgr. 6 Pf.; zwischen Berlin und Leipzig: I Cl. 210 Sgr., II. Cl. 130 Sgr.

Zwischen **Berlin und Dresden** ***(Leipzig).*** 25¼ Meilen.

Meilen.	Stationen.	Pers.-Zug. Früh.	Güt.-Zug. Vm.	Pers.-Zug. Nm.	Personengeld. I. Cl. Sgr.	II. Cl. Sgr.	III. Cl. Sgr.
	Berlin . . . . . Abg.	7 —	9 15	1 45	Von Berlin ab		
2,5	Gross-Beeren[1]	7 15	9 45	2 —	—	11	9
4,5	Trebbin	7 45	10 30	2 30	30	20	16
6,6	Luckenwalde	8 —	11 15	2 45	42	29	23
8,3	Jüterbogk[2]	8 30	12 —	3 15	55	38	30
11,7	Holzdorf	9 15	1 —	4 —	75	52	40
13,4	Herzberg[3]	9 30	1 30	4 15	88	61	47
16,7	Burxdorf[4]	10 15	3 —	5 —	110½	76½	59½
18,7	Röderau[5]	11 —	4 —	6 —	123½	85½	66½
25,1	Dresden	12 30	— —	8 —	165	110	70
27,8	*in Leipzig*[6] . . . . . Ank.	1 30	— —	8 30	190	130	100
		Nm.	Nm.	Abds.			

Meilen.	Stationen.	Pers.-Zug. Früh.	Güt.-Zug. Früh.	Pers.-Zug. Nm.	Personengeld. I. Cl. Sgr.	II. Cl. Sgr.	III. Cl. Sgr.
	Dresden[6] . . . . . Abg.	6 —	— —	3 15	V. Dresden ab		
	aus Leipzig[5]	5 15	— —	2 30	—	—	—
6,4	Röderau[4]	7 45	9 40	4 45	39	29	20
8,4	Burxdorf[3]	8 —	10 15	5 —	55	40	29
11,7	Herzberg	8 45	11 30	5 45	78	56	41
13,4	Holzdorf[2]	9 —	12 —	6 15	88	63	46
16,8	Jüterbogk	9 45	1 15	6 50	110½	78½	58½
18,5	Luckenwalde	10 15	1 45	7 15	120	85	64
20,6	Trebbin[1]	10 30	2 30	7 30	133	94	71
22,6	Gross-Beeren	11 —	3 15	8 —	—	103	78
25,1	Berlin . . . . . Ank.	11 45	4 15	8 45	165	110	70
		Vm.	Abds.	Abds.			

1 Zw. Gross-Beeren und Trebbin über Ludwigsfelde.
2 „ Jüterbogk und Holzdorf über Oehna und Linda.
3 Zw. Herzberg und Burxdorf über Falkenberg.
4 „ Burxdorf und Röderau über Jacobsthal.
5 Zw. Röderau und Dresden über Pristewitz, Niederau und Kötschenbroda.
6 „ Berlin und Leipzig über Cöthen s. No. 35.

Eisenbahn auf die Thüringische Eisenbahn über, die – 1846/47 schrittweise bis Eisenach eröffnet – im September 1849 den Anschluß nach Kassel und schließlich im Mai 1852 durchgehend bis nach Frankfurt hergestellt hatte. Die Relation Berlin–Halle–Frankfurt/Main und weiter nach Südwestdeutschland entwickelte sich schnell zu einer der beiden Säulen des Verkehrs auf der BAE. Zur zweiten Säule wurde der Verkehr zwischen Berlin und Leipzig und weiter in Richtung Hof–München.

Die Nachtschnellzüge nach und von Frankfurt/Main führten seit 1853 eine Wagengruppe Berlin–Leipzig–Berlin mit, die zwischen Halle und Leipzig in Flügelzügen befördert wurden. In Tagesrandlage – morgens 5.00 Uhr ab Leipzig, abends 6.45 Uhr ab Berlin – und mit einer Fahrzeit von nur 5½ Stunden ermöglichten sie erstmals eintägige Geschäftsreisen von Leipzig nach Berlin. Der Schnellzug nach Berlin nahm in Leipzig einen Anschluß von Hof auf, der wiederum Anschluß von München hatte. Die Gesamtfahrzeit München–Berlin betrug damals 28½ Stunden, in der Gegenrichtung – mit Übernachtung in Leipzig – rd. 37 Stunden.

Seit dem Sommer 1856 gab es zwischen Berlin und Leipzig ein zweites Schnellzugpaar – ein echtes Nachtzugpaar –, das in Verbindung mit Eilzügen auf den anschließenden Bahnen die Fahrzeit zwischen Berlin und München in beiden Richtungen auf

Sommerfahrplan 1855

etwa 23 Stunden senkte. 1857 verkehrte zwischen Leipzig und Berlin ein weiteres Schnellzugpaar in Tagesrandlage, das erstmals auch eintägige Geschäftsreisen von Berlin nach Leipzig zuließ. Alle Schnellzüge führten jetzt neben der 1. und der 2. Klasse auch wieder die 3. Klasse, die es im Sommer 1853 in dem Frankfurter Schnellzugpaar schon einmal gegeben hatte.

Mit der Inbetriebnahme der Neubaustrekken Bitterfeld–Halle und Bitterfeld–Leipzig am 1. Februar 1859 behielt die BAE den Verkehr nach Halle und nach Leipzig durchgehend auf den eigenen Strecken. Sie benutzte jetzt ab Dessau nicht mehr den Weg über Köthen und die Eisenbahn Magdeburg–Leipzig, sondern die schon 1857 fertiggestellte eigene Zweigbahn Dessau–Bitterfeld. Der Endzustand wurde am 3. August 1859 mit der Eröffnung der Strecke Wittenberg–Bitterfeld erreicht. Dessau geriet dadurch vorerst wieder in eine Randlage.

Die Fahrzeiten verkürzten sich durch die neuen Strecken um bis zu einer Stunde. So benötigte der schnellste Zug von Leipzig nach Berlin im Herbst 1859 nur noch 3 Stunden 40 Minuten; die Personenzüge brauchten für die gleiche Strecke etwa 5 Stunden Fahrzeit.

Die BAE nutzte die verkürzten Fahrzeiten bald, um den Besucherverkehr zur Leipziger Messe zu steigern. Für den 12. Oktober 1861 annoncierte sie erstmals einen Extrazug für Messebesucher, morgens um 6 Uhr ab Berlin und abends um 11.30 Uhr ab Leipzig, der mit seinen ermäßigten Rückfahrkarten eine Tradition begründete, die in unserer Zeit unverändert fortbesteht.

Seit 1862 setzte die BAE regelmäßig ein drittes Schnellzugpaar ein. Ab 30. Juni 1864 verkehrte durchgehend zwischen Berlin und Lindau über Leipzig, Hof und Augsburg ein erstes Courierzugpaar, das im Verkehr mit der Schweiz und Mailand zu dem Weg über Frankfurt/Main–Basel in Konkurrenz treten sollte und nur die 1. und 2. Klasse führte. Mit diesem Zugpaar wurde die erste umsteigefreie Verbindung über Leipzig hinaus nach Bayern geschaffen. Die Züge passierten Leipzig auf einer Verbindungsbahn, die östlich um die Stadt herumführte. An diese Verbindungsbahn waren auch die von den Lindauer Courierzügen berührten beiden Kopfbahnhöfe im Norden und im Süden der Stadt – der Berliner Bahnhof der BAE und der Bayrische Bahnhof – angebunden.

Das Zugpaar nach Lindau verkehrte nur in den Sommermonaten. In der übrigen Zeit gab es vorerst nur durchgehende Wagen zwischen Berlin und Hof. Erst seit 1869 läßt das Kursbuch auch einen Wagendurchlauf Berlin–Hof–München und zurück erkennen.

Bis zur Verstaatlichung verbesserte die BAE ihr Zugangebot immer weiter. Im Winterfahrplan 1881/82 – dem letzten Fahrplanabschnitt der Privatbahnzeit – verkehrten auf der Stammstrecke Richtung Wittenberg ab Berlin drei Courier- und fünf Personenzüge, in der Gegenrichtung vier Courier- und drei Personenzüge. Die Courierzüge führten die 1. und 2. Wagenklasse, teilweise auch die 3. Klasse, während die Personenzüge durchweg Reisende 1. bis 4. Klasse beförderten. Der schnellste Courierzug benötigte vom Anhalter Bahnhof in Berlin bis zum Berliner Bahnhof in Leipzig nur noch 3 Stunden 5 Minuten. Einzelne Courierzüge führten inzwischen auch Schlafwagen, das Frankfurter Tageszugpaar seit dem 1. Juli 1880 zwischen Berlin und Bebra sogar einen BAE-eigenen Restaurationswagen.

Der Zugverkehr auf der Zweigbahn nach Röderau blieb bis 1859 bescheiden; täglich in jeder Richtung zwei, drei, zeitweise auch vier Personenzüge oder Güterzüge mit Personenbeförderung genügten, um das Verkehrsaufkommen zu befriedigen. Diese Züge verkehrten zumeist über Jüterbog hinaus durchgehend von und nach Berlin. Nur zeitweise mußte bei einzelnen Zügen in Jüterbog umgestiegen werden. Ab 15. Mai 1860 gab es auf dieser Strecke ein erstes Schnellzugpaar, das die Fahrzeit zwischen Berlin und Dresden auf rd. fünf Stunden verkürzte. 1872 oder 1873 kam hier ein Courierzug hinzu, der von Berlin nach Dresden weniger als vier Stunden Fahrzeit benötigte.

Seit dem 17. Juni 1875 wurde die BAE-Zweigbahn nach Röderau durch die Parallelstrecke der Berlin-Dresdener Eisenbahn-Gesellschaft konkurrenziert. 1881 gab es zwischen Berlin und Dresden auf dem Weg über Jüterbog und Röderau täglich in jeder Richtung zwei Courier- und drei Personenzüge, während über Zossen–Elsterwerda täglich ein Courier- und drei Personenzüge je Richtung verkehrten. Der schnellste Courierzug benötigte damals von Berlin bis zum Böhmischen Staatsbahnhof in Dresden auf dem Weg über Röderau 3 Stunden 24 Minuten, auf der 15 Kilometer kürzeren Konkurrenzstrecke über Zossen nur 3 Stunden 13 Minuten.

Zwischen Berlin und Jüterbog ergab sich durch den Zugverkehr sowohl der Stammstrecke als auch der Röderauer Zweigbahn schon in den 1860er Jahren ein relativ dichter Fahrplan, der sehr bald dem Vorortverkehr mit Lichterfelde zugute kam. In der ersten Zeit nach der Eröffnung hatten in Lichterfelde nur drei Züge in jeder Richtung gehalten. 1869 hielten dort schon sieben Schnell- und Personenzugpaare, 1873 waren es in jeder Richtung bereits zehn Züge, darunter sogar einzelne Courierzüge.

Ab 15. Oktober 1875 sah der Fahrplan erstmals einen gemischten Zug mit Personenwagen 3. Klasse vor, der nur in der Richtung von Berlin nach Lichterfelde verkehrte. Die ersten besonderen Vorortzüge zwischen Berlin und Lichterfelde – im Kursbuch vorerst als „Extra-Personenzüge" bezeichnet – legte die BAE zum Beginn des Winterfahrplans am 15. Oktober 1876 ein. Diese Züge schlossen längere Fahrplanlücken zwischen den Fernzügen. Sie führten die 1. bis 3. Klasse und benötigten in jeder Richtung 14 Minuten Fahrzeit. Zunächst verkehrten täglich ab Berlin zwei und ab Lichterfelde drei derartige Züge. 1879 pendelten zwischen Berlin und Lichterfelde täglich schon sechs, ab 15. Mai 1880 sogar acht Zugpaare für den Vorortverkehr.

Die Bedeutung der Station Lichterfelde läßt sich besonders daran erkennen, daß hier bereits im Eröffnungsjahr 1868 – also in nur knapp 3½ Monaten – 8054 Vorortreisende ein- oder ausgestiegen waren. Im ganzen Jahr 1869 wurden in Lichterfelde 75 918 und 1873 nicht weniger als 266 504 Personen gezählt; hinzu kam jeweils eine geringe Anzahl Reisende von und nach den weiter südlich gelegenen Stationen. Im Jahre 1873 war Lichterfelde nach Berlin, Leipzig und Dessau die BAE-Station mit der größten Anzahl ein- oder ausgestiegener Personen, weit vor Halle, Wittenberg oder beispielsweise dem Bahnhof Großbeeren, der in jenem Jahr von kaum 34 000 Fahrgästen frequentiert worden war.

Am 15. August 1880 eröffnete die BAE zwischen Berlin und Lichterfelde den Haltepunkt „Südende", welcher die gleichnamige Wohnkolonie noch besser mit Berlin verbinden sollte. An diesem Haltepunkt hielten alle Lichterfelder Vorortzüge sowie einzelne Fernpersonenzüge. An der Dresdener Bahn gab es einen weiteren Haltepunkt „Südende", welcher mit finanzieller Unterstützung der Südend-Gesellschaft – einer Grundstücksgesellschaft – hergestellt und schon am 17. Juni 1875 eröffnet worden war. Dieser Haltepunkt führte später auch die Bezeichnung „Südende B.D."; er lag etwa 700 Meter vom Haltepunkt Südende der Anhalter Bahn entfernt, rd. hundert Meter südlich des heutigen Prellerweges.

Verkehrs- und Wirtschaftsergebnisse

Wie die Dividenden belegen, die beispielsweise von 1864 bis 1873 in keinem Jahr 10% unterschritten, war die BAE für ihre Aktionäre eine vorzügliche Geldanlage. Durch weitere Kapitalerhöhungen wurde das konzessionierte Gesellschaftskapital Mitte der siebziger Jahre auf 107 250 000 Mark erhöht und damit nochmals mehr als verdoppelt. Diese Kapitalerhöhung fiel mit einem Verkehrsrückgang zusammen und führte einen starken Rückgang der Dividende herbei.

Die Eisenbahnstatistik gab die Verkehrs- und Wirtschaftsergebnisse der Bahn detailliert wieder; einen Auszug daraus enthält die Tabelle auf Seite 82/83.

		1842	1844	1846	1848	1850	1852	1854	1856
Eigentumslänge	km	152,20	152,20	152,20	232,41	232,41	232,41	232,41	232,41
davon zweigleisig	km	17,84	17,84	39,65	39,65	58,37	58,37	73,44	87,67
Anlage-Kapital									
im Ganzen koncessioniert	Mark	13 500 000	13 500 000	22 500 000	22 500 000	22 500 000	22 500 000	22 500 000	25 500 000
hiervon in Stammaktien . .	Mark	9 000 000	9 000 000	18 000 000	18 000 000	18 000 000	18 000 000	18 000 000	18 000 000
im Ganzen verwendet. . .	Mark	14 581 302	14 581 302	15 672 456	21 853 380	22 636 299	23 402 895	24 204 906	25 341 027
Fahrzeugpark									
Lokomotiven	Stück	18	25	25	31	35	35	38	45
Personenwagen	Stück	100	102	102	107	119	89	101	95
Güterwagen	Stück	146	347	263	333	278	328	389	478
Lok-Nutzkilometer	Nkm	370 424	461 531	384 358	465 899	562 784	671 628	776 007	936 619
Verkehrsleistungen									
Beförderte Personen . . .	Anzahl	318 659	361 407	356 341	330 024	385 653	366 400	378 176	442 250
Frachtpflichtige Güter . . .	t	21 450	32 934	48 275	54 915	88 163	145 033	223 350	257 980
Personen-Kilometer . . .	Pkm	26 340 481	32 363 580	30 798 672	23 113 049	32 082 893	28 255 530	29 558 686	35 136 434
Tonnen-Kilometer der Güter .	Tkm	2 529 241	3 915 937	5 391 113	5 880 057	9 500 015	16 052 696	26 190 057	29 093 290
Einnahmen									
aus dem Personenverkehr .	Mark	1 135 359	1 386 747	1 290 381	873 546	1 389 075	1 371 159	1 492 122	1 850 508
aus dem Güter-, Vieh- und Equipagen-Transport . .	Mark	3 834	633 912	760 296	773 229	1 151 877	1 773 801	2 556 741	3 044 694
Sonstige	Mark	44 724	24 237	39 693	72 948	80 817	86 055	75 239	157 074
zusammen	Mark	1 633 917	2 044 896	2 090 370	1 720 723	2 621 769	3 231 015	4 134 102	5 052 276
Betriebsausgaben	Mark	944 088	1 226 004	1 114 251	1 182 318	1 376 226	1 779 054	1 741 341	2 553 435
in % der Brutto-Einnahmen .	%	57,8	59,9	53,3	68,75	52,5	55,06	42,12	50,34
Überschuß	Mark	689 829	818 892	976 119	537 405	1 245 543	1 451 961	2 393 761	2 498 841
Dividende (auf Stammaktien)	%	4½	6½	8	4	5	6	8	9

Verstaatlichung der Bahn

Seit Mitte der siebziger Jahre setzte die preußische Eisenbahnpolitik nicht mehr auf die Privatbahnen – eine Folge des Konzessionsunwesens der vorausgegangenen Zeit, das zum Zusammenbruch vieler Eisenbahngesellschaften oder Eisenbahnprojekte geführt hatte. In Berlin waren schon fast alle Privatbahnen in das Eigentum oder zumindest in die Verwaltung des Staates übergegangen, als Preußen am 8. März 1882 mit der BAE einen Vertrag über die Verstaatlichung dieser Bahn schloß.

Am 14. März 1882 wurde dem Abgeordnetenhaus der „Entwurf eines Gesetzes, betr. den Erwerb des Berlin-Anhaltischen Eisenbahnunternehmens für den Staat" vorgelegt. Dem Entwurf lag eine eingehende Begründung bei; darin hieß es unter anderem:

Der Erwerb des Berlin-Anhaltischen Eisenbahnunternehmens für den Staat behufs Durchführung des Staatseisenbahnsystems in Preußen ist schon in der Begründung des Regierungsentwurfs zu dem Gesetze, betreffend den Erwerb mehrerer Privateisenbahnen für den Staat vom **20. Dezember 1879**, als erforderlich bezeichnet worden. In der That vereinigt das Unternehmen in ganz besonderem Maße die Bedingungen und Voraussetzungen in sich, unter welchen die Ueberführung der wichtigeren Eisenbahnlinien in die Hand des Staats für nothwendig erkannt ist. Im internationalen Verkehr wie im Verkehr der Reichshauptstadt mit wichtigen deutschen Handelsplätzen und Industriebezirken nimmt es ebenso, wie in Beziehung auf die Landesvertheidigung, unter den Eisenbahnen des Landes eine hervorragende Stelle ein.

Von der Hauptstadt Berlin ausgehend sind die Linien der Berlin-Anhaltischen Eisenbahn — durchweg unter den günstigsten Betriebsverhältnissen — an dem Verkehr mit dem Königreich Sachsen, insbesondere mit Dresden, Leipzig und dem westlichen Sächsischen Industriegebiet, — darüber hinaus am Verkehr

1858	1860	1862	1864	1866	1869	1871	1873	1875	1877	1879
257,37	356,94	356,94	356,94	356,94	356,94	356,94	368,75	431,27	431,27	431,27
87,67	87,67	94,98	99,88	132,83	186,57	186,57	299,49	351,37	352,27	354,79
25 500 000	46 500 000	46 500 000	46 500 000	51 000 000	51 000 000	51 000 000	51 000 000	107 250 000	107 250 000	107 250 000
18 000 000	25 500 000	25 500 000	25 500 000	25 500 000	25 500 000	25 500 000	25 500 000	51 750 000	51 750 000	51 750 000
25 500 000	46 500 000	45 000 000	46 500 000	46 500 000	51 000 000	51 000 000	68 831 328	112 011 240	108 892 180	120 234 461
58	61	67	63	75	81	92	101	143	145	143
97	102	111	140	140	186	208	255	338	344	344
783	851	883	983	1 210	1 621	1 851	2 291	3 233	3 257	3 381
916 539	1 230 450	1 253 867	1 471 700	1 626 829	1 861 715	2 080 826	2 745 392	3 422 368	3 098 275	2 983 818
475 031	681 818	753 459	948 712	1 257 686	1 454 183	1 869 507	2 391 929	2 643 149	2 587 704	2 630 205
320 881	426 524	509 392	686 193	804 523	980 893	1 198 522	1 921 517	1 974 655	1 992 950	2 090 840
36 607 132	45 447 952	51 499 945	62 708 427	84 875 329	86 303 554	136 399 704	133 015 358	130 095 543	122 154 664	125 059 886
33 079 209	39 613 179	44 019 164	62 075 015	75 859 179	88 926 304	115 815 033	179 700 766	167 482 783	161 801 001	160 431 529
1 851 195	2 407 896	2 706 012	3 121 419	3 319 584	3 996 829	5 517 975	5 760 090	5 598 656	5 027 449	5 027 856
3 032 199	3 846 885	4 164 408	5 177 886	6 306 801	6 363 411	7 508 538	9 669 648	9 933 096	9 094 390	8 413 595
69 747	96 954	156 429	224 325	186 381	252 069	508 233	544 083	1 339 197	891 386	1 045 969
4 953 141	6 351 735	7 026 849	8 523 630	9 812 766	10 614 309	13 534 746	15 973 821	16 870 949	15 013 225	14 487 426
2 128 599	2 819 025	2 663 283	3 060 363	3 776 589	3 939 948	5 168 109	6 890 091	9 567 604	8 579 256	7 882 840
42,97	44,38	26,56	35,90	38,49	37,1	38,2	43,1	56,6	63,8	54,4
2 824 542	3 532 710	4 363 566	5 463 267	6 036 177	6 674 361	8 366 637	9 083 730	7 303 345	6 433 969	6 604 580
8½	6½	8½	11⅚	13⅓	13⅞	18½	16	8	6¾	5

mit Oesterreich-Ungarn, Bayern, der Schweiz und Italien in besonderem Grade betheiligt. In Halle an die Thüringische Eisenbahn anschließend vermitteln sie den Verkehr mit dem Thüringischen Lande und als Glied der alten mitteldeutschen Route mit Frankfurt a. M. und dem Südwesten Deutschlands. Durch die Stammbahn ist Berlin mit dem fruchtbaren und gewerbreichen Herzogthum Anhalt und durch die für eigene Rechnung von der Berlin-Anhaltischen Eisenbahngesellschaft in Betrieb genommene Oberlausitzer Eisenbahn (Kohlfurt-Falkenberg) die Provinz Schlesien mit der Provinz Sachsen verbunden. Durch die direkte und kürzeste Verbindung bedeutender Handelsplätze, wie Leipzig und Halle, sowie der fruchtbaren und industriereichen Bezirke an der Saale und Mulde mit Berlin ist zugleich dem Lokalverkehr der Bahn eine feste Grundlage und eine erhebliche, stetig steigende Bedeutung gesichert.

In wichtigen Verkehrsrichtungen mit Staatsbahnen konkurrirend und an den Hauptpunkten an solche sich anschließend, fügt sich das Unternehmen in das Staatseisenbahnnetz in zünftigster Weise ein und füllt eine höchst empfindliche Lücke desselben aus. Der Erwerb der Thüringischen Eisenbahn wird, wie in der Begründung des Gesetzentwurfs, betreffend den weiteren Erwerb von Privateisenbahnen für den Staat schon hervorgehoben, durch den Hinzutritt der Berlin-Anhaltischen Eisenbahn erst seine volle Bedeutung, und der Erwerb der in der Lausitz belegenen Privatbahnen durch die gleichzeitige Uebernahme der Kohlfurt-Falkenberger Bahn eine sehr werthvolle Ergänzung erhalten. An den Verkehrslinien zwischen Magdeburg und Leipzig, sowie zwischen Magdeburg und Schlesien über Zerbst, ist der Staat schon jetzt mit einer Theilstrecke betheiligt, und die einheitliche Leitung des Betriebes auf diesen Linien sehr erwünscht. Die allgemeinen Verkehrsinteressen der Hauptstadt können durch den Hinzutritt der Berlin-Anhaltischen Bahn mit ihrem günstig gelegenen und gut ausgestatteten Berliner Personen- und Güterbahnhofe zu den übrigen von Berlin ausgehenden, in Staatsbetrieb befindlichen großen

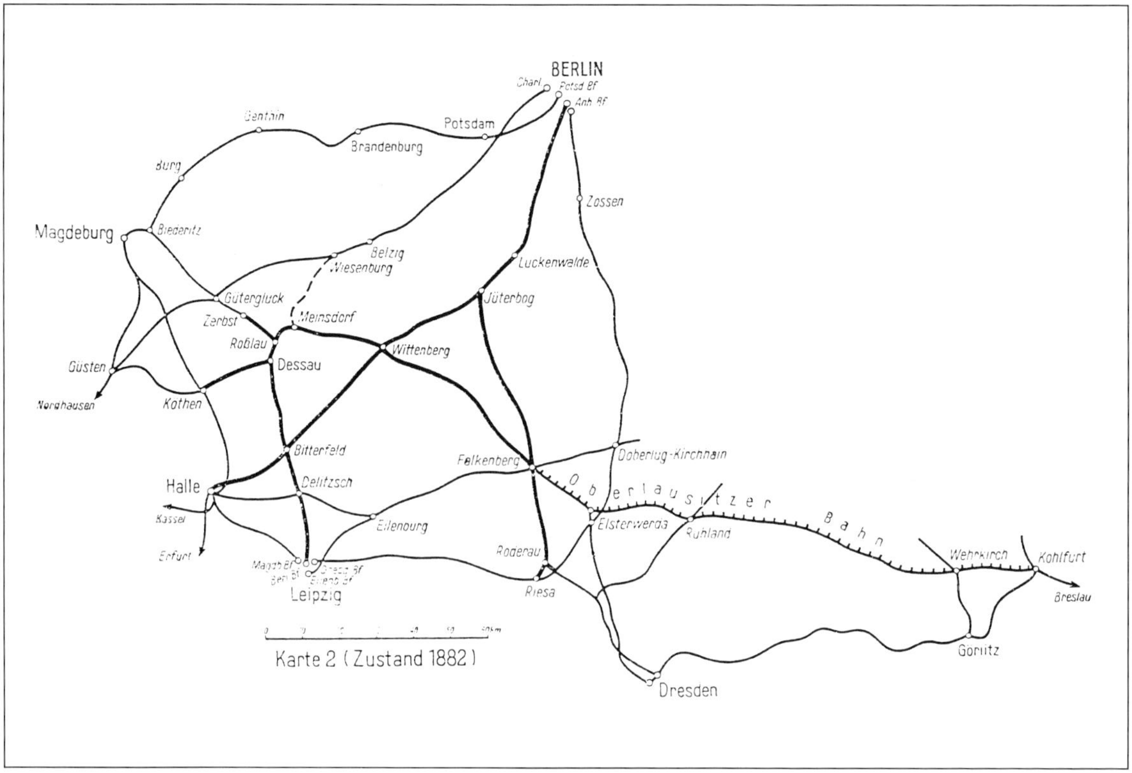

Das Streckennetz der BAE (fette Linien) im Jahre 1882

Verkehrslinien nur gewinnen. Für eine, den diesseitigen Interessen entsprechende Regelung der Verkehrsbeziehungen zu den österreichischen und ungarischen Eisenbahnen, ist der Besitz der Berlin-Anhaltischen Bahn für den Staat unerläßlich. Ebenso wird eine dauernde und beiderseitig befriedigende Ordnung der Beziehungen zu den sächsischen Staatseisenbahnen, wie sie diesseits lebhaft gewünscht wird, durch die Vereinigung aller wichtigeren Anschlußlinien, ganz besonders aber der Berlin-Anhaltischen Bahn, in der Hand des Staats wesentlich erleichtert und gefördert werden.

Die Stammaktien im Nennwert von 51,75 Millionen Mark wurden mit 50% Aufschlag gegen 77 625 000 Mark in 4%igen Staatspapieren umgetauscht. Die Verzinsung und Tilgung der noch nicht zurückgezahlten Prioritätsaktien der BAE in Höhe von 47 321 800 Mark oblag jetzt zu unveränderten Konditionen dem Staat. Damit belief sich der Kaufpreis auf insgesamt 124 946 800 Mark abzüglich rd. 2,9 Millionen Mark der Reservefonds.

Das Gesetz wurde am 13. Mai 1882 angenommen. Ein Allerhöchster Erlaß vom 21. Mai 1882 ordnte den Übergang der Verwaltung und des Betriebes der BAE und der Oberlausitzer Eisenbahn auf die „Königliche Direktion der Berlin-Anhaltischen Eisenbahn" an. Diese Direktion mit Sitz in Berlin nahm am 1. Juli 1882 ihre Tätigkeit auf; allerdings hatte die Privatbahn aufgrund des Vertrages vom 8. März 1882 schon rückwirkend vom 1. Januar 1882 an die Verwaltung und den Betrieb der Bahn auf Rechnung des Staates geführt. Nach Abwicklung aller Formalitäten wurde der preußische Staat am 1. Januar 1886 endgültig Eigentümer der Bahn; gleichzeitig löste sich die Privatbahngesellschaft auf.

Die Anhalter Bahn als Teil des preußischen Staatsbahnnetzes 1882 bis 1920

Entwicklung bis 1897

Durch einen Allerhöchsten Erlaß vom 28. August 1882 gingen alle Strecken der Anhaltischen Bahn am 1. April 1883 in die Zuständigkeit der Königlichen Eisenbahndirektion (KED) Erfurt über. Zugleich wurde die Königliche Direktion der Berlin-Anhaltischen Eisenbahn aufgelöst. Der KED Erfurt waren u. a. unterstellt
– das Königliche Eisenbahn-Betriebsamt Berlin (Berlin-Anhalt) mit Sitz in Berlin und zuständig für die Strecken Berlin–Halle/Leipzig und Jüterbog–Röderau,
– das neu eingerichtete Königliche Eisenbahn-Betriebsamt Dessau, dem alle anderen ehemaligen BAE-Strecken und die Oberlausitzer Eisenbahn zugeordnet waren.

Am 30. Juni 1884 bestätigte Sachsen in einem Staatsvertrag mit Preußen, daß es die preußische Staatsbahnverwaltung – die Rechtsnachfolgerin der Privatbahn – als Eigentümerin derjenigen Streckenabschnitte anerkenne, die sich bei Leipzig und bei Röderau auf sächsischem Gebiet befanden.

Die Anhalter Bahn und die Dresdener Bahn lagen Mitte der 1880er Jahre im Berliner Eisenbahnnetz etwas isoliert. Von und nach der Stadtbahn gab es keinen durchgehenden Zugverkehr, und der Wechselverkehr mit der Ringbahn beschränkte sich auf die Güterzüge zwischen dem Anhalter Güterbahnhof und dem Ringbahnhof Tempelhof sowie auf einige Personenzüge, die vom Anhalter Bahnhof nach Grunewald verkehrten. Zum Bezirk der KED Berlin, die am 1. April 1880 aus der vormaligen Königlichen Direktion der Niederschlesisch-Märkischen Eisenbahn hervorgegangen war, gehörten damals nur die Ringbahn, die Stadtbahn und einige Fernbahnen. Alle anderen Fernbahnen unterstanden den auswärtigen Direktionen Altona, Bromberg, Magdeburg, Frankfurt/Main oder – wie die Anhalter Bahn seit 1883 und die preußische Teilstrecke der Dresdener Bahn seit dem 1. April 1888 – der KED Erfurt.

Für die weitere Entwicklung des Eisenbahnknotens Berlin war daher eine Neuordnung der Direktionsbezirke von entscheidender Bedeutung. Diese Neuordnung wurde am 1. April 1895 wirksam. Seither unterstanden alle Staatsbahnstrecken in Berlin und Umgebung der KED Berlin; nur die Sonderstellung der Militärbahn blieb unberührt. Durch die Neuordnung gingen die Anhalter Bahn bis zur heutigen Stadtgrenze bei Lichterfelde Süd, die Dresdener Bahn bis Zossen sowie alle Anschlußkurven dieser beiden Bahnen an die Ringbahn auf die KED Berlin über. Die anderen ehemaligen BAE-Strecken kamen damals – ebenso wie die Dresdener Bahn jenseits von Zossen – zu der neu geschaffenen KED Halle.

Schon seit Ende der siebziger Jahre hatte die Staatsverwaltung der Berlin-Dresdener Bahn nach einem Ersatz für den nur provisorisch hergerichteten Dresdener Bahnhof gesucht. Im Frühjahr 1880 – nach der Verstaatlichung der Berlin-Potsdam-Magdeburger Eisenbahn-Gesellschaft (BPME) – war entschieden worden, die Reisezüge der Dresdener Bahn künftig im Potsdamer Bahnhof abzufertigen und den Dresdener Bahnhof für den Personenverkehr zu schließen. Dafür mußte eine neue Verbindungskurve zwischen der Dresdener Bahn und der Ringbahn-Signalstation Vdp – der „äußere Dresdener Ringbahnanschluß" – gebaut werden. Dieser Anschluß wurde zwar im Januar 1882 fertiggestellt, jedoch nicht in Betrieb genommen. Am 8. März 1882 schloß Preußen mit der Berlin-Anhaltischen Eisenbahn-Gesellschaft den Vertrag über die Verstaatlichung dieser Bahn. Jetzt bot sich an, die Aufgaben des Dresdener Bahnhofs nicht – wie ursprünglich beabsichtigt – in den Potsdamer Bahnhof, sondern in den benachbarten Anhalter Bahnhof zu verlegen.

Um die Reisezüge der Dresdener Bahn in den Anhalter Bahnhof einführen zu können, entstand im Sommer 1882 eine neue eingleisige Verbindungsstrecke, die nördlich der Kolonnenbrücke aus dem Dresdener Streckengleis abzweigte, sich neben die beiden Personengleise der Anhalter Bahn legte und – an deren Westseite verlaufend – unmittelbar vor dem Landwehrkanal das Weichenvorfeld des Anhalter Bahnhofs erreichte.

Mit dem Fahrplanwechsel am 15. Oktober 1882*) ging der gesamte Personenverkehr des Dresdener Bahnhofs auf den Anhalter Bahnhof über. Die provisorischen Bauten des Dresdener Bahnhofs wurden bis 1884 abgetragen, sein Gelände anschließend für Lagerplätze mit Gleisanschluß genutzt.

Schon seit etwa 1876 gab es in der Nähe der Kolonnenbrücke eine Gleisverbindung, die vom Anhalter Außenbahnhof nach der Dresdener Bahn und weiter nach dem Militärbahnhof Schöneberg führte und anfangs nur der Überführung von Güterwagen und anderen Eisenbahnfahrzeugen zwischen den drei Bahnen diente. Später setzte sich diese Gleisverbindung südlich der Kolonnenbrücke in den beiden „inneren Ringbahnanschlüssen der Dresdener Bahn" fort. Davon war der östliche Anschluß nach dem Ringbahnhof Tempelhof schon seit dem 1. Januar 1878 in Betrieb. Dieser Anschluß überquerte neben der Ringbahn das Dresdener Hauptgleis und die benachbarte Anhalter Bahn. Der innere westliche Ringbahnanschluß nach der Signalstation Vdp wurde am 15. April 1879 für den Güterverkehr und am 15. Mai 1879 auch für den Personenverkehr eröffnet.

Mitte 1882 besaßen die beiden inneren Ringbahnanschlüsse der Dresdener Bahn noch einige Bedeutung für den Personenverkehr auf der Ringbahn. Damals verkehrten von den 16 Zugpaaren des Südringes sieben Zugpaare mit Kopfmachen über den Dresdener Bahnhof; die anderen Züge fuhren den Potsdamer Bahnhof an und wendeten dort. Mit der Schließung des Dresdener Bahnhofs am 15. Oktober 1882 wurden auch die bisher in diesem Bahnhof abgefertigten Südringzüge zum Anhalter Bahnhof verlegt. Allerdings blieb diese Regelung nur kurze Zeit bestehen, denn schon am 1. Juni 1883 faßte die KED Berlin den gesamten Südringverkehr im Potsdamer Bahnhof zusammen. Damit fand auf dem inneren östlichen Ringbahnanschluß der Dresdener Bahn nur noch Güterverkehr statt.

Der innere westliche Ringbahnanschluß der Dresdener Bahn nach der Signalstation Vdp wurde vorerst weiterhin von den „Grunewaldzügen" befahren. Diese Züge zwischen dem Dresdener Bahnhof – nach dessen Stillegung dem Anhalter Bahnhof – und dem Bahnhof Grunewald*) waren für den Ausflugsverkehr der Berliner bestimmt. Sie verkehrten daher nur in den für Ausflügler interessanten Tageszeiten, werktags bis zu acht und sonntags bis zu 15 Zugpaare. In den Wintermonaten fielen diese Züge aus, so auch seit dem Fahrplanwechsel am 1. Oktober 1890. Der Anhalter Bahnhof schied damit endgültig aus dem Personen-

*) Das Standardwerk „Berlin und seine Eisenbahnen 1846–1896", Bd. I, Seite 273, nennt dafür fälschlich den 1. Februar 1883 (siehe auch Seite 87).

*) Ursprüngliche Bezeichnung „Halensee-Hundekehle", auch „Halensee" oder „Hundekehle"; ab 20. Mai 1884 neuer Name „Grunewald".

zugverkehr auf dem Südring aus, denn als der Ausflugsverkehr im folgenden Frühjahr wiederaufgenommen wurde, begannen und endeten die Grunewaldzüge nicht mehr im Anhalter Bahnhof, sondern in dem am 1. April 1891 neu eröffneten Potsdamer Ringbahnhof.

Im Fernverkehr ermöglichte die Verstaatlichung aller wichtiger Eisenbahnen eine schrittweise Neuordnung der Verkehrsströme. Für die Wahl der Beförderungswege im Personen- und im Güterverkehr waren nun nicht mehr die Profitinteressen der einzelnen Bahngesellschaften maßgebend, sondern es wurde angestrebt, für die Beförderung jeweils die kürzesten und leistungsfähigsten Strecken zu benutzen. Zu diesen Strecken zählte auch die Anhalter Bahn, die wegen ihrer günstigen Trassierung und ihres ausgezeichneten Ausbauzustandes geradezu prädestiniert war, ihre ohnehin starke Stellung im Verkehr mit Sachsen, Thüringen, Süd und Südwestdeutschland sowie Österreich und Ungarn weiter auszubauen. Dazu trug auch die Neubaustrecke über die thüringisch-bayrische Grenzstation Probstzella bei, die am 1. Oktober 1885 eröffnet wurde und eine neue Durchgangsverbindung zwischen Berlin und München herstellte. Diese Verbindung, die anfangs über Halle–Gera und seit der Jahrhundertwende zunehmend über Halle–Naumburg und durch das Saaletal führte, entwickelte sich bald zu der Hauptachse des Verkehrs zwischen Berlin und Bayern.

Ende der 1880er Jahre begann die Staatsbahnverwaltung, die Anhalter Bahn für höhere Fahrgeschwindigkeiten herzurichten. Zwar verkehrte bereits seit 1887 ein Kurierzug, der von Berlin bis zum Berliner Bahnhof in Leipzig planmäßig nur noch drei Stunden Fahrzeit benötigte, doch trat eine wesentliche Beschleunigung aller Schnellzüge auf der Anhalter Bahn erst am 1. Juni 1890 ein. Mehrere über Leipzig hinaus verkehrende Schnellzüge wurden zusätzlich beschleunigt, indem diese Züge seit 1889 nicht mehr den Berliner Bahnhof anfuhren, sondern in Leipzig nur noch im Bayrischen Bahnhof hielten.

1894 verkehrten auf der Anhalter Bahn die ersten D-Züge, das waren Schnellzüge aus

Ankommende Züge aus:	Ank. in Berlin.	Abg. von Berlin.	Abgehende Züge nach:
auf dem Anhalter Bahnhof.			
Lichterfelde 60a	6·38	5 30	Lichterfelde 60a
Luckenwalde 93	7·35	5 50	Leipzig 93,
Zossen 59a...........	7·40		Frankfurt (Main) 193
München-Leipzig 93..		7· 0	Dresden 59 (Wien)
(Neapel, Rom).......		7·30	Dresden 60
Frankfurt (Main) 193..	7 45	7 45	Dresden 59 (Prag-Wien)
(Neapel, Rom, Basel,		8·15	Lichterfelde 60a
Stuttgart)		†8 30	Leipzig 93 (Nürnberg)
Dresden 60 (Wien,	8·33	8 40	Leipzig 93 (Nürnberg)
Bukarest)			Frankfurt (Main) 193
Lichterfelde 60a	9·48		(Basel, Rom, Neapel)
Dresden 59 (Wien).....	11· 9	*8 50	Eisenach 193
Lichterfelde 60a	11·18	9·35	Zossen 59a
Leipzig 93, Erfurt 193..	11·44	10·15	Lichterfelde 60a
Wien-Dresden 60....	11 52	12· 0	Dresden 60
München-Leipzig 93..	12 30	12·30	Leipzig-München 93
Dresden 59 (Wien) ...	1 20		Halle-Eisenach 193
Lichterfelde 60a	1·33	12·35	Lichterfelde 60a
Lichterfelde 60a	2·53	1·50	Lichterfelde 60a
Zossen 59a...........	3· 6	2· 0	Dresden 59
Eisenach 193, Leipzig 93	3·45	2 30	Leipzig-München 93
Lichterfelde 60a	4· 8		Bitterfeld-Eisenach 193
Lichterfelde 60a	5·38	3·20	Lichterfelde 60a
Dresden 60 (Wien, Prag)	6 28	4· 0	Zossen 59a
Dresden 59 (Wien, Prag)	6 32	4·35	Lichterfelde 60a
München-Leipzig 93	7 10	5 17	Dresden-Wien 60
Bebra-Halle 193		5·30	Halle (Saale) 193
Zossen 59a...........	7 53	6 20	Trebbin 93
Leipzig 93 (Nürnberg) .	†8 22	6 45	Dresden 59 (Wien)
Leipzig 93 (Nürnberg)..		7 20	Dresden 60 (Wien,
Frankfurt (Main) 193	8 55		Bukarest)
(Neapel, Rom, Basel) .		8 0	Leipzig-München 93
Trebbin 93...........	9 21		(Rom, Neapel)
Dresden 60...........	10 48	9 15	Dresden 60 (Wien)
Leipzig 93, Frankf. 193.		9 36	Lichterfelde 60a
Dresden 60 (Wien, Rom)	10 58		Frankfurt (Main) 193
Lichterfelde 60a	11 18	10 20	(Basel, Rom, Neapel,
Dresden 59 (Prag)	11 55		Stuttgart)
München-Leipzig 93.		11 0	Leipzig-München 93
(Neapel, Rom).......	12 28	11 15	Zossen 59a
Frankfurt(M.)193(Strassb.)		11 20	Frankfurt (Main) 193

† nur v. 1. Juni bis 31. August. — * nur v. 1. bis 20 Juli.

Abfahrt- und Ankunftplan aller Fern- und Vorortzüge auf dem Anhalter Bahnhof in Berlin, gültig ab 20. Mai 1884. Zur Unterscheidung von Tag- und Nachtstunden sind die Minutenzahlen von 6 Uhr abends bis 5.59 Uhr morgens unterstrichen

neuen Wagen, die nicht mehr zu der üblichen Abteilwagenbauart gehörten, sondern einen inneren Durchgang und an den Stirnseiten Übergangsmöglichkeiten zu den Nachbarwagen besaßen.

Im Sommerfahrplan 1895 begannen oder endeten auf dem Anhalter Bahnhof in Berlin
– 43 Fernreisezüge Richtung Jüterbog (–Halle/Leipzig/Dresden),
– 10 Fernreisezüge der Dresdener Bahn über Elsterwerda.

Auf den Vorortverkehr wird an anderer Stelle näher eingegangen.

Bald nach der Verstaatlichung der Anhalter Bahn waren auch für den Güterverkehr verschiedene Änderungen eingetreten. Zunächst wurden ab 1. Februar 1883*) die

*) Das Standardwerk „Berlin und seine Eisenbahn 1846–1896", Bd. I, Seite 273, nennt dafür fälschlich den 15. Oktober 1882 (siehe auch Seite 86).

Berliner Güterbahnhöfe der Anhalter Bahn und der Dresdener Bahn zu dem Gemeinschaftsbahnhof „Berlin Anhalter und Dresdener Güterbahnhof" zusammengefaßt. Während Wagenladungen weiterhin sowohl im Anhalter Güterbahnhof als auch in dem vormaligen Dresdener Güterbahnhof be- und entladen werden konnten, wurde Stückgut nur noch in den Schuppen der Anhalter Bahn an der Möckernstraße abgefertigt.

Das Aufkommen im Güterverkehr stieg inzwischen weiter an und erforderte endgültig, den Anhalter Güterbahnhof von allem Durchgangsverkehr zu entlasten. Dafür war der Bau des schon von der Privatbahn geplanten Rangierbahnhofs Tempelhof unumgänglich. Der Staatshaushaltsetat 1886 begründete diese Absicht eingehend:

Um den Güterbahnhof der Berlin-Anhaltischen Eisenbahn zu Berlin von dem Rangirbetriebe und dem durchgehenden Wagenladungsverkehr zu entlasten, hatte schon die frühere Privatverwaltung dieser Bahn die Anlage eines Vorbahnhofs bei Tempelhof unweit des gleichnamigen Bahnhofs der Ringbahn in Aussicht genommen und das hierzu erforderliche Terrain erworben, die Ausführung jedoch bis dahin verschoben, wo die vermehrte Frequenz dieselbe durchaus nothwendig machen würde. Dieser Zeitpunkt ist jetzt eingetreten. Die Steigerung des Güterverkehrs der Berlin-Anhaltischen Eisenbahn und namentlich des durch die Ringbahn zu vermittelnden durchgehenden Verkehrs, ferner die nach Verstaatlichung des Berlin-Anhaltischen Eisenbahn-Unternehmens hinzugetretene Abfertigung des Güterverkehrs der Berlin-Dresdener Eisenbahn machen es dringend nothwendig, den Betrieb des Berliner Bahnhofes auf die Abfertigung des lokalen Güterverkehrs zu beschränken und für das Rangiren und Zusammenstellen der Güterzüge, sowie für den Wechselverkehr mit der Ringbahn die schon früher beabsichtigte Anlage eines Rangirbahnhofes bei Tempelhof nunmehr auszubauen. Dieselbe bietet zugleich den Vortheil, daß die durchgehenden Transporte von und nach der Ringbahn, welche jetzt in den Berliner Bahnhof eingeführt werden müssen, künftig ohne diesen Umweg übergeleitet werden können.

Die Kosten waren auf 275 000 Mark veranschlagt. Die Bauarbeiten konnten bis zum Herbst 1889 weitgehend abgeschlossen werden; lediglich die Stellwerke wurden erst 1890 fertiggestellt. Leider ist nicht bekannt, wann der Rangierbahnhof Tempelhof in Betrieb genommen wurde; es kann jedoch angenommen werden, daß er die Rangieraufgaben des Anhalter Güterbahnhofs schrittweise übernommen hat.

Im Winter 1890/91 entstand am Rande des Rangierbahnhofs Tempelhof, südlich der Hauptwerkstatt, eine Güterabfertigung mit Umladehalle. Am 23. März 1891 als Tarifstation „Tempelhof an der Bahn Berlin–Halle" eröffnet, wurde hier das auf die Ringbahn übergehende Stückgut von dem für den Anhalter Güterbahnhof bestimmten Stückgut getrennt sowie der Güterverkehr der Hauptwerkstatt Tempelhof abgewickelt. Anfang April 1891 erhielt diese Tarifstation den Namen „Tempelhof Rangierbahnhof"; gleichzeitig wurde die an der Ringbahn gelegene Station „Tempelhof" umbenannt in „Tempelhof Ringbahn".

Um den Verkehr mit dem Rangierbahnhof zu erleichtern, wurde an den Hauptgleisen der Anhalter Bahn für den öffentlichen Personenverkehr ein neuer Haltepunkt „Tempelhof Rangierbahnhof" errichtet und am 1. Juni 1891 in Betrieb genommen. Dieser Haltepunkt lag gegenüber der Einfahrt in den Werkstättenbahnhof Tempelhof, etwa 600 Meter nordöstlich des heutigen S-Bahnhofs Priesterweg.

Der Rangierbahnhof Tempelhof sollte auch den Güterverkehr der Dresdener Bahn und der Militärbahn aufnehmen. Dafür entstand zunächst ein Verbindungsgleis mit der Dresdener Bahn, das von dem Rangierbahnhof nach der Signalstation Marienhöhe – unmittelbar nördlich des heutigen S-Bahnhofs Mariendorf – führte und etwa Anfang 1891 in Betrieb genommen wurde. Eine weitere Weichenverbindung stellte den Anschluß zwischen der Dresdener Bahn und der Militärbahn her. Damit konnten sowohl Züge der Dresdener Bahn als auch Züge der Militärbahn durchgehend von und nach dem Rangierbahnhof Tempelhof verkehren und über den vorhandenen äußeren Ringbahnanschluß der Anhalter Bahn auch problemlos zum Ringbahnhof Tempelhof gelangen.

Im Sommerfahrplan 1895 hatte der Anhalter Güterbahnhof im Güterzugverkehr folgende Aufgaben:

Relation	Zugbildung	Zugauflösung
	Zugzahl je Werktag	
Güterzüge für den Fernverkehr:		
Richtung Jüterbog	12 (2)	11 (1)
Richtung Zossen	4	4
Güterzüge für den Ortsverkehr:		
Gr Lichterfelde B.H.	–	1*)
Marienfelde	1	1
Militärbahnhof	2	2

() = davon Eilgüterzüge *) Gemischter Zug

Im Jahre 1894/95 war der Anhalt-Dresdener Güterbahnhof der am stärksten frequentierte Güterbahnhof in Berlin: 963 000 t – etwa 20% des gesamten Gutaufkommens in Berlin – wurden hier im Versand oder im Empfang umgeschlagen, davon allein 819 000 t Wagenladungsgüter. Der Anstieg des Verkehrsaufkommens wird besonders deutlich bei einem Vergleich mit dem Jahr 1883/84, in dem im Anhalt-Dresdener Güterbahnhof lediglich 669 000 t ein- oder ausgeladen worden waren.

Die im Anhalter Güterbahnhof beginnenden oder endenden Güterzüge wurden zumeist auch im Rangierbahnhof Tempelhof behandelt, um die auf die Ringbahn übergehenden Güterwagen abzusetzen bzw. die von der Ringbahn gekommenen Wagen den Güterzügen der Anhalter Bahn oder der Dresdener Bahn beizustellen. Zwischen dem Rangierbahnhof Tempelhof und dem Ringbahnhof Tempelhof pendelten damals täglich elf bis zwölf Güterzüge in jeder Richtung. Auf dem Rangierbahnhof Tempelhof wurden im Jahre 1895 im Ortsverkehr 140 000 Achsen und im Durchgangsverkehr 889 000 Achsen rangiert. Die Gesamtleistung dieses Bahnhofs lag damit – knapp hinter der des Rangierbahnhofs Rummelsburg – an zweiter Stelle unter den neun Rangierbahnhöfen Berlins.

Der 1882 fertiggestellte, jedoch nicht in Betrieb genommene und daher auch nie in der Eisenbahnstatistik erwähnte äußere westliche Ringbahnanschluß der Dresdener Bahn nach der Signalstation Vdp war seit 1891 endgültig entbehrlich. Er wurde daher 1892 abgebaut, jedoch schon im Jahre 1896 als „Kaisergleis" wiederaufgebaut. Dieses Gleis ermöglichte, kaiserliche Sonderzüge von der westlichen Ringbahn – und zugleich auch von der Hofstation an der Großgörschenstraße – direkt auf die Militärbahn überzuleiten, ohne im Ringbahnhof Tempelhof kopfmachen zu müssen. Das Kaisergleis war über neue Weichenverbindungen auch an die Dresdener Bahn und an die Anhalter Bahn angeschlossen.

Berliner Vorortverkehr und Bau der Lichterfelder Vorortbahn

Die anhaltende Bevölkerungswanderung von Berlin in die Dörfer vor den Toren der Stadt hatte – wie bereits die Verkehrszahlen der Privatbahnzeit erkennen ließen – Lichterfelde schon in den 1870er Jahren zu einem gefragten Wohnort wohlhabender Berliner werden lassen. Inzwischen war hier ein gepflegter Villenvorort entstanden, der im Westen bis an eine zweite Station „Lichterfelde" heranreichte, die von der BPME am 15. Dezember 1872 in Betrieb genommen worden war.

Nach der Verstaatlichung wurde der Vorortverkehr auf der Anhalter Bahn zunächst durch kleinere Tarifmaßnahmen erleichtert. So galten spätestens vom Oktober 1882 an Rückfahrkarten von Berlin nach Lichterfelde zur Rückfahrt wahlweise auf der Anhalter Bahn und auf der Potsdamer Bahn. Ab 15. November 1882 konnte mit Zeitkarten für die Strecke Südende–Anhalter Bahnhof in Südende sowohl der Haltepunkt an der Anhalter Bahn als auch der an der Dresdener Bahn benutzt werden.

Am 15. Juli 1884 wurde der Villenvorort umbenannt in „Groß-Lichterfelde". Schon wenige Tage später erhielten auch die beiden Eisenbahnstationen diesen Namen.

Die gleiche Bezeichnung für zwei Bahnhöfe, die mehrere Kilometer voneinander entfernt lagen, konnte jedoch nicht befriedigen, so daß der Bahnhof an der Anhalter Bahn ab 1. September 1886 den Namen „Groß-Lichterfelde a. d. Bahn Berlin–Halle" – im Regelfall abgekürzt „Groß-Lichterfelde B.H." – führte, während der Bahnhof an der BPME gleichzeitig den Zusatz „a. d. Bahn Berlin–Magdeburg" (abgekürzt B.M.) erhielt.

Seit dem 20. Mai 1884 hielten in Lichterfelde zwar keine Kurier- und Schnellzüge mehr, jedoch wurde die Anzahl der Vorortzüge auf der Anhalter Bahn gleichzeitig weiter erhöht. Vom Sommerfahrplan 1890 an verkehrten zwischen Berlin und Groß-Lichterfelde B.H. täglich schon 17 Zugpaare für den Vorortverkehr. Hinzu kamen in jeder Richtung fünf bis sieben Fernpersonenzüge, die allerdings in Südende-Lankwitz (bis zum Herbst 1882 „Südende") nur teilweise und in dem am 1. Juni 1891 eröffneten Haltepunkt Tempelhof Rangierbahnhof gar nicht hielten.

Am 1. Oktober 1891 trat auf den Eisenbahnstrecken in Berlin und Umgebung ein stark ermäßigter Vororttarif in Kraft, aus dem sich später der Berliner S-Bahn-Tarif entwickelte. Der neue Tarif galt auf der Anhalter Bahn bis Groß-Lichterfelde B.H., auf der Dresdener Bahn dagegen – trotz des hier vorerst noch sehr schwachen Vorortverkehrs – bis nach dem 33 Kilometer entfernten Zossen. Eine Einzelfahrt vom Anhalter Bahnhof nach Groß-Lichterfelde B.H. kostete jetzt statt 50 Pfennig in der 2. und 30 Pfennig in der 3. Wagenklasse nur noch 30 bzw. 20 Pfennig. Die Staatsbahn beabsichtigte mit diesem Tarif, der verstärkten Randwanderung von Menschen und der Industrie aus Berlin hinaus in das Umland zusätzliche Impulse zu verleihen – ein Vorhaben, dessen Richtigkeit durch einen außerordentlich schnellen Anstieg der Fahrgastzahlen bestätigt wurde, vor allem, nachdem am 1. April 1893 für den Vorortverkehr auch Zeitkarten mit besonders hoher Ermäßigung hinzugekommen waren.

Seit der Einführung des Vororttarifs am 1. Oktober 1891 verkehrten zwischen dem Anhalter Bahnhof und Groß-Lichterfelde B.H. für den Vorortverkehr täglich 30 Zugpaare, die nur die 2. und 3. Wagenklasse führten. Die Fernpersonenzüge der Anhalter Bahn hielten zwar weiterhin in Groß-Lichterfelde B.H., teilweise auch in Südende-Lankwitz; sie waren aber für Vortreisende jetzt nicht mehr benutzbar, weil der Vororttarif in diesen Zügen nicht galt.

Der dichte Zugverkehr mit Groß-Lichterfelde B.H. gab den Anstoß, weitere landwirtschaftlich genutzte Flächen an der Anhalter Bahn für den Bau neuer Villenkolonien zu erschließen. Solche Siedlungen konnten vorerst weiterhin nur im Einzugsbereich leistungsfähiger Eisenbahnstrecken entstehen. Erst um die Jahrhundertwende entwickelte sich die elektrische Straßenbahn zu einem zweiten ausgereiften Beförderungsmittel für den Verkehr zwischen der Berliner Innenstadt und den Vororten.

Für die Verkehrsanbindung neuer Wohnkolonien richtete die Staatsbahn in den 1890er Jahren auch an der Anhalter Bahn und an der Dresdener Bahn weitere Vorortstationen ein. Zunächst wurde am 15. Februar 1895 an der Dresdener Bahn – etwa 900 Meter südlich des Haltepunktes Südende B.D. – die neu erbaute Haltestelle „Mariendorf" eröffnet. Gleichzeitig gab die Staatsbahn den Haltepunkt Südende B.D. auf, der noch immer abseits der Villenkolonie Südende lag und sein Verkehrsaufkommen inzwischen fast völlig an die ungleich günstiger gelegene und wesentlich häufiger bediente Station Südende-Lankwitz der Anhalter Bahn verloren hatte.

Am 1. Dezember 1895 wurde unmittelbar nördlich der heutigen Leonorenstraße der Haltepunkt „Lankwitz-Victoriastraße" eröffnet, eine provisorische Anlage, an der nur die Lichterfelder Vorortzüge hielten. Bereits am 1. August 1893 war etwa 2½ Kilometer südlich des Bahnhofs Groß-Lichterfelde B.H. für den Personenverkehr ein neuer Haltepunkt „Groß-Lichterfelde-Süd" in Betrieb genommen worden. Sein Bau ging auf die Anregung einer weiteren Grundstücksgesellschaft – der Deutschen Volksbauunion – zurück, die hier Gelände für den Wohnungsbau parzellieren wollte, damit aber nicht weit kam, weil der Vorortverkehr unverändert im Bahnhof Groß-Lichterfelde B.H. endete. Der neue Haltepunkt Groß-Lichterfelde-Süd ließ sich daher nur mit wenigen Personenzügen des Fernverkehrs und zu dessen hohen Fahrpreisen erreichen.

Die KED Halle richtete in jener Zeit zwischen Ludwigsfelde und Jüterbog einige weitere Stationen neu ein, die zwar für den Berliner Vorortverkehr keine Bedeutung erlangten, hier aber doch kurz erwähnt werden sollen. Am 15. November 1895 wurde der Haltepunkt „Thyrow" für den Personenverkehr eröffnet (Güterverkehr nach weiterem Ausbau ab 1. Oktober 1903), am 1. Dezember 1896 folgte die Inbetriebnahme der Station „Woltersdorf bei Luckenwalde" für den Personen- und den Güterverkehr, und der schon seit etwa 1874 vorhandene Personenhaltepunkt „Grüna" – zeitweilig als „Grüna (Zinna)" bezeichnet – konnte nach einer baulichen Erweiterung Anfang 1897 auch für den Güterverkehr freigegeben werden.

Der Vorortverkehr mit Groß-Lichterfelde B.H. blieb seit 1894 mit täglich 34–35 Zugpaaren weitgehend konstant. Dem noch immer sehr schwachen Vorortverkehr in Richtung Zossen dienten 1896 neun Züge in jeder Richtung, die vom Landwehrkanal an weiterhin das eigene Gleis der Dresdener Bahn benutzten. Auf beiden Strecken zusammen wurden in der Zeit von Anfang Oktober 1895 bis Ende September 1896 knapp 3,1 Millionen Vorortreisende befördert gegenüber nur 1,942 Millionen in der Vergleichszeit 1890/91, dem letzten Jahr vor der Einführung des Vororttarifs. Obwohl die Reisendenzahl um fast 58% gestiegen war, hatte sich der Anteil der Vorortbahnen nach Groß-Lichterfelde B.H. und nach Zossen am gesamten Berliner Vorortverkehr in dieser Zeit von 8,3% auf 6,8% vermindert. Dieser relative Rückgang ergab sich aus dem überproportional – nämlich von 34,6% auf 39,6% – gestiegenen Anteil der Eisenbahnstrecke Berlin–Potsdam, die seit der Eröffnung der Wannseebahn am 1. Oktober 1891 ein eigenes Gleispaar für den Vorortverkehr besaß.

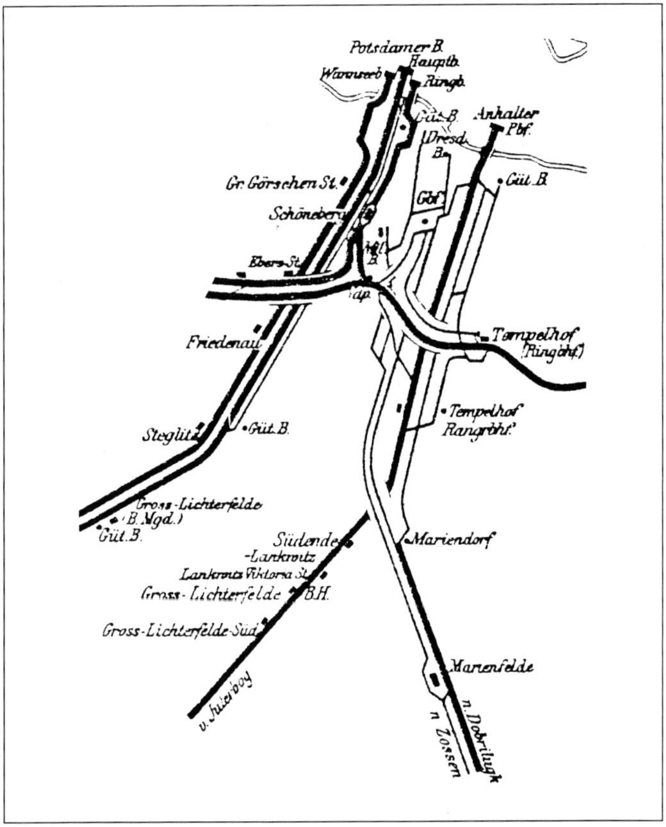

Die Eisenbahnlandschaft südlich von Berlin im Jahre 1897

Die Wannseebahn wurde bald zum Vorbild, wenn es darum ging, auch auf anderen stark belasteten Strecken den Vorortverkehr vom Fernverkehr zu trennen. Eine dieser Strecken war die Anhalter Bahn, die zusammen mit dem Anhalter Bahnhof Mitte der 1890er Jahre ihre Leistungsgrenze erreicht hatte. Es wurde daher beschlossen, für die Lichterfelder Vorortzüge ein eigenes Gleispaar zu bauen und damit auch auf der Anhalter Bahn eine Trennung des Vorortverkehrs vom Fernverkehr herbeizuführen. Der Staatshaushaltsetat 1897 enthielt für diesen Zweck eine erste Rate von 1 000 000 Mark. Das Bauvorhaben, das neben der Anhalter Bahn und der Dresdener Bahn auch Teilstrecken der Potsdamer Bahn und der Ringbahn einbezog, wurde im Jahre 1900 zusammenfassend beschrieben:

Abfertigungsgebäude des Haltepunktes Gross-Lichterfelde-„Süd" kurz vor der Jahrhundertwende

Schon seit längerer Zeit erwiesen sich die Gleisanlagen des Anhalter Bahnhofs nicht mehr als ausreichend zur Bewältigung des ausgedehnten Fernverkehrs und die gesteigerten Bedürfnisse des Vorortverkehrs, sodass sich immer mehr die Notwendigkeit einer vollständigen Trennung der beiden Verkehrsarten herausstellte. Bisher spielte sich auf den beiden Ferngleisen Berlin–Halle ausser dem Fernverkehr auch der gesammte Vorortverkehr Berlin – Tempelhof–Südende–Lankwitz–Gross-Lichterfelde (Ost) ab. 1899 liefen täglich über diese Gleise durchschnittlich 70 Vorortzüge, 52 Personen- und Schnellzüge, 25 Güterzüge, zusammen 147 Züge. An der Brücke über den Landwehrkanal wird diesem Gleispaar noch die bis Mariendorf eingleisige Linie Berlin–Zossen–Elsterwerda–Dresden zugeführt, auf welcher täglich 12 Fernzüge und 20 Vorortzüge verkehren. Auf den beiden Anhalter Hauptgleisen zwischen Kanal und Einmündung in den Bahnhof bewegen sich daher zeitweise 10–11 Züge in der Stunde. Welch bedeutenden Zuwachs der Verkehr auf dem Anhalter Bahnhof in den letzten 12 Jahren erfahren hat, geht aus den folgenden Angaben hervor. 1887 betrug die Zahl der Fernzüge 27, 1899 deren 52. Die Menge der im Vorortverkehr Berlin–Gross-Lichterfelde-Ost 1887 beförderten Personen belief sich auf 600 000, 1899 waren es 3,2 Millionen. Die Zahl der zur Bewältigung dieses Verkehrs dienenden Vorortzüge stieg von 1887–1895 von 28 auf 70. Seitdem war eine Steigerung der Anzahl dieser Züge nicht mehr möglich, weil die Hauptgleise mit Rücksicht auf die Sicherheit des Betriebes an der Grenze ihrer Leistungsfähigkeit angelangt waren. Im Interesse der weiteren Entwicklung der genannten Vororte war aber eine raschere Zugfolge dringend erwünscht und ausserdem die Beseitigung der Niveaukreuzungen mit belebten Strassen unbedingt erforderlich. Ein Umbau der ganzen Linie bis Gross-Lichterfelde und eine völlige Trennung des Fern- und Vorortverkehrs konnte allein diese verschiedenen Forderungen befriedigen.

Bei der Planung dieser Umgestaltung erschien es zunächst als das Naturgemässe, diese Trennung durch Ausbau des Anhalter Bahnhofes selbst zu ermöglichen und so auch grössere Verkehrs- und wirthschaftliche Verschiebungen zu vermeiden. Der erste Entwurf von 1896 sah daher auch eine dementsprechende Lösung vor. Die Vorortlinie sollte östlich neben den Hauptgleisen am hinteren Ende der Halle des Hauptbahnhofes endigen, von hier aus die Hauptgleise bis über den Landwehrkanal begleiten, dann den Dresdener Güterbahnhof umgehen bezw. durchschneiden. In der Nähe der Kolonnenbrücke wurde das Dresdener Hauptgleis erreicht und der Lauf desselben bis zur Mitte des Tempelhofer Rangirbahnhofes verfolgt. Die weitere Linienführung entspricht dann dem ausgeführten Entwurfe und wird weiterhin besprochen. Die Ausführungskosten waren auf 5,3 Mill. M. veranschlagt.

Der Entwurf kam jedoch in dieser Form nicht zur Ausführung, und zwar aus den folgenden Gründen. Zunächst lag die Berliner Endstation schon etwas ungünstig weit zurück für den Verkehr und dann benahm sie dem Hauptbahnhofe jede weitere Entwicklungsfähigkeit. Um Platz für den Vorortbahnhof zu schaffen, hätten ferner die an dieser Stelle befindlichen Anlagen für den Post- und Eilgutverkehr beseitigt werden müssen. Schliesslich würde der Dresdener Güterbahnhof in so ungünstiger Weise durchschnitten worden sein, dass die werthvollen Lagerplätze daselbst fast unverwendbar geworden wären.

Man entschied sich daher für die Ueberleitung des Vorortverkehrs der Anhalter Bahn in den Potsdamer Bahnhof unter Anlage einer Kopfstation neben dem etwas nach Westen verschobenen Ringbahnhof. Allerdings wird hierdurch auch für den Potsdamer Hauptbahnhof eine spätere Erweiterung unmöglich gemacht, jedoch sind die Verhältnisse hier derart, dass in absehbarer Zeit auch ein Bedürfniss hierfür nicht vorliegt, während bei dem Anhalter Bahnhof mit seinem weit ausgedehnteren Verkehrskreise damit gerechnet werden muss.

Bekanntlich wird auf dem Hinterlande der Köthener Strasse die Abzweigung der Siemens & Halske'schen Hochbahn nach dem am Potsdamer Platz geplanten und unter Strassenfläche liegenden Bahnhofe geführt, sodass dann also 5 Bahnhöfe an dieser Stelle neben einander liegen werden, nämlich von Westen her gerechnet der Wannsee-Bahnhof, der Potsdamer Fernbahnhof, der Bahnhof der Ringbahn, der der Vorortlinie Gross Lichterfelde (Ost) und schliesslich der Bahnhof der Hochbahn ... Die beiden Gleise der Vorortlinie überschreiten den Landwehrkanal auf der alten Ueberführung der Ringbahn, für welche westlich ein neuer eiserner Überbau eingebaut wird. Die Gleise liegen zunächst neben den etwas nach Westen verschobenen Ringbahngleisen auf dem zu verbreiternden,

Ebenfalls zur Jahrhundertwende entstand die Aufnahme des alten Empfangsgebäudes des Bahnhofs Groß-Lichterfelde-Ost

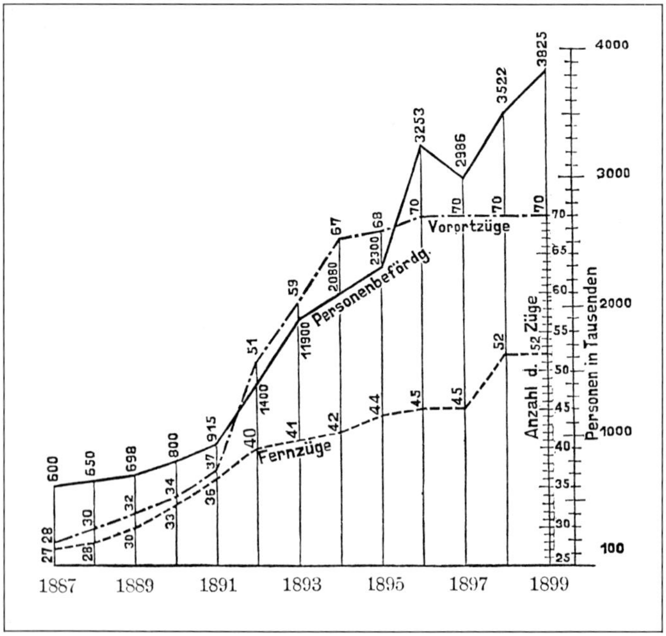

Entwicklung der Zug- und Reisendenzahlen im Anhalter Bahnhof 1887–1899; die Zahlen der Dresdener Bahn sind darin nicht enthalten

massiven Viadukt von 79 Oeffnungen und überschreiten sodann zwischen den beiden alten Güterschuppen des Dresdener Güterbahnhofes hindurch die Yorkstrasse. Die Gleise ziehen sich dann an das Dresdener Ferngleis heran, das zu einem der beiden Vorortgleise wird, und verfolgen dessen Richtung bis km 4,9, d.h. etwa zur Mitte des Rangirbahnhofes Tempelhof. Hier findet eine Abschwenkung an die beiden Hauptgleise der Anhalter Bahn statt, die von den beiden Vorortgleisen umfasst werden. Bis Gross-Lichterfelde-Ost, wo die Vorortgleise wieder in die Ferngleise einmünden*), ist dann die Anhalter Bahn viergleisig. Die alten Ferngleise erhalten dabei mit den Vorortgleisen ein derartiges Längsprofil, dass alle Niveaukreuzungen mit den Haupt-Strassenzügen vermieden werden. Es sind dies in Südende die Steglitzer Strasse**), vor Lankwitz die Albrecht-Strasse***) und in Lankwitz selbst die Viktoria-Strasse. In Südende liegt die Bahn tief, in Lankwitz auf 4 m hohem Damm. Ebenfalls in km 4,9, wo die Vorortgleise aus der Richtung des alten Dresdener Hauptgleises abschwenken, zweigt aus jedem derselben ein Gleis für den Vorortverkehr mit Zossen ab. Die Richtung Berlin–Zossen fällt dabei wieder mit dem alten Dresdener Gleis zusammen, während das Gleis für die Richtung Zossen–Berlin einen sehr wechselvollen Lauf sowohl in Lage wie Höhe zurücklegt, um weder die Strassenzüge, noch die anderen Gleise im Niveau zu kreuzen.

Für das alte Dresdener Hauptgleis, das nach dem Vorhergehenden zum Vorortgleis geworden ist, musste ein Ersatz geschaffen werden. Zu dem Zweck gabeln aus den Anhalter Hauptgleisen jenseits der Kreuzung mit der Ringbahn, bis zu welcher sie unverändert erhalten bleiben, zwei neue Gleise für den Fernverkehr Berlin–Dresden ab. Diese beiden Gleise liegen in der Mitte zwischen den Anhalter Gleisen und kreuzen hochliegend den Verbindungsweg Schöneberg–Tempelhof, das Gleis Zossen–Berlin und schliesslich das Anhalter Vorortgleispaar. Auch das eine Anhalter Ferngleis wird mit schiefem Bauwerk übersetzt. Es werden auf diese Weise alle Niveaukreuzungen auch hinsichtlich der Eisenbahnlinien vermieden. Die verschiedenen Abzweigungen und Entwicklungen finden auf und neben dem Tempelhofer Rangirbahnhofe statt, wodurch sich dort eine grössere Zahl interessanter Bauwerke zusammen findet. Der Rangirbahnhof Tempelhof erhält dabei selbst einen Zuwachs durch die dort frei werdenden alten Anhalter Hauptgleise.

Zu erwähnen ist, dass im Zusammenhange mit diesen Arbeiten auch der Bau des 3. und 4. Gleises der Ringbahn auf der Strecke Ebers-Strasse bis Rixdorf erfolgt, sodass hiermit der 4gleisige Ausbau des ganzen Ringes beendet ist.

Von den Stationen ist zunächst die auf einem Viadukt stehende Kopfstation am Potsdamer Bahnhof hervorzugeben. Die anschliessende Strecke bis zur Ueberführung über den Landwehrkanal besteht aus Dammschüttung zwischen Futtermauern. Zwischen York- und Colonnen-Strasse wird ein Betriebs-Bahnhof für den neuen Vorortverkehr eingerichtet. An der York-Strasse

*) Tatsächlich endeten die Vorortgleise in Groß-Lichterfelde-Ost am Bahnsteig; lediglich für Rangierfahrten bestand eine Weichenverbindung mit der Fernbahn.
**) Heute Steglitzer Damm
***) Heute Edenkobener Weg

selbst ist für später eine Haltestelle vorgesehen. An der General-Pape-Strasse an der Kreuzung mit der Ringbahn wird eine Station angelegt, von der der Uebergang zur Ringbahn ermöglicht wird. Dieselbe soll einerseits dem Lokalverkehr für Schöneberg und Tempelhof – für letzteren Ort als Ersatz der eingehenden Haltestelle am Rangirbahnhof Tempelhof – und andererseits als Zugangs-Bahnhof für die Gebäude des Landwehr-Bezirkskommandos an den Aushebungstagen dienen. Vollständig umgebaut werden die Stationen Südende, Lankwitz und Gross-Lichterfelde. Gleich den Ringbahn-Stationen werden die Bahnsteige zwischen die Gleise gelegt und mit Tunnel bezw. Brücken und Treppen zugänglich gemacht. Sie bieten im übrigen baulich nichts besonders Bemerkenswerthes.

Die Baukosten – also abgesehen von Grunderwerbskosten namentlich für die Gleisanlagen am Tempelhofer Rangirbahnhof – belaufen sich nach dem Anschlage auf 5,5 Mill. M. Davon entfallen 400 000 M. auf Erdarbeiten, 1,6 Mill. M. auf Kunstbauten, 1 Mill. auf Oberbau, 1,5 Mill. auf Bahnhofs-Anlagen, der Rest auf Betriebsmittel und sonstige Ausgaben.

Mit der Durchführung dieses Entwurfes dürfte dem Bedürfnis des Anhalter Fern- und Vorortverkehrs auf lange Zeit hinaus genügt sein.

Die in dem Bericht verwendeten neuen Stationsnamen gab es erst seit 1899; damals waren umbenannt worden

- am 1. Januar 1899 der Bahnhof Groß-Lichterfelde B.H. in „Groß-Lichterfelde-Ost",
- am 1. Oktober 1899 die Haltestelle Südende-Lankwitz in „Südende",
- gleichfalls am 1. Oktober 1899 der Haltepunkt Lankwitz-Victoriastraße in „Lankwitz".

Die Bauarbeiten an der neuen Vorortbahn hatten schon im März 1898 begonnen. Sie waren mit einer Vielzahl Zwischenbauzuständen und vorgezogenen Teilinbetriebnahmen verbunden. So läßt die Einführung neuer Stationsnamen in Südende und in Lankwitz auf die gleichzeitige Inbetriebnahme des künftigen Vorortgleispaares schließen. Damit traten in Südende und in Lankwitz die neuen Vorortstationen an die Stelle der niveaugleich gelegenen bisherigen Haltepunkte. Das neue Gleispaar diente zunächst auch den Fernzügen, bis am 15. Mai 1900 zwischen Südende und Groß-Lichterfelde-Ost für diese Züge ein eigenes Gleispaar in Betrieb genommen werden konnte. Damit war auf dieser Teilstrecke die Trennung des Fernverkehrs vom Vorortverkehr abgeschlossen, allerdings mit der Folge, daß jetzt in Südende keine Fernzüge mehr halten konnten.

Am 1. April 1901 mußte der Haltepunkt Tempelhof Rangierbahnhof geschlossen werden, weil die Verlegung aller Fern- und Vorortzüge der Anhalter Bahn auf die weiter westlich verlaufenden neuen Ferngleise bevorstand. Allerdings gab es mit der am 1. Januar 1901 eröffneten Ringbahnstation Papestraße für den geschlossenen Haltepunkt einen angemessenen Ersatz.

Am 1. Dezember 1901 nahm die KED Berlin die 9,32 Kilometer lange Vorortbahn vom Potsdamer Ringbahnhof nach Groß-Lichterfelde-Ost in Betrieb. Zugleich wurde für die Zossener Vorortzüge die zweigleisige, 1,65 Kilometer lange Zweigstrecke nach der Haltestelle Mariendorf eröffnet. Hier vereinigte sich diese Zweigstrecke mit den neuen Verbindungsgleisen der Dresdener Fernzüge sowie mit dem Güterverbindungsgleis des Rangierbahnhofs Tempelhof zu der inzwischen bis Zossen zweigleisig ausgebauten Dresdener Bahn.

Zusammen mit der Vorortbahn wurde am 1. Dezember 1901 auch der neue Vorortbahnhof „Papestraße" eröffnet. Dieser Bahnhof am Schnittpunkt der Vorortbahn mit der Ringbahn war niveaufrei mit dem nahegelegenen Ringbahnsteig verbunden. Die vollständige Inbetriebnahme des Bahnhofs Papestraße schuf für die Vorortreisenden der Anhalter Bahn und der Dresdener Bahn eine Umsteigemöglichkeit zur Ringbahn – und damit indirekt auch zu den meisten anderen Berliner Eisenbahnstrecken –, die es bisher nicht gegeben hatte. Am 1. Mai 1903 wurde an der Vorortbahn unmittelbar südlich der gleichnamigen Straße

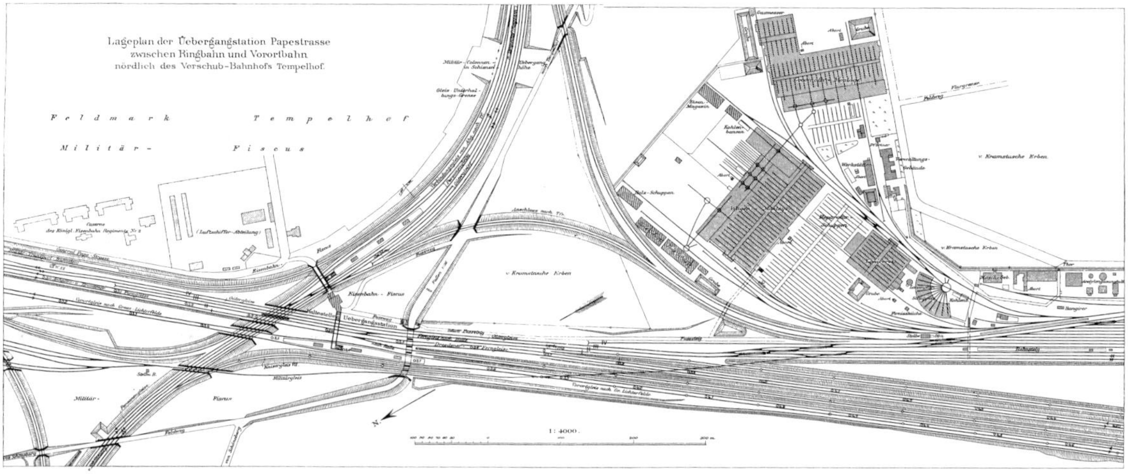

Lageplan des Umsteigebahnhofs Papestraße am Schnittpunkt der Anhalter Bahn mit der Ringbahn (1901). Am Bildrand rechts der Nordkopf des Rangierbahnhofs Tempelhof und der benachbarte Werkstättenbahnhof. Der „Anschluß nach Tfr" hat in dieser Form nie bestanden; er wurde in einer gestreckteren Linienführung erbaut und erst 1905 als Verbindungskurve Vdp-Tfr in Betrieb genommen

noch die Haltestelle „Yorkstraße"*) eröffnet.

Die Inbetriebnahme der Vorortbahn ließ endlich die angestrebte Verdichtung des Vorortfahrplans zu. Ab 1. Dezember 1901 verkehrten zwischen dem Potsdamer Ringbahnhof und Groß-Lichterfelde-Ost täglich bis zu 74 Züge in jeder Richtung, das entsprach einer Zugfolge von 10 Minuten im Berufsverkehr und von zumeist 20 Minuten in den übrigen Tagesstunden. Weitere 20 Vorortzugpaare liefen damals zwischen dem Potsdamer Ringbahnhof und verschiedenen Stationen an der Dresdener Bahn.

*) Im November 1909 Schreibweise geändert in „Yorckstraße"

Empfangsgebäude des Bahnhofs Papestraße im Jahre 1901

Schon vor der Jahrhundertwende hatte es Überlegungen gegeben, die Stadtbahn, die Ringbahn und einige an diese Bahnen angeschlossene Vorortstrecken für den Nahverkehr zu elektrifizieren und so den technischen Fortschritt der vorangegangenen Jahre auch auf der Eisenbahn anzuwenden. Ein erster elektrischer Probebetrieb fand von 1900 bis Mitte 1902 auf der Wannseebahn statt. Er ließ jedoch – vor allem in der Frage der Wirtschaftlichkeit – noch kein abschließendes Urteil zu, weil nur ein einziger Triebwagenzug vorhanden war, der im Mischbetrieb mit den Dampfzügen der Wannseebahn verkehren mußte.

Ein eindeutiger Vergleich des elektrischen Betriebes mit dem Dampfbetrieb ließ sich nur erreichen, wenn eine Vorortstrecke ausschließlich elektrisch betrieben werden konnte. Dafür bot sich die Vorortbahn nach Groß-Lichterfelde-Ost an. Die hier für den elektrischen Betrieb erforderlichen Anlagen, darunter ein Kraftwerk in der Nähe des Bahnhofs Papestraße, wurden nach Abstimmung mit der Staatsbahn von der Union Elektrizitäts-Gesellschaft (UEG, später Teil der AEG) bereitgestellt. Zur Anwendung kam Gleichstrom von 550 V Spannung, der über eine seitlich neben dem Gleis angeordnete und von oben bestrichene dritte Schiene – die Stromschiene – dem Triebwagen zugeführt wurde.

Am 4. Juni 1903 konnte der elektrische Probebetrieb zwischen dem Potsdamer Ringbahnhof und Groß-Lichterfelde-Ost zunächst mit einem Wagenzug aufgenommen werden. Ab 15. Juli 1903 wurden im Vorortverkehr auf dieser Strecke nur noch elektrische Triebwagenzüge eingesetzt. Dafür waren zunächst 18 und später bis zu 30 vierachsige Triebwagen mit der Achsanordnung Bo' 2' vorhanden. Jeder Triebwagen besaß zwei Motoren zu je 125 PS, die Höchstgeschwindigkeit betrug 50 km/h. Die Triebwagen entsprachen äußerlich weitgehend den damals üblichen vierachsigen Abteilwagen. Je drei Triebwagen waren zu einem Wagenzug zusammengestellt; teilweise liefen in diesen Wagenzügen auch dreiachsige Abteilwagen zur Verstärkung mit. Der elektrische Betrieb bewährte sich so gut, daß aus dem Probebetrieb eine Dauereinrichtung wurde und die Staatsbahn die bisher im Eigentum der AEG befindlichen Triebwagen und gleichzeitig wohl auch die Streckenausrüstungen im Jahre 1912 in ihr Eigentum übernahm.

Verzweigung der Anhalter Bahn und der Dresdener Bahn südlich des Rangierbahnhofs Tempelhof im Jahre 1901 – Südansicht (oben). Der Fotostandort ergibt sich aus dem zugehörigen Lageplan (unten)

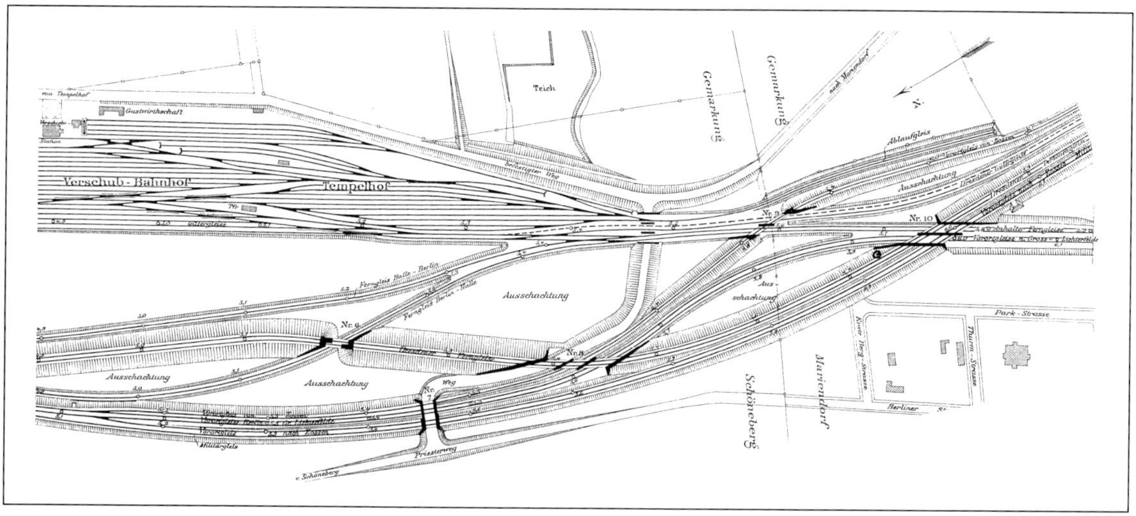

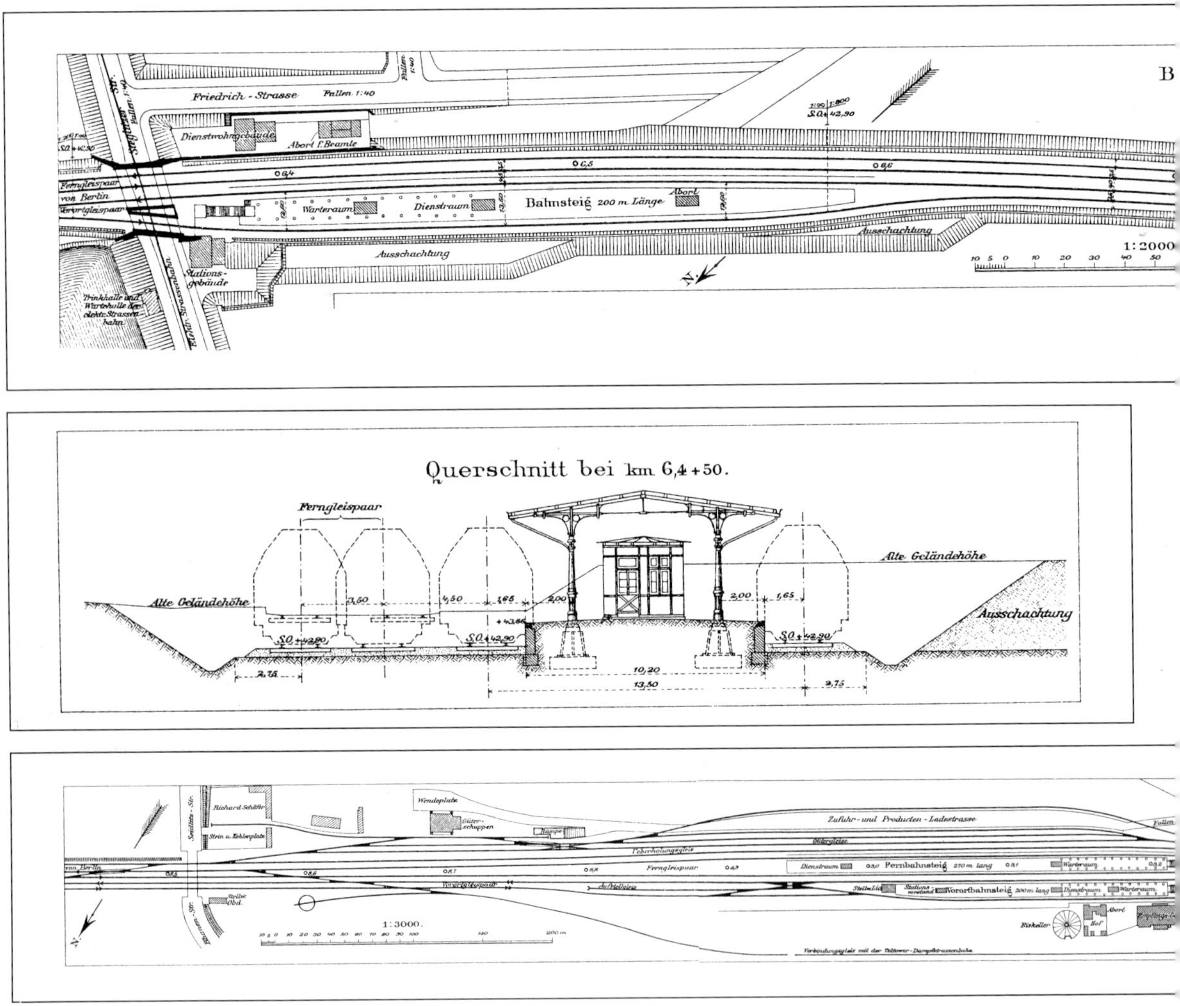

Lageplan des alten Bahnhofs Groß-Lichterfelde-Ost im Jahre 1900

Die Elektrifizierung hatte für den Vorortverkehr nach Groß-Lichterfelde-Ost einen Qualitätssprung gebracht, der sich nicht nur aus dem Wegfall von Qualm und Ruß der Dampflokomotiven ergab, sondern vor allem auf weiteren Fahrplanverbesserungen beruhte. So gab es ab 15. Juli 1903 nur noch in wenigen Vormittags- und Abendstunden Lücken in der 10-Minuten-Zugfolge. Vom 1. Oktober 1912 an verkehrten die Triebwagenzüge im Berufsverkehr sogar im Abstand von 7½ Minuten. Im Vorortverkehr der Dresdener Bahn blieb es beim Einsatz von Dampflokomotiven, so daß auf der Vorortbahn zwischen dem Potsdamer Ringbahnhof und der Abzweigstelle Zga (Zossener Gabelung) ein Mischbetrieb elektrischer Triebwagenzüge mit Dampfzügen bestand.

Seit der Jahrhundertwende zielte die Randwanderung der Berliner und ihrer Industrie zunehmend auch auf Ortschaften an der Dresdener Bahn, wie Marienfelde und Lich-

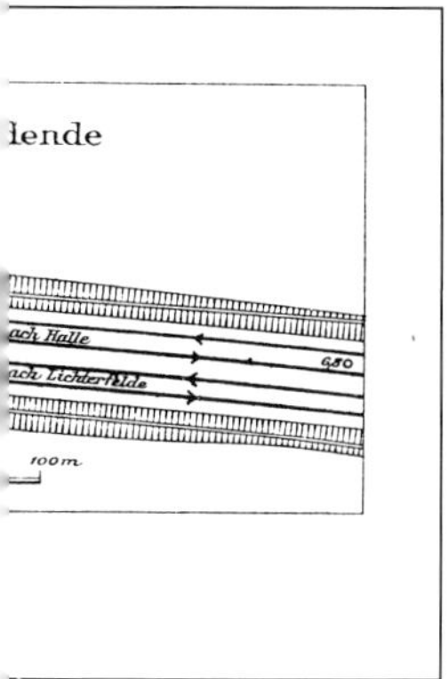

Links oben/Mitte und rechts oben: Bahnhof Südende im Jahre 1900

Rechts: Bahnhof Lankwitz im Jahre 1900

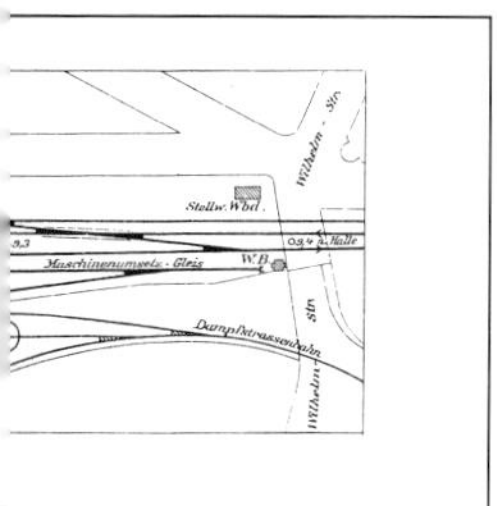

tenrade. Sie setzte im Vorortverkehr Richtung Zossen eine Aufwärtsentwicklung in Gang, die von der Staatsbahn durch weitere Fahrplanverbesserungen unterstützt wurde. So verkehrten die Vorortzüge auf der Dresdener Bahn im Sommer 1914 teilweise schon im Abstand von 30 Minuten.

Die guten Erfahrungen, welche die Staatsbahn auf der Lichterfelder Vorortbahn mit dem elektrischen Betrieb gewonnen hatte, gaben den Ausschlag für die Entscheidung, alle dem Nahverkehr dienenden Gleise der Berliner Stadt-, Ring- und Vorortbahnen zu elektrifizieren. Der Entwurf des Eisenbahn-Anleihegesetzes 1912 forderte für diesen Zweck die Bewilligung von 50 Millionen Mark. Die Begründung des Gesetzentwurfes enthielt auch einige aufschlußreiche Angaben über die Entwicklung der Einwohnerzahlen und des Beförderungsaufkommens im Berliner Vorortverkehr. Die Angaben für die Strecken nach Groß-Lichter-

Empfangsgebäude des Bahnhofs Yorckstraße im Jahre 1903

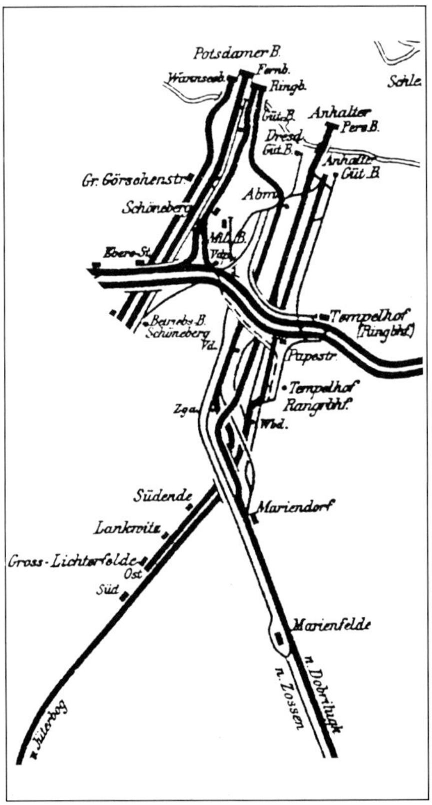

Die Eisenbahnlandschaft südlich von Berlin im Jahre 1905

felde-Ost und nach Zossen sind nachfolgend wiedergegeben:

Jahr	Einwohner	Beförderte Personen	Jährliche Fahrtenzahl je Einwohner
1895	22 200 (382 300)	2 915 000 (41 049 000)	131 (107)
1909	55 000 (807 000)	13 784 796 (137 484 702)	250 (170)

in ( ) = Summe aller Berliner Vorortbahnen

Entwicklung der Einwohnerzahl und des jährlichen Verkehrsaufkommens im Vorortverkehr innerhalb des Einzugsbereichs der Vorortstrecken nach Groß-Lichterfelde-Ost und nach Zossen.

Jahr	Durchschnittlicher Werktagsverkehr	Durchschnittlicher Sonntagsverkehr	Stärkster Sonntagsverkehr
1907	34 500 (311 600)	29 700 (420 000)	50 000 (837 200)
1908	33 000 (307 700)	39 400 (481 200)	60 700 (1 002 100)
1909	38 700 (341 300)	72 700 (794 000)	119 500 (1 617 300)

in ( ) = Summe aller Berliner Vorortbahnen

Entwicklung des täglichen Verkehrsaufkommens im Vorortverkehr auf den Vorortstrecken nach Groß-Lichterfelde-Ost und nach Zossen.

Der Gesetzesvorlage ist leider nicht zu entnehmen, wie sich die vorstehenden Zahlen auf die beiden Vorortstrecken verteilten. Lediglich für 1913 gibt es für die einzelnen Bahnhöfe differenziertere Angaben, die jedoch auch mit Mängeln behaftet sein dürften:

Bahnhof	Einwohner im Umkreis von 1000 m um den Bahnhof	Verkaufte Vorortfahrkarten	Fahrten je Einwohner
Potsdamer Ringbahnhof	43 000	3 180 000	74
Yorckstraße	90 000	1 550 000	17
Papestraße	2 000	1 110 000	555
Südende	15 000	2 900 000	193
Lankwitz	14 000	1 690 000	121
Groß-Lichterfelde-Ost	11 000	3 650 000	331

Abteiltriebwagen für den elektrischen Betrieb auf der Strecke Potsdamer Ringbahnhof – Groß-Lichterfelde-Ost

Weiterer Ausbau der Anhalter Bahn seit der Jahrhundertwende

Durch die Verlegung des Vorortverkehrs nach dem Potsdamer Ringbahnhof verfügte der Anhalter (Personen-)Bahnhof erstmals seit 1894 wieder über diejenigen Kapazitätsreserven, die für ein störungsfreies Verkehren der Fernzüge auf der Anhalter Bahn und auf der Dresdener Bahn unumgänglich waren. Die ständigen Verkehrssteigerungen im Personen- und im Güterverkehr hatten im Anhalter Bahnhof – Innen- und Außenbahnhof – immer wieder zu Umbauten und Erweiterungen der Bahnsteig-, Gleis- und Sicherungsanlagen, der Güterschuppen und Ladestraßen sowie der Anlagen für die Unterhaltung der Lokomotiven und Personenwagen geführt. Die bauliche und die betriebliche Entwicklung, welche der Innenbahnhof wie auch der Außenbahnhof der Anhalter Bahn in Berlin von den 1870er Jahren bis etwa 1980 erfahren haben, ist vor einiger Zeit in zwei umfangreichen Veröffentlichungen dargestellt worden. Es erscheint daher vertretbar, in dem jetzt vorliegenden Buch nicht mehr auf jede Baumaßnahme im Anhalter Bahnhof näher einzugehen und den speziell an der Geschichte dieses Bahnhofs interessierten Leser auf diese Veröffentlichungen zu verweisen.

Im Jahre 1911 begann die Reichspost mit dem Bau eines großen Postbahnhofs für den Paketverkehr. Dieser Bahnhof entstand südlich der Luckenwalder Straße am Rande des Anhalter Außenbahnhofs. Er nutzte teilweise auch jenes Gelände, auf dem sich bis 1882 der Personenbahnhof der Dresdener Bahn befunden hatte. Der Postbahnhof sollte zusätzlich zu dem Paketpostverkehr der Anhalter Bahn und der Dresdener Bahn auch den Postverkehr der Potsdam-Magdeburger Bahn aufnehmen. Dafür entstand zwischen dem Postbahnhof und dem Potsdamer Güterbahnhof ein Verbindungsgleis, das zusammen mit dem

Postbahnhof in der Nacht zum 16. Mai 1913 in Betrieb genommen wurde. In der Nacht zum 27. Mai 1913 ging auch der bisher im Anhalter Bahnhof abgewickelte Paketpostverkehr auf den neuen Postbahnhof über.

Der Rangierbahnhof Tempelhof näherte sich – obwohl erst seit 1891 vollständig in Betrieb – schon Ende der 1890er Jahre seiner Leistungsgrenze. Eine Erweiterung war daher unumgänglich. Sie wurde im Staatshaushaltsetat 1898 näher begründet:

Der Rangirbahnhof Tempelhof hat von den Rangirbahnhöfen Berlins den bei weitem stärksten Verkehr und reicht zu dessen ordnungsmäßiger Bewältigung nicht mehr aus. Seit dem Beginne des Etatsjahres 1895/96 hat sich die Zahl der in den genannten Bahnhof eingelaufenen Achsen von jährlich rund 995 000 auf rund 1 228 000 vermehrt. Von dieser Vermehrung entfallen allein 208 000 Achsen auf das Jahr 1896/97, eine weitere starke Vermehrung ist für das Jahr 1897/98 zu erwarten. Es ist deshalb eine Erweiterung der Anlage, insbesondere durch Vermehrung und Herstellung genügend langer Aufstellungsgleise für Güterzüge, geboten und müssen zu diesem Zweck die Hauptgleise der Berlin-Anhalter und der Berlin-Dresdener Bahn seitlich verschoben werden. Diese Verschiebung ist, damit die betreffenden Gleise bei späteren Erweiterungen des Rangirbahnhofes nicht wieder hinderlich sind, gleich in solchem Umfange projektirt, wie es nach Lage der örtlichen Verhältnisse überhaupt möglich war, wobei das zwischen den so verlegten Hauptgleisen und den Gleisen des Rangirbahnhofs noch verbleibende Gelände mit erworben werden soll.

Die Gesammtkosten der Erweiterung belaufen sich anschlagmäßig auf 1 090 000 Mark.

Es ist anzunehmen, daß die hier erläuterte Verschiebung der Anhalter und der Dresdener Hauptgleise identisch ist mit derjenigen Neutrassierung, welche sich für diese Gleise ohnehin aus dem Bau der Lichterfelder Vorortbahn ergab und auf die bereits eingegangen wurde. Der Grunderwerb für die Erweiterung des Rangierbahnhofs Tempelhof war zwar im Jahre 1902 abgeschlossen, jedoch wurde der Baubeginn immer wieder zurückgestellt.

Seit dem Bau der Lichterfelder Vorortbahn stand das Kaisergleis nur noch mit der Militärbahn und mit den neuen Vorortgleisen in Verbindung. Über die Zossener Vorortbahnabzweigung konnte außerdem die Dresdener Bahn erreicht werden. Im Gegensatz dazu bestand mit den Ferngleisen der Anhalter Bahn keine Überleitungsmöglichkeit mehr. Das Kaisergleis wurde daher im Jahre 1903 stillgelegt. Ein Teil des vormaligen Kaisergleises konnte für den Bau des „äußeren westlichen Ringbahnanschlusses des Rangierbahnhofs Tempelhof" weiterverwendet werden. Diese eingleisige Neubaustrecke zwischen dem Rangierbahnhof und der Abzweigstelle Vdp wurde am 1. Mai 1905 in Betrieb genommen. Ein anderer Teil des Kaisergleisplanums ist am Bahnhof Papestraße – an der Westseite des Vorortbahnsteigs – bis heute erhalten geblieben.

Die beiden inneren Ringbahnanschlüsse der Dresdener Bahn zum Ringbahnhof Tempelhof bzw. zur Abzweigstelle Vdp dienten seit 1883 bzw. seit 1890 nur noch gelegentlich dem Güterverkehr zwischen dem Anhalter Güterbahnhof und der Ringbahn. Beide Anschlüsse kreuzten im Bereich der Abzweigstelle Abm – unmittelbar nördlich der Kolonnenbrücke – niveaugleich in einer gemeinsamen Weichenstraße das Dresdener Hauptgleis. Seit dem 1. Dezember 1901 war dieses Gleis – wie bereits berichtet – ein Teil der zweigleisigen Lichterfelder Vorortbahn. Die starke Belegung der Vorortbahn ließ es zweckmäßig erscheinen, den Güterverkehr mit der Ringbahn vollständig von dieser Niveaukreuzung fernzuhalten und ihn stattdessen über das russische Gleis oder über den Rangierbahnhof Tempelhof zur Ringbahn zu leiten. Der innere östliche Ringbahnanschluß der Dresdener Bahn wurde daher ab 1904 nur noch zum Abstellen von Güterwagen benutzt und im Betriebsjahr 1913/14 endgültig stillgelegt. Dagegen blieb der innere westliche Anschluß zur Abzweigstelle Vdp zunächst noch erhalten.

Inzwischen war die Erweiterung des Rangierbahnhofs Tempelhof wiederaufgenommen worden. Der Staatshaushalt 1907 hatte den langjährigen Baustopp und die überarbeitete Planung eingehend begründet:

Für die Erweiterung des Rangierbahnhofes Tempelhof sind durch das Extraordinarium der Etats für 1898/99, 1900 und 1901 insgesamt 1 090 000 M. bewilligt worden. Der Grunderwerb hierfür ist bewirkt, es schweben aber noch mehrere Prozesse. Infolge der seit der Geldbewilligung eingetretenen Verkehrssteigerung hat sich die Notwendigkeit ergeben, die Erweiterung in erheblich größerem Umfange vorzunehmen, als sie ursprünglich beabsichtigt war. Es sind daher die damals geplanten Erweiterungen nicht zur Ausführung gelangt, abgesehen von einigen kleineren, vom Umfang der Gesamterweiterung unabhängigen, aber besonders dringlichen Bauten. Der auf dem Bahnhofe zu bewältigende Verkehr hat sich seit 1890 um rund 300 Prozent vermehrt. Die Verkehrssteigerung war namentlich in den letzten Jahren eine unerwartet starke. Da die von dem Rangierbahnhofe Tempelhof zu bedienenden Güterbahnhöfe der Ringbahn und besonders der Anhalter Güterbahnhof behufs Befriedigung der Bedürfnisse des Ortsgüterverkehrs einer Entlastung vom Rangierverkehr bedürfen, so werden die Betriebsanforderungen auf dem Rangierbahnhofe Tempelhof auch noch weiterhin erheblich steigen. Ebenso erheischen die Verhältnisse der anliegenden Strecken nach Dresden, Leipzig und Halle eine durchgreifende Erweiterung des Rangierbahnhofes Tempelhof. Diese soll unter Ausnutzung des schon durchgeführten Grunderwerbs ausgeführt werden und in einer Vermehrung der Gleise und der Verbesserung ihrer gegenseitigen Verbindungen bestehen.

Die Gesamtkosten waren zunächst auf 4 449 000 Mark veranschlagt. Dieser Betrag erhöhte sich 1914 auf 6,36 Millionen Mark, weil die Staatsbahn jetzt beabsichtigte, auch das Betriebswerk für Güterzuglokomotiven vom Anhalter Güterbahnhof nach dem Rangierbahnhof Tempelhof zu verlegen. Die Bauarbeiten begannen hier im Jahre 1912. Sie konzentrierten sich zunächst auf die Erdarbeiten und den Bau zusätzlicher Rangiergleise. Im nördlichen Teil des Bahnhofs wurden bis 1915 sogar mehrere Brücken fertiggestellt, die jedoch nicht genutzt werden konnten, weil die weiteren Bauarbeiten durch den Ersten Weltkrieg zum Erliegen kamen.

Anläßlich des Baues der Vorortbahn war der Bahnhof Groß-Lichterfelde-Ost zwar erheblich erweitert worden, jedoch hatte die Staatsbahn darauf verzichtet, diesen Bahnhof und die nördlich anschließende Strecke bis vor die Station Lankwitz auf einen Damm zu verlegen. Der Bahnhof besaß seit 1901 außer dem Vorortbahnsteig einen weiteren Bahnsteig zwischen den Ferngleisen, an dem alle Fernpersonenzüge der Anhalter Bahn hielten. Der Bahnhof Groß-Lichterfelde-Ost hatte sich schon zu einer bedeutenden Umsteigestation entwickelt, als die KED Berlin im Jahre 1908 Verhandlungen mit der Gemeinde Groß-Lichterfelde aufnahm, welche die Hochlegung der Bahnanlagen bis jenseits des Bahnhofs zum Ziel hatten. Der Staatshaushaltsetat 1911 begründete das Vorhaben näher:

Auf dem Bahnhofe Groß-Lichterfelde Ost werden am Ostflügel vier Hauptgleise der Anhalter Bahn und ein Ausziehgleis durch die Seydlitzstraße, am Westflügel zwei Hauptgleise und ein Ausziehgleis durch die Wilhelmstraße in Schienenhöhe geschnitten. Der Eisenbahnbetrieb ist so lebhaft, daß die Schranken an der Wilhelmstraße stündlich bis zu achtmal geschlossen werden müssen, wobei die Zeitdauer einer Schließung bis zu fünf Minuten beträgt. Auch der Verkehr auf den Straßen ist immer lebhafter geworden. Zur Sicherung des Eisenbahnbetriebes und des Straßenverkehrs ist daher die Beseitigung der Schienenkreuzungen nötig. Sie erfolgt durch Hebung des Bahnkörpers unter Senkung der Straßenzüge. Gleichzeitig wird der Verkehrsentwicklung entsprechend eine Erweiterung der Güteranlagen erforderlich.

Die Kosten waren zunächst auf knapp zwei Millionen Mark veranschlagt. 1915 wurde die Planung für den Bahnhofsumbau erweitert. Sie sah jetzt für die Fernbahn einen zweiten Mittelbahnsteig vor, der für Schnellzüge eine neue Überholungsmöglichkeit

Südansicht des noch nicht umgebauten Rangierbahnhofs Tempelhof um 1920; am Bildrand links die Ferngleise Halle–Berlin und Berlin–Halle (siehe dazu den Lageplan auf Seite 97)

schaffen sollte; bisher gab es zwischen Berlin und Ludwigsfelde – also auf fast 25 Kilometer Länge – keine Möglichkeit, Personenzüge auf ein Bahnsteiggleis zu leiten, um dort die Überholung abzuwarten. Die Erweiterung des Bahnhofs Groß-Lichterfelde-Ost erfolgte an der Westseite der vorhandenen Anlagen. Im Frühjahr 1913 wurde das alte Stationsgebäude abgerissen. An seiner Stelle entstand auf einer Dammschüttung der neue Vorortbahnsteig, der etwa zur Jahreswende 1914/15 in Betrieb genommen werden konnte.

Über den weiteren Fortgang der Bauarbeiten liegt ein Bericht vom Herbst 1915 vor:

Umbau des Bahnhofs Groß-Lichterfelde-Ost: Die Hochlegung dieses Bahnhofs ist im September 1915 so weit gediehen, daß das eine der beiden Ferngleise (Richtung Halle), das an dem neuen Mittelbahnsteig liegt, in Betrieb genommen werden konnte; in umgekehrter Richtung (Halle–Berlin) muß noch das tiefliegende Gleis am alten Bahnsteig benutzt werden. Die Aufschüttungsarbeiten werden vsl. im Oktober so weit gediehen sein, daß auch das zweite Ferngleis an den Mittelbahnsteig herangeführt werden kann. Dieser dürfte dann überhaupt dem eigentlichen Fernverkehr vorbehalten bleiben, nachdem das 3. und 4. Gleis in der Richtung nach Halle ausgebaut sein wird. Die neuen Bahnhofsgleise werden mit den Gleisen des dritten Bahnsteigs für den Nahverkehr, der an die Stelle des jetzigen Fernbahnsteigs treten soll, derart verbunden werden, daß man die Fernzüge über beide Bahnsteige leiten kann, womit die Möglichkeit von Überholungen gegeben ist.

Der an den südöstlichen Bahnsteig sich anschließende Güterbahnhof muß in seiner Tieflage belassen werden, weil bei einer Hochlegung des Geländes kein Platz mehr für Zufahrtrampen vorhanden ist. Es sind daher Gleisrampen zu dem Güterbahnhof vorgesehen, die weniger Platz erfordern.

Der Vorortbahnsteig, der an der Nordwestseite liegt, ist so eingerichtet, daß die hier endenden Gleise später ohne weiteres bis Groß-Lichterfelde-Süd verlängert werden können. Die unter dem Bahnkörper liegenden Fahrkartenschalter und die Gepäckabfertigung sowie die dahinter angeordneten Diensträume machen einen recht freundlichen Eindruck, und die Bevölkerung ist dem Staat dankbar, daß nun endlich die Kreuzungen der Wilhelmstraße und der

Seydlitzstraße vom Eisenbahnverkehr unabhängig und die Treppen nach und von dem alten Fußgängertunnel beseitigt sind.

Der erst nach 1915 fertiggestellte, später auch als „Nahbahnsteig" bezeichnete zweite Fernbahnsteig stand in unmittelbarem Zusammenhang mit der Planung, auf der Anhalter Bahn ein weiteres Gleispaar herzustellen. Schon anläßlich des Baues der Vorortbahn hatte es Bestrebungen gegeben, den Vorortverkehr über Groß-Lichterfelde-Ost hinaus auszudehnen. Die ohnehin starke Belastung der Anhalter Bahn und damit auch des Bahnüberganges Wilhelmstraße – seit 1903 auch der Einsatz elektrischer Triebwagenzüge auf der Vorortbahn – ließen jedoch eine Ausdehnung des Vorortverkehrs nicht zu.

Der Haltepunkt Groß-Lichterfelde-Süd führte daher weiterhin ein Schattendasein. Das galt auch für den am 1. Oktober 1901 eröffneten Bahnhof Teltow, der weit entfernt von jeder Bebauung lag und daher auch keine Konkurrenz für jene Schmalspurbahn darstellte, die den Ortskern von Teltow seit 1888 mit dem Bahnhof Groß-Lichterfelde-Ost verband. Erst nachdem Mitte 1906 der vom Kreis Teltow erbaute Teltowkanal eröffnet worden war, entdeckte die Berliner Industrie auch Teltow als einen vorteilhaften Standort. Die Industriebetriebe benötigten für die An- und Abfuhr von Gütern neben dem Wasserweg auch eine Eisenbahn. Dafür entstand die Teltower Industriebahn*), eine als Kleinbahn konzessionierte Normalspurbahn für den Güterverkehr, die an der Westseite des Bahnhofs Teltow mit der Staatsbahn in Verbindung stand und am 21. Juli 1909 den Betrieb aufnahm.

Um den Verkehr mit der Stadt Teltow zu verbessern, wurde seit etwa 1906 zunächst der Bau einer Eisenbahn von Groß-Lichterfelde-Ost nach Potsdam diskutiert; 1913 trat an die Stelle von Potsdam der Bahnhof Stahnsdorf, Endpunkt der soeben neu eröffneten Friedhofsbahn von Wannsee. Diese Überlegungen erinnern an das Projekt Potsdam–Lichterfelde, welches Anfang der 1870er Jahre von der Privatbahn entwickelt und 1884 in ähnlicher Form nochmals kurzzeitig erörtert worden war.

*) Ab 1923 neue Bezeichnung „Teltower Eisenbahn".

Der Bahnhof Groß-Lichterfelde-Ost nach der Hochlegung. Das Foto zeigt den westlichen Zugang zum Bahnhofstunnel im Jahre 1916

Bahnhof Jüterbog kurz nach der Jahrhundertwende

Die KED Berlin beurteilte die Wünsche der Stadt Teltow sehr skeptisch. Sie erklärte sich im Jahre 1914 jedoch bereit, das Vorortgleispaar über Groß-Lichterfelde-Ost hinaus nach der Station Groß-Lichterfelde-Süd zu verlängern, allerdings unter der Bedingung, daß ihr das gesamte dafür benötigte Gelände kostenlos übereignet und zusätzlich für die Dauer von zehn Jahren jährlich ein Betriebskostenzuschuß von 135 000 Mark gezahlt werde. Durch den Ausbruch des Krieges kam die Angelegenheit zum Erliegen.

Die Staatsbahn verfolgte in jenen Jahren auf der Anhalter Bahn nicht das Ziel, den Vorortverkehr zu erweitern, sondern durch den Bau eines zweiten Gleispaares den Fernreise- und Güterverkehr zu verbessern. Mit dem Eisenbahn-Anleihegesetz 1914 wurde der viergleisige Ausbau zunächst zwischen Luckenwalde und Jüterbog beschlossen. Der Gesetzentwurf hatte diese Maßnahme überzeugend begründet:

Auf der zweigleisigen Bahnstrecke Berlin–Jüterbog ist der gesamte Zugverkehr der zweigleisigen Hauptbahnen von Berlin nach Halle a. Saale, Leipzig und Röderau (Dresden) zusammengedrängt. Die Strecke ist nach dem Fahrplan von 1913 mit 79 Schnell-, 35 Personen-, 40 Güter- sowie 44 Bedarfs- und Leerzügen, zusammen 198 Zügen belegt. Die fahrplanmäßige Höchstbelastung zuzeiten starken Verkehrs beträgt indes 95 Schnell-, 51 Personen-, 40 Güter- sowie 48 Bedarfs- und Leerzüge, zusammen 234 Züge. Dieser starke Verkehr, der sich auf die einzelnen Tagesstunden nicht gleichmäßig verteilt, sondern zeitweise sehr verdichtet, kann auf zwei Gleisen nur noch mit großer Anstrengung unter Verdrängung der Personen- und Güterzüge auf für sie ungünstige Tageszeiten sowie durch unwirtschaftlich lange Aufenthalte der verdrängten Züge auf Unterwegsstationen bewältigt werden. Geringe Zugverspätungen geben zu großen Störungen Veranlassung. In Jüterbog haben Personenzüge in der Richtung Berlin Betriebsaufenthalte von 32 bis 47 Minuten. Güterzüge, die auf der Strecke Berlin–Jüterbog eines Verkehrsaufenthaltes nicht bedürfen, müssen auf den Zwischenstationen Aufenthalt zum Zwecke der Überholung nehmen, was bereits bei kleinen Unregelmäßigkeiten wesentliche Verzögerungen verursacht; infolge der schwierigen Betriebsverhältnisse werden Personal und Fahrzeuge unwirtschaftlich beansprucht und der Wagenumlauf verzögert. Um Abhilfe zu schaffen, ist die Herstellung des dritten und vierten Gleises auf der Strecke Berlin–Jüterbog um so notwendiger, als der steigende Verkehr in den nächsten Jahren die Einlegung weiterer Züge erfordert, die auf der zweigleisigen Strecke nicht mehr durchgeführt werden können. Die Kosten der Bauausführung auf der ganzen Strecke Berlin–Jüterbog sind überschläglich zu 40 653 000 M ermittelt. Hiervon werden zunächst für den viergleisigen Ausbau der rd. 16 km langen Teilstrecke Luckenwalde–Jüterbog und den Umbau dieser beiden Bahnhöfe 12 943 000 M gefordert.

Ein Jahr später wurde auch ein erster Teilbetrag für den Grunderwerb zwischen Berlin und Luckenwalde bereitgestellt. Nach Berichten in der Fachpresse waren die neuen Gleise für den „Durchgangsverkehr" bestimmt. Mit dieser Bezeichnung dürften die schnellfahrenden Reisezüge gemeint sein, so daß auf dem vorhandenen Gleispaar sowohl die Güterzüge als auch die Personenzüge verblieben wären.

Die Bauarbeiten an der Strecke Luckenwalde–Jüterbog kamen – wie der folgende Bericht vom September 1916 erkennen läßt – trotz des Krieges zügig voran:

Die Arbeiten zum viergleisigen Ausbau machen jetzt bedeutende Fortschritte. Der Bahnkörper ist bei Jüterbog gehoben, wodurch zugleich die Steigung auf der anschließenden Strecke am Fläming gemildert wird. Damit wurden mehrere gefährliche Uebergänge in Schienenhöhe beseitigt. Luckenwalde erhält an der Neubaustrecke einen neuen Bahnhof; der Bau ist schon weit gediehen. Das neue Empfangsgebäude, ein ausgedehnter stattlicher Barockbau und würdig einer aufstrebenden Mittelstadt, ist bereits unter Dach und Fach gebracht. – In Richtung Jüterbog ist der viergleisige Ausbau nahezu vollendet und einschließlich der Bauten für die Stellwerk- und Blockstellentürme fast betriebsfertig. Südlich von Jüterbog ist die größte Baustelle die viergleisige Aus- und Einführung der Strecken von und nach Halle/Leipzig und von und nach Dresden. Zurzeit ist diese Stelle zweigleisig, und das Gleis nach Dresden überschneidet das von Halle und Leipzig, wodurch eine gefährliche Plankreuzung entsteht. Für den viergleisigen Ausbau und zur Beseitigung aller Gleiskreuzungen in Schienenhöhe ist ein ganzes Netz von Unter- und Ueberführungen, aus Beton hergestellt, in Bau.

Erst im weiteren Verlauf des Krieges wurden die Arbeiten auch hier eingestellt.

Eine weitere Planung aus der Zeit vor dem Ersten Weltkrieg wirkte sich auf die Anhalter Bahn zunächst nicht aus. Diese Planung zielte auf den Bau einer Umgehungsbahn, die den gesamten Berlin nur im Durchlauf berührenden Güterverkehr von der Ringbahn und den Berliner Rangierbahnhöfen fernhalten sollte. Die Westliche Umgehungsbahn Nauen–Wildpark–Jüterbog war schon fertiggestellt, als im Jahre 1909 auch der Bau der Südlichen Umgehungsbahn beschlossen wurde. Diese Bahn sollte bei Michendorf an der Wetzlarer Bahn in dem neuen Rangierbahnhof Seddin beginnen und an der Ostbahn – anfangs in Rehfelde, dann in Biesdorf und seit 1914 in Mahlsdorf – enden. Die Kreuzung der Umgehungsbahn mit der Anhalter Bahn war zwischen Großbeeren und Ludwigsfelde vorgesehen. Beide Bahnen sollten hier über eine äußere westliche und eine äußere östliche Verbindungskurve miteinander verbunden werden. Das Vorhaben befand sich 1914 noch in der Planung und kam durch den Kriegsausbruch weitgehend zum Erliegen.

Die starke Zunahme des Zugverkehrs auf den Ferngleisen der Anhalter Bahn ist bereits in der Begründung des viergleisigen Ausbaues erkennbar geworden. Für die Leistungsfähigkeit der Bahn war jedoch nicht nur die Anzahl der Züge maßgebend, sondern auch die Mischung der verschiedenen Zuggattungen untereinander. Im Sommerfahrplan 1914 verließen beispielsweise morgens innerhalb von 57 Minuten sechs Schnellzüge den Anhalter Bahnhof in Richtung Jüterbog. In dieser Zeit konnten Personen- oder Güterzüge nicht verkehren.

Schon 1896 war die Fahrzeit des schnellsten Zuges von Berlin nach dem Bayrischen Bahnhof in Leipzig auf weniger als 2½ Stunden – genau auf 2 Stunden 23 Minuten – gesunken. 1912 trat im Verkehr mit Leipzig eine weitere wesentliche Beschleunigung ein. In jenem Jahr wurde der neuerbaute Leipziger Hauptbahnhof schrittweise in Betrieb genommen, für die Strecke Richtung Bitterfeld und Berlin am 1. Oktober 1912; gleichzeitig schloß der im Jahre 1859 von der Privatbahn eröffnete Berliner Bahnhof seine Pforten. Die Fernreisezüge von und nach Berlin verkehrten jetzt grundsätzlich über Leipzig Hbf.

Gleichfalls am 1. Oktober 1912 richtete die Staatsbahn zwischen Berlin und Leipzig besonders schnelle D-Züge neu ein, die in der Richtung nach Berlin nur noch 1 Stunde 56 Minuten Fahrzeit benötigten und damit eine Reisegeschwindigkeit von 85,0 km/h erreichten – ein Beweis für den vorzüglichen Ausbauzustand der Anhalter Bahn, die damals fast durchgängig mit 100 km/h befahren werden konnte und damit eine der schnellsten Eisenbahnstrecken in Deutschland war.

Der Zugverkehr zwischen Berlin und Dresden verteilte sich weiterhin auf die beiden Strecken über Jüterbog–Röderau und über Zossen–Elsterwerda. Seit dem 1. Mai 1901 benötigte ein Schnellzug auf dem Weg über Jüterbog erstmals weniger als drei Stunden Fahrzeit, und ab 1. Mai 1905 verkehrte hier zusätzlich ein schnelles D-Zugpaar, das die Strecke Anhalter Bahnhof–Dresden Hbf in weniger als 2½ Stunden zurücklegte und die Konkurrenzlinie über Elsterwerda endgültig übertraf.

Im Sommerfahrplan 1914 bestand im Anhalter Bahnhof folgendes Zugangebot in und aus Richtung Dresden:

Strecke über	Schnellfahrende Reisezüge →/←	Personenzüge (z. T. umsteigen erforderlich) →/←
Jüterbog	4/3	3/3
Zossen	4/5	5/5

Die Entwicklung der Anhalter Bahn 1920 bis 1945

Entwicklung bis 1939

Am 1. April 1920 ging die preußische Staatsbahnverwaltung zusammen mit den anderen deutschen Länderbahnen in der neu geschaffenen Reichsbahn auf, und bald darauf wurden aus den (bis 1918 „Königlichen") Eisenbahndirektionen Reichsbahndirektionen (RBD). Die Zuordnung der Anhalter Bahn zu den Direktionen Berlin und Halle blieb davon unberührt, jedoch wurde die Grenze zwischen diesen beiden Direktionen schrittweise nach Süden verlegt:

– am 15. April 1921 von jenseits des Haltepunktes Groß-Lichterfelde-Süd bis hinter den Bahnhof Teltow,
– am 1. April 1923 weiter bis vor den Bahnhof Ludwigsfelde,
– am 1. April 1931 von Ludwigsfelde bis vor den Bahnhof Jüterbog.

1941 wurde die Direktionsgrenze nochmals verändert, so daß jetzt auch der Eisenbahnknoten Jüterbog zum Bezirk der RBD Berlin gehörte.

Am 1. Oktober 1920 hatte die Stadt Berlin ihre Grenzen weit in das Umland hinausgeschoben. Zusammen mit einer Vielzahl bisher selbständiger Städte und Gemeinden bildete sie jetzt das lange angestrebte „Groß-Berlin". Hatte die Anhalter Bahn bisher Berlin schon kurz hinter dem Bahnhof Yorckstraße verlassen, so lag sie jetzt bis zu der südlichen Ortsgrenze von Groß-Lichterfelde – die identisch war mit der damaligen Grenze zwischen den Eisenbahndirektionen Berlin und Halle – auf dem Gebiet von Groß-Berlin.

Bis Mitte der zwanziger Jahre wurden die Folgen des Niedergangs beseitigt, die der Erste Weltkrieg, die nachfolgenden Wirren und die Inflation auch im Eisenbahnverkehr auf der Anhalter Bahn hinterlassen hatten. Daneben nahm die Reichsbahn bereits Anfang der zwanziger Jahre verschiedene Bauvorhaben wieder auf, die im Ersten Weltkrieg zum Erliegen gekommen waren. Das betraf vor allem den viergleisigen Ausbau der Anhalter Bahn zwischen Luckenwalde und Jüterbog, der jedoch etwa 1922 endgültig eingestellt wurde. Von diesem Vorhaben sind u. a. fertiggestellt worden:

– von Woltersdorf bis hinter den Bahnhof Jüterbog – an der Westseite der vorhandenen Gleise – der Bahndamm für das geplante zweite Gleispaar;

– im Stadtbereich von Luckenwalde die hochgelegte Strecke, zu der auch der neue Personenbahnhof mit zwei Mittelbahnsteigen zählte;

– eine Erweiterung des Bahnhofs Jüterbog nach Norden;

– die schon in dem Bericht von 1916 erwähnten großen Überführungsbauwerke südlich des Bahnhofs Jüterbog.

Sowohl der verbreiterte Bahndamm als auch die Kreuzungsbauwerke südlich von Jüterbog sind nie in Betrieb genommen worden; sie sind jedoch noch heute unschwer zu erkennen.

Die Entscheidung der Reichsbahn, auf den viergleisigen Ausbau der Anhalter Bahn zu verzichten, wurde durch die Eröffnung der Neubaustrecke von Wiesenburg an der

Wetzlarer Bahn nach Roßlau erleichtert. Diese Strecke war schon 1911 unter Hinweis auf die mögliche Entlastung der Anhalter Bahn bewilligt worden, jedoch hatte sich ihre vollständige Inbetriebnahme kriegsbedingt bis zum 1. Juni 1923 verzögert. Sie war vor allem für den Güterverkehr zwischen Berlin und dem mitteldeutschen Industriegebiet interessant, der nun nicht mehr ausschließlich über die Anhalter Bahn geleitet werden mußte. Die Güterzüge konnten ihre Ziele in Mitteldeutschland jetzt auch auf dem Weg über Roßlau erreichen – eine Möglichkeit, die seit der vollständigen Inbetriebnahme des Rangierbahnhofs Seddin im Oktober 1924 auch genutzt wurde. In diesem Zusammenhang setzte die Reichsbahn den Bau der Südlichen Umgehungsbahn fort und nahm am 1. Dezember 1926 den durchgehenden Betrieb auf der Teilstrecke Seddin–Großbeeren auf. Damit bestand zwischen den Rangierbahnhöfen Tempelhof und Seddin eine kurze Verbindung, die weder den Südring noch die bis Wannsee hochbelastete Wetzlarer Bahn berührte.

In Mitteldeutschland hatte inzwischen auch auf der Fernbahn das Zeitalter der elektrischen Zugförderung begonnen. Schon am 18. Januar 1911 war von der preußischen Staatsbahnverwaltung zwischen Dessau und Bitterfeld ein elektrischer Versuchsbetrieb mit hochgespanntem Wechselstrom und Stromzuführung durch eine Oberleitung aufgenommen worden. 1914 hatten hier auch Versuchsfahrten mit Triebgestellen stattgefunden, die der Vorbereitung des elektrischen Betriebes auf den Berliner Stadt-, Ring- und Vorortbahnen dienten. Am 19. Dezember 1922 nahm die Reichsbahn dann auf der früher zum Netz der BAE gehörenden Strecke Leipzig–Bitterfeld–Dessau–Zerbst den regelmäßigen elektrischen Betrieb mit Einphasen-Wechselstrom von 15 kV bei 16⅔ Hz auf.

1923 wurde der unterbrochene Umbau des Rangierbahnhofs Tempelhof wiederaufgenommen. Ein Bericht vom Sommer 1925 verdeutlicht nochmals das Ziel und den Zeitablauf dieses Vorhabens:

Die Erweiterung der Bahnhofsanlagen begegnete dadurch großen Schwierigkeiten, daß das Gelände im Norden durch die Ringbahn, im Süden durch die Kreuzung der Hallenser und Dresdener Ferngleise, im Westen durch die Fern- und Vorortgleise und im Osten durch mehrere Fabriken und die von der Gemeinde Schöneberg errichtete Siedlung Lindenhof eingeengt wird. Neues Gelände stand in der Hauptsache eigentlich nur im Süden zur Schaffung neuer Einfahrgleisgruppen zur Verfügung. Doch gestatteten auch hier die Vorortbahnhöfe Südende und Mariendorf nur eine begrenzte Entwicklung. Alles sonst – besonders für die Verbreiterung und Verlängerung der Richtungsgleisgruppen und für den Bau einer nach den neuesten technischen Grundsätzen entworfenen Lokomotivbehandlungsanlage – erforderliche Gelände konnte lediglich durch eine straffere Linienführung und Zusammenlegung der ziemlich große Flächen mit dazwischenliegenden Brachländern beanspruchenden Fern- und Vorortgleise gewonnen werden. Der Fortfall der eingleisigen Militäreisenbahn Berlin–Zossen nach dem Kriege begünstigte das Umbauvorhaben noch insofern, als sich neben der erheblichen Vereinfachung des ursprünglichen Entwurfes auch eine bedeutende Erleichterung bei der Durchführung verschiedener Zwischenbauzustände ergab. Die vorbeschriebenen Maßnahmen bedingten den völligen Umbau sämtlicher Fern- und Vorortgleise, so daß nach Beendigung der Bauarbeiten von dem alten Zustande weder ein Bauwerk noch ein Bahnkörper mehr vorhanden sein wird.

Der ganze Bau ist gegenwärtig so weit vorgeschritten, daß die Verlegung der Fern- und Vorortgleise voraussichtlich bis zum Frühjahr nächsten Jahres im allgemeinen beendet sein dürfte. Dagegen kann der Umbau der Gleisanlagen des Verschiebebahnhofes, dessen neue Einfahrgleisgruppen am Nordende des Bahnhofes bereits in Betrieb genommen worden sind, während sich die südlichen noch im Bau befinden, erst in etwa zwei bis drei Jahren fertiggestellt werden.

Durch den Umbau entstand in Tempelhof ein zweiseitiger Rangierbahnhof mit je einem Rangiersystem für die Richtung Nord-Süd (aus Richtung Berlin nach Richtungen Jüterbog bzw. Zossen) und die Richtung Süd-Nord (aus Richtungen Jüterbog

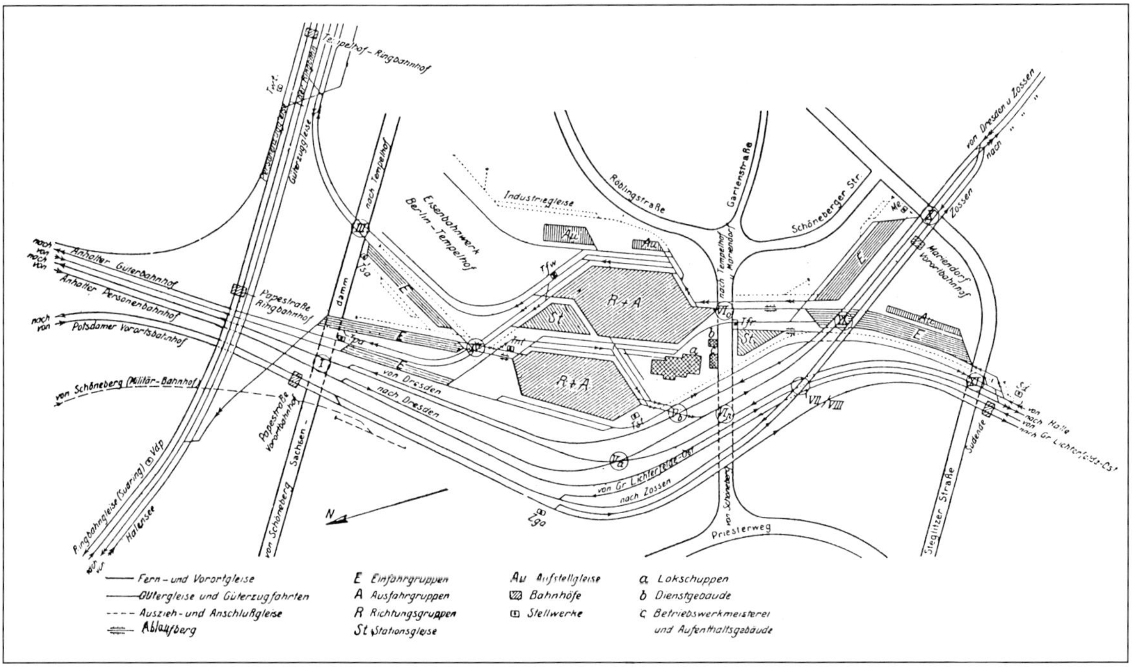

Rangierbahnhof Tempelhof Ende der zwanziger Jahre

bzw. Zossen nach Richtung Berlin). Wegen der beengten Platzverhältnisse wurden die beiden Richtungsgruppen mit der jeweiligen Ausfahrgruppe zusammengefaßt, und auch die Einfahrgruppen konnten nur wenig zweckmäßig – im Norden in drei und im Süden in zwei Teilen – angeordnet werden. Der Umbau des Rangierbahnhofs Tempelhof war 1931 abgeschlossen. Die Leistungsfähigkeit beider Rangiersysteme wurde 1929 mit maximal 3000 Wagen je Tag angegeben. Der tatsächliche Wagenausgang betrug 1933 im arbeitstäglichen Durchschnitt nur 1880 Wagen. Dagegen wurden 1937 und 1938 in den verkehrsstarken Monaten jeweils rd. 3000 Wagen/Tag erreicht; die Leistungsfähigkeit des Rangierbahnhofs Tempelhof war damit voll ausgeschöpft.

Schon am 1. Mai 1897 war die Militärbahn von ihrem bisherigen Endpunkt Kummersdorf Schießplatz nach Jüterbog verlängert worden. Die Bahn endete dort aber nicht im Bahnhof der Staatsbahn, der hier in einem bis zu 15 Meter tiefen Einschnitt liegt, sondern sie überquerte dessen nördlichen Weichenbereich und endete oberhalb des Staatsbahnhofs im „Militärbahnhof Jüterbog". Als Folge des Versailler Vertrages hatte die Militärbahn im Oktober 1919 ihren Charakter als selbständige Bahn verloren. Sie gehörte seither zur ED Berlin, die auf der Teilstrecke Berlin–Zossen zunächst den Betrieb einstellte und dort Anfang der zwanziger Jahre mit dem Abbau fast aller Anlagen begann. Geschlossen wurde auch der Militärbahnhof Jüterbog, dessen Aufgaben im Güterverkehr ab 1. August 1920 auf den benachbarten Bahnhof der Reichsbahn übergingen. Am 15. November 1922 wurden auch die Personenzüge von und nach Zossen nicht mehr in diesem Militärbahnhof, sondern im Reichsbahnhof Jüterbog abgefertigt.

Die Lichterfelder Vorortbahn entsprach Anfang der zwanziger Jahre noch weitgehend dem Zustand, der im Jahre 1903 – jenseits von Lankwitz etwa im Jahre 1916 – erreicht

1514 Potsdamer Ringbahnhof - Lichterfelde Ost

	Werktags									Sonntags									
Potsdamer Ringbf. . ab	4.40	4.56	5.16	5.26	u. weiter alle 10 Min. Ausserdem Zwischenzüge Potsdamer Ringbf. ab 7.51, 8.11, 15.51, 16.21 u. 17.01.	0.06	0.26	0.46	1.16	4.40	5.26	5.46	usw. alle 20 Minut.	13.06	usw. alle 10 Minut.	0.06	0.26	0.46	1.16
Yorckstrasse	4.43	4.58	5.18	5.28		0.08	0.28	0.48	1.18	4.43	5.28	5.48		13.08		0.08	0.28	0.48	1.18
Papestrasse	4.47	5.01	5.21	5.31		0.11	0.31	0.51	1.21	4.47	5.31	5.51		13.11		0.11	0.31	0.51	1.21
Priesterweg	4.50	5.04	5.24	5.34		0.14	0.34	0.54	1.24	4.50	5.34	5.54		13.14		0.14	0.34	0.54	1.24
Südende	4.53	5.06	5.26	5.36		0.16	0.36	0.56	1.26	4.53	5.36	5.56		13.16		0.16	0.36	0.56	1.26
Lankwitz	4.55	5.08	5.28	5.38		0.18	0.38	0.58	1.28	4.55	5.38	5.58		13.18		0.18	0.38	0.58	1.28
Lichterfelde Ost . . . . an	4.58	5.11	5.31	5.41		0.21	0.41	1.01	1.31	4.58	5.41	6.01		13.31		0.21	0.41	1.01	1.31

Sommerfahrplan 1931 für den Vorortverkehr nach Lichterfelde Ost

worden war. Das frühere Groß-Lichterfelde gehörte seit 1920 zu Groß-Berlin, und so wurden die Namen der Stationen an der Anhalter Bahn im März 1925 zunächst in „Lichterfelde Ost" und „Lichterfelde Süd" geändert. Ab 15. Mai 1936 lautete die Bezeichnung für den Umsteigebahnhof am Ende der Vorortbahn dann „Berlin-Lichterfelde Ost".

In der Zeit vom 8. August 1924 bis zum 4. Oktober 1925 war auf den vom Stettiner Vorortbahnhof ausgehenden Vorortstrecken nach Bernau und nach Oranienburg schrittweise der elektrische Betrieb aufgenommen worden. Zur Anwendung kam hier Gleichstrom von 800 V Spannung, der einer seitlich neben dem Gleis angeordneten und von unten bestrichenen Stromschiene entnommen wurde. Dieses System wurde 1928/29 auf der Stadtbahn, der Ringbahn und auf allen an diese Bahnen anschließenden Vorortstrecken allgemein eingeführt. Es hat sich unter dem Markenzeichen „S-Bahn" bis heute behauptet.

Die elektrische Ausrüstung der Lichterfelder Vorortbahn wurde schon frühzeitig für den Einsatz der neuen elektrischen S-Bahn-Triebwagenzüge hergerichtet. Ab 24. November 1925 verkehrten für die Dauer von zwei Monaten anstelle der alten Triebwagenzüge wieder Dampfvorortzüge nach Lichterfelde Ost. Die mit anderen Stromabnehmern versehenen Abteiltriebwagen für 550 V Spannung kamen anschließend zwar nochmals zum Einsatz, jedoch wurden sie am 2. Juli 1929 abgelöst durch die nun in ausreichender Anzahl vorhandenen, mit 800 V Spannung betriebenen S-Bahn-Triebwagen der Stadtbahnbauart.

Die Lichterfelder Vorortbahn diente auch der Erprobung eines neu entwickelten Lichtsignalsystems mit selbsttätiger Streckenblockung. Dieses Signalsystem wurde Ende 1926 fertiggestellt. Die Lichtsignale waren zweibegriffig; sie zeigten daher bei Tag und bei Nacht die Nachtzeichen der sonst üblichen Formsignale. Diese Versuchsanlage bildete die Grundlage für die Einführung von Lichtsignalen an den Fernbahnstrecken in Deutschland. Im Gegensatz dazu erhielten die stärker belasteten Strecken der Berliner S-Bahn dreibegriffige Signale, die ab 1928 auf der Stadtbahn erprobt worden waren und als Signalverbindungen (Sv-Signale) bekannt wurden.

Im Herbst 1920 verkehrten die Vorortzüge Richtung Lichterfelde Ost alle 20–30 Minuten; lediglich im Berufsverkehr gab es damals kurzzeitig eine Verdichtung auf 10 Minuten. Seit 1921 wurde im Berufsverkehr wieder im Abstand von 7½ Minuten gefahren, und ab 20. Februar 1924 bestand nach Lichterfelde Ost auch außerhalb des Berufsverkehrs zumeist wieder eine Zugfolge von 10 Minuten.

Am 8. Februar 1927 – einem Donnerstag – fand auf allen Bahnhöfen der Berliner Stadt-, Ring- und Vorortbahnen eine Verkehrszählung statt. An jenem Tag wurden gezählt

im Bahnhof	Zugzahl
Potsdamer Ringbahnhof (Vorortbahnsteig)	267
Yorckstraße	268
Lichterfelde Ost	203
an der Dresdener Bahn (z. B. Mariendorf)	65
zum Vergleich:	
Potsdamer Ringbahnhof (Ringbahnsteig)	478
Wannseebahnhof	213

Mit dem Einsatz der neuen Stadtbahnwagen ab 2. Juli 1929 verkürzte sich die Fahrzeit zwischen dem Potsdamer Ringbahnhof und Lichterfelde Ost geringfügig auf 16 Minuten. Im Berufsverkehr fuhren die Züge jetzt nicht mehr im Abstand von 7½ Minuten, sondern es wurde der 10-Minuten-Takt beibehalten und durch einzelne Zwischenzüge verdichtet. Für diesen Fahrplan waren werktags fünf Wagenzüge zu je sechs Wagen erforderlich. Ein weiterer Wagenzug stand in dem Abstellbahnhof südlich der Yorckstraße als Reservezug bereit. Dieser Abstellbahnhof befand sich auf dem Gelände des Güterbahnhofs der früheren Dresdener Bahn, zwischen der Vorortbahn und der Bautzener Straße. Er war 1901 zunächst für die Dampfzüge der Vorortbahn angelegt und 1903 auch für die Aufnahme der elektrischen Abteiltriebwagen hergerichtet worden. Seit 1929 beherbergte er anstelle der Abteiltriebwagen die neuen Stadtbahnwagen. In den dreißiger Jahren wurde erwogen, südlich des Vorortbahnhofs Papestraße einen neuen Abstellbahnhof für S-Bahn-Wagen zu bauen und auch die Aufgaben des Abstellbahnhofs an der Yorckstraße dorthin zu verlegen. Diese Planung kam jedoch nicht zur Ausführung.

Die Umgestaltung des Rangierbahnhofs Tempelhof zu einem zweiseitigen Rangierbahnhof hatte – wie der Bericht vom Sommer 1925 erkennen läßt – erneut eine völlige Veränderung der dem Rangierbahnhof benachbarten Gleisanlagen für den Personenverkehr – Ferngleise und Vorortbahn – zur Folge. Dieser Umbau wurde genutzt, um an der Abzweigung der Zossener Vorortgleise aus der Lichterfelder Vorortbahn die neue Haltestelle „Priesterweg" mit zwei Mittelbahnsteigen und einem architektonisch interessanten Empfangsgebäude zu errichten. Am 7. Oktober 1928 eröffnet, sollte die Station Priesterweg den Auftakt für die Erschließung des Schöneberger Südgeländes bilden – ein Vorhaben, das bald darauf durch andere Planungen hinfällig wurde und auch heute keine Aussicht mehr hat, realisiert zu werden.

Trotz der Erneuerung der elektrischen Streckenausrüstung im Winter 1925/26 war auf der Lichterfelder Vorortbahn nur der Einsatz von Sechswagen-(Dreiviertel-)zügen möglich, weil die Stromversorgung noch nicht für Vollzüge ausreichte. Die auf 80 km/h festgesetzte Höchstgeschwindigkeit der neuen S-Bahn-Züge konnte ohnehin nur jenseits von Priesterweg genutzt werden, weil zwischen dem Potsdamer Ringbahnhof und Priesterweg der Mischbetrieb mit den langsamen Zossener Dampfzügen unverändert fortbestand. Erst die bevorstehende Inbetriebnahme der Nordsüdbahn, einer die Innenstadt in Nord-Süd-Richtung unterquerenden Tunnelstrecke, ließ die Elektrifizierung der Dresdener Bahn für die S-Bahn unumgänglich werden. Das Betriebsprogramm für die Nordsüdbahn sah vor, die drei bereits elektrifizierten Nordstrecken von Velten, von Oranienburg und von Bernau in den Tunnel einzuführen und betrieblich mit den vom Wannseebahnhof bzw. vom Potsdamer Ringbahnhof ausgehenden Südstrecken nach Wannsee bzw. nach Lichterfelde Ost und nach Zossen zu durchgehenden Verbindungen zusammenzufassen.

Nachdem die Stromversorgung der Lichterfelder Vorortbahn schon 1936–38 erheblich verstärkt worden war, konnte die Reichsbahn am 15. Mai 1939 den elektrischen S-Bahn-Verkehr auf der Dresdener Bahn zunächst von Priesterweg bis Mahlow aufnehmen. Damit entfiel endlich der Mischbetrieb, der seit 1903 zwischen dem Potsdamer Ringbahnhof und der Zossener Gabelung – jetzt Priesterweg – bestanden hatte. Der Vorortverkehr auf der Dresdener Bahn – seit dem 15. Mai 1936 im 20-Minuten-Takt bedient – konnte mit der Aufnahme des elektrischen S-Bahn-Betriebes erheblich beschleunigt und im Berufsverkehr auf eine Zugfolge von 10 Minuten verdichtet werden.

Am 9. Oktober 1939 wurde die Nordsüdbahn vom Tunnelbahnhof Potsdamer Platz – seit dem 15. April 1939 vorläufiger Endpunkt der drei Nordstrecken – zunächst bis jenseits des S-Bahnhofs Großgörschenstraße eröffnet. Gleichzeitig entstand mit dem neuen Zuglauf Oranienburg–Wannsee die erste durchgehende Verbindung zwischen einer nördlichen und einer südlichen Berliner Vorortstrecke. Am 6. November 1939 ging auch der Anschluß der Lichterfelder Vorortbahn an die Nordsüdbahn – eine Rampenstrecke vom Bahnhof

Rechte Seite: Der Anhalter Bahnhof Anfang der dreißiger Jahre (oben)

Der Anhalter Güterbahnhof und der benachbarte Potsdamer Güterbahnhof etwa Anfang der zwanziger Jahre; rechts die Möckernstraße, im Hintergrund die Bahnsteighalle des Anhalter (Fern-) Bahnhofs (unten)

Yorckstraße nach dem Anhalter S-Bahnhof – in Betrieb. Für den Bau der Tunnelrampe hatten die seit 1883 vermieteten Güterschuppen der früheren Berlin-Dresdener Eisenbahn sowie ein weiterer Teil des vormaligen Dresdener Güterbahnhofs beseitigt werden müssen. Mit der Einführung der Lichterfelder Vorortbahn in die Nordsüdbahn wurden der Potsdamer Ringbahnhof für den Vorortverkehr geschlossen und die bisherigen Vorortgleise zwischen diesem Bahnhof und der Tunnelrampe stillgelegt.

Die Lichterfelder S-Bahn-Züge verkehrten ab 6. November 1939 von und nach Bernau, die Mahlower Züge von und nach Velten. Am 1. April 1940 wurden diese beiden Ziele getauscht. Seither hatten die Lichterfelder Züge ihren nördlichen Endpunkt in Velten, während die Mahlower Züge jetzt in Bernau wendeten. Ab 6. Oktober 1940 dehnte die Reichsbahn den elektrischen S-Bahn-Betrieb auf der Dresdener Bahn über Mahlow hinaus nach Rangsdorf aus.

Auch mit der Einführung in die Nordsüdbahn blieb der 10-Minuten-Abstand auf der S-Bahn-Strecke nach Lichterfelde Ost bestehen. Allerdings verkehrten jetzt Vollzüge, so daß die seit 1929 in den 10-Minuten-Takt eingeschobenen Verstärkungszüge ab Januar 1940 entfallen konnten. Die von den Lichterfelder S-Bahn-Zügen erreichten nördlichen Endpunkte Bernau bzw. Velten lagen mehr als doppelt so weit vom Berliner Stadtzentrum entfernt wie der Bahnhof Lichterfelde Ost. Das Verkehrsaufkommen auf den Außenstrecken im Norden war entsprechend geringer, so daß ein Teil der von Lichterfelde Ost kommenden Züge schon in einem Unterwegsbahnhof – zunächst in Blankenburg, seit 1940 in Potsdamer Platz oder im Stettiner S-Bahnhof*) – wendete.

Die Anlagen der Fernbahn entsprachen – mit Ausnahme des Rangierbahnhofs Tempelhof und seiner Anschlüsse – bis in die späten dreißiger Jahre weitgehend dem Zustand der Zeit vor dem Ersten Weltkrieg. Auf dem Anhalter Bahnhof – Innen- und Außenbahnhof – fanden zwar immer wieder kleinere Umbauten statt, um gestiegenen oder veränderten Anforderungen gerecht werden zu können. Eine grundsätzliche Verbesserung der Betriebsverhältnisse wäre jedoch nur durch einen umfassenden Umbau oder sogar durch eine völlige Verlegung des Bahnhofs möglich geworden. Schon seit 1910 gab es Vorschläge, die im Anhalter Bahnhof und im Potsdamer Bahnhof endenden Fernbahnen – unter Schließung dieser beiden Bahnhöfe – in einer Tunnelstrecke zusammenzufassen und über den Lehrter Bahnhof zum Nordring weiterzuführen. Mitte der dreißiger Jahre wurde untersucht, ob der Anhalter Bahnhof nach einer Erweiterung auch die Fernzüge der Potsdamer Bahn aufnehmen könne. Sinnvolle Lösungen ließen sich jedoch nicht finden, weil die städtische Bebauung diesen Bahnhof inzwischen völlig eingeschlossen hatte und eine Erweiterung am bisherigen Standort nur noch Stückwerk hätte schaffen können.

Die letzte Flächenreserve des Anhalter Außenbahnhofs zog sich damals von der Kolonnenbrücke bis zur Ringbahn hin. Diese Fläche wurde durch eine Verschwenkung der Lichterfelder Vorortbahn verbreitert und in den Jahren 1932–34 für den Bau einer weiteren Abstellgruppe für Fernreisezüge genutzt. Die Vorortgleise lagen jetzt auf jenem Gelände, welches bisher von den beiden inneren Ringbahnanschlüssen der Dresdener Bahn eingenommen worden war. Beide Anschlüsse waren schon seit einiger Zeit stillgelegt, der westlich Anschluß zur Abzweigstelle Vdp seit 1930, der östliche Anschluß nach dem Ringbahnhof Tempelhof sogar schon seit 1913/14.

Von der Stillegung nicht betroffen war jenes Verbindungsgleis, das – an der Kolonnenbrücke beim Stellwerk Abm die beiden Vorortgleise niveaugleich kreuzend – vom Anhalter Außenbahnhof weiterhin zum Bahnhof der früheren Militärbahn führte. Dieser im März 1924 in „Berlin Kolonnenstraße" umbenannte Bahnhof wies in jener Zeit einen starken Güterumschlag auf.

Das russische Gleis zwischen dem Anhalter Außenbahnhof und dem Ringbahnhof Tempelhof wurde letzmalig in der Eisenbahnstatistik für 1934 genannt. Allerdings dürfte

*) Am 1. Dezember 1950 umbenannt in „Nordbahnhof".

Empfangsgebäude des Bahnhofs Bitterfeld (um 1930)

dieses Gleis schon seit den späten zwanziger Jahren nicht mehr benutzbar gewesen sein, weil seit jener Zeit an der Nordseite des Güterbahnhofs Tempelhof Ringbahn das neu erbaute S-Bahn-Betriebswerk (S-Bw) Papestraße bestand, dessen umfangreiche Abstellgleise das historische Verbindungsgleis zum Anhalter Außenbahnhof unterbrachen.

Der Bau der Nordsüdbahn berührte den Anhalter (Fern-)Bahnhof, den Postbahnhof an der Luckenwalder Straße und den schon erwähnten Teil des ehemaligen Dresdener Güterbahnhofs. Der Anhalter S-Bahnhof – ein im Tunnel gelegener Bahnhof mit zwei Mittelbahnsteigen – wurde an der Westseite der großen Bahnsteighalle angeordnet und mit dem Querbahnsteig des Fernbahnhofs durch einen am 19. Dezember 1940 eröffneten Fußgängertunnel verbunden.

Bereits am 22. Mai 1937 hatte die Reichsbahn südlich von Luckenwalde, inmitten der ausgedehnten Militäranlagen, die bei Jüterbog und Zinna seit den 1890er Jahren schrittweise entstanden waren, den neuen Bahnhof „Forst Zinna" für den öffentlichen Personen- und Güterverkehr eröffnet.

Die beginnende Aufrüstung war auch Anlaß für den Bau eines großen Rüstungsbetriebes durch Daimler-Benz. Dieser Betrieb zog sich an der Westseite der Anhalter Bahn von der Umgehungsbahn bis vor den Bahnhof Ludwigsfelde hin. Für die hier beschäftigten, überwiegend aus Berlin anreisenden Arbeiter richtete die Reichsbahn etwa im August 1936 Werkpersonenzüge ein, die zunächst zwischen Lichterfelde Ost und dem Bahnhof Genshagener Heide verkehrten. Genshagener Heide an der Umgehungsbahn – unweit der Anhalter Bahn und des neuen Werkes gelegen – war erst aus diesem Anlaß zu einem Kreuzungsbahnhof ausgebaut und mit einem provisorischen Bahnsteig versehen worden. Die Leerwagenzüge wurden tagsüber im Bahnhof Ahrensdorf, einige Kilometer westlich des Bahnhofs Genshagener Heide, abgestellt.

Am 1. Dezember 1938 eröffnete die Reichsbahn am südlichen Rand des Werkes, knapp zwei Kilometer nördlich des Bahnhofs Ludwigsfelde, einen Haltepunkt „Birkengrund", der ebenfalls nur dem Werkpersonenverkehr diente. Es kann nur vermutet werden, daß die Werkpersonenzüge von und nach Lichterfelde Ost seither nicht mehr im Bahnhof Genshagener Heide endeten und begannen, sondern nach Birkengrund verlegt wurden und tagsüber in einer neuen Gleisgruppe des Bahnhofs Ludwigsfelde abgestellt waren.

Am 15. Mai 1938 wurde die jahrzehntealte Forderung, den Vororttarif über Lichterfelde Ost hinaus auszudehnen, erfüllt. Es gab hier zwar weiterhin keine eigene S-Bahn-Verbindung, doch durften die Fernpersonenzüge der Anhalter Bahn jetzt bis Teltow mit S-Bahn-Fahrkarten benutzt werden. Damit waren der Haltepunkt Lichterfelde Süd und der Bahnhof Teltow erstmals und der Anhalter Bahnhof nach einer Pause von über 36 Jahren erneut in den Geltungsbereich des Vororttarifs einbezogen. Den Vorortreisenden standen jetzt zwischen dem Anhalter Bahnhof und Teltow täglich 12–14 Fernzüge in jeder Richtung zur Verfügung; weitere 3–4 Züge begannen oder endeten in Lichterfelde Ost.

Der Fernreiseverkehr auf der Anhalter Bahn hatte sich nach der Inflation zusehends gebessert. Ab 5. Juni 1925 gab es erstmals ein FD-Zugpaar zwischen Berlin und München, ein Jahr später auch zwischen Berlin und Frankfurt/Main. Am 15. Mai 1934 wurden die Reisezüge allgemein beschleunigt. So benötigte der FD 80 vom Anhalter Bahnhof bis Halle Hbf nur noch 92 Minuten, das entsprach einer Reisegeschwindigkeit von 105,5 km/h, und auch die Strecke Berlin–Leipzig wurde von einem Teil der D-Züge jetzt wieder in weniger als zwei Stunden zurückgelegt. Ab 15. August 1935 verkehrte zwischen dem Anhalter Bahnhof und Frankfurt/Main Hbf ein Fernschnelltriebwagenpaar (FDt) mit 160 km/h Höchstgeschwindigkeit, welches die Gesamtstrecke jeweils in wenig mehr als fünf Stunden zurücklegte und für die Teilstrecke Anhalter Bahnhof–Leipzig Hbf nur 76–77 Minuten – das entsprach einer Reisegeschwindigkeit von fast 130 km/h – benötigte.

Ab 15. Mai 1936 bestand eine ähnlich schnelle FDt-Verbindung mit München und Stuttgart. Gleichzeitig richtete die Reichsbahn auf der Dresdener Bahn über Zossen eine Dampfkonkurrenz zu den Schnelltriebwagen ein, welche aus einer für 175 km/h zugelassenen Dampftenderlokomotive der Baureihe 61 und einem besonderen Wagenzug – dem Henschel-Wegmann-Zug – bestand. Diese Garnitur pendelte täglich zweimal zwischen Berlin und Dresden Hbf,

Empfangsgebäude Leipzig Hbf (etwa Ende der dreißiger Jahre)

in Richtung	Zuggattung							
	FDt-/FD-Züge		D-Züge		Eilzüge		Personenzüge	
	täglich	werktags zusätzlich	täglich	in der Saison zusätzlich	täglich	an Einzeltagen zusätzlich	täglich	an Einzeltagen zusätzlich
Jüterbog–Wittenberg	4	2	28	6	1	–	13	2
Jüterbog–Dresden	–	–	2	–	–	–	2	–
Zossen–Dresden	–	–	9	–	2	1	4	1
Züge insgesamt:	4	2	39	6	3	1	19	3

Abfahrtplan des Anhalter Bahnhofs für die Vormittagsstunden, gültig ab 15. Mai 1938 (unten)

Abfahrt. Anhalter Bahnhof

Zug Nr.		Zeit	in Richtung	Gleis
904		5.10	Jüterbog 6.42 - Wittenberg 7.27 - Bitterfeld 8.22 - **Halle** (S) 9.07.	1
D 246	—	: 5.40	**Leipzig** 7.37 - **Erfurt** 9.17 - Eisenach 10.09 - Fulda 11.25 - **Frankfurt** (M) 12.50 - Darmstadt 13.29 - **Heidelberg** 14.21 - **Karlsruhe** 15.13 - **Basel** DRB 17.58. ab Leipzig.	4
312		6.09	Doberlug-Kirchhain 8.15 - Elsterwerda 8.52 - **Dresden** 10.19.	2
E 120		6.19	Wittenberg 7.32 - Bitterfeld 8.04 - **Leipzig** 8.42.	6
502	—	6.24	Luckenwalde 7.29 - Jüterbog 7.47.	8
FD 18 1. 2. Kl.		: 7.12	**Leipzig** 8.53 - Hof 11.21 - **Regensburg** 13.52 - Passau 15.20 - **Linz** 16.52 - **Wien West** 19.15. **1. 2. Klasse.**	17
D 148		: 7.27	**Dresden** 10.23 - **Bodenbach** 11.27 - **Prag** Mas. Bf 13.42 - Preßburg 19.39 - **Budapest Ost** 23.18. **KW** nach **Wien** Ost 20.25 und nach **Belgrad** 7.10. nach **Athen** (ab Berlin So, Mi, Fr; an Athen Di, Fr, So).	1
D 10		: 7.32	**Halle** (S) 9.15 - **Erfurt** 10.43 - Oberhof 11.57 - **Würzburg** 14.29 - **Stuttgart** 17.28 - Singen 20.31 - **Konstanz** 21.03.	2
D 46		: 7.40	Bitterfeld 9.14 - **Leipzig** 9.43 - **Erfurt** 11.37 - **Frankfurt** (M) 15.39 - Mainz-Kastel 16.26 - **Wiesbaden** 16.37. **KW** nach **Saarbrücken** 20.00.	4
D 72		: 7.47	Elsterwerda 9.29 - Riesa 9.57 - **Chemnitz** 11.08.	17
D 22		: 7.58	**Leipzig** 9.49 - Hof 12.47 - **Regensburg** 15.37 - **München** 17.30. **KW** über Bayreuth 14.23 nach **Nürnberg** 15.53 und nach **Rom** (3. Kl.) 11.40.	1
D 322		: 8.04	**Leipzig** 10.00 - Plauen 12.07 - Hof 13.03 - **Regensburg** 15.53 - Landshut 16.48 - **Bad Reichenhall** 19.15 - **Berchtesgaden** 20.00 **KW** nach **Salzburg** 19.10.	2
D 140		: 8.24	**Halle** (S) 10.15 - **Nürnberg** 15.13 - **München** 18.05.	4
D 480		}: 8.32	**Halle** (S) 10.29 - Saalfeld 12.26 - **Nürnberg** 15.29 - **Augsburg** 17.15. **Nur vom 2. bis 9. VI. und 20. VI. bis 15. IX.** **KW** nach **Oberstdorf** 21.03 und **Lindau** 20.57.	1
862	—	8.40	Wittenberg 10.58 - Bitterfeld 12.35 - **Halle** (S) 13.14 - **Erfurt** 16.34 - Eisenach 18.08 - **Bebra** 19.11.	17
318	—	9.09	Elsterwerda 11.41 - **Dresden** 13.02.	17
FD 6 1. 2. Kl.		: 9.20	**Leipzig** 10.58 - **Erfurt** 12.28 - **Frankfurt** (M) 15.46. **Nur 1. 2. Klasse. KW** nach **Basel** SBB 21.20 u. **Mailand** 5.55 - **Ventimiglia** 13.35.	1
FD 8 1. 2. Kl.		: 9.28	**Leipzig** 11.08 - Erfurt 12.42 - **Würzburg** 15.59 - **Stuttgart** 18.48 - **Schaffhausen** 22.42. **1. 2. Klasse. KW** nach **Konstanz** 22.39. **KW** nach **Mailand** 5.55 - **Genua** 9.09 - **Ventimiglia** 13.35.	2
D 62		: 9.52	Jüterbog 10.37 - **Dresden** 12.19 - Bodenbach 13.24 - **Prag** Mas. Bf 15.55 - **Wien** Fr. Jos. Bf 22.20. **KW** n. **Preßburg** 22.19 u. n. **Karlsbad** (bis 31. VIII.) 16.32.	4
FD 80 1. 2. Kl.		: 10.15	**Halle** (S) 11.51 - **Nürnberg** 16.12 - Augsburg 17.45 - **München** 18.28. **KW** nach **Rom** 11.40.	2
D 42	W	: 10.26	**Halle** (S) 12.13 - **Erfurt** 14.03 - Fulda 16.26 - **Frankfurt** (M) 17.58 - **Karlsruhe** 20.42 - **Basel** S. B. B. 24.00. **KW** nach **Saarbrücken** 21.43 u. Stuttgart 22.13 - **Ulm** 23.55.	1
D 186		}: 10.31	**Leipzig** 12.24 - **Plauen** 14.46 - Bad Elster 15.35 - Radiumbad Brambach 16.00 - **Eger** 17.21 - **Marienbad** 18.12. **KW** nach Radiumbad **Oberschlema** 14.40. **Bis 30. IX.**	4
D 240		: 10.38	**Halle** (S) 12.30 - Saalfeld 14.46 - **Nürnberg** 18.17 - **Augsburg** 20.13 - **München** 21.05.	17
508	—	10.45	Luckenwalde 11.44 - **Jüterbog** 12.01.	6
D 16		: 11.25	**Halle** (S) 13.31 - **Erfurt** 15.27 - Oberhof 16.50 - **Würzburg** 19.24 - **Stuttgart** 22.36. **KW** nach Bad **Kissingen** 18.41 u. Bad **Mergentheim** 20.43.	1
D 40		: 11.52	**Halle** (S) 13.42 - **Nürnberg** 19.02 - **München** 21.50.	2
D 4		: 12.50	**Leipzig** 14.36 - **Erfurt** 16.15 - **Frankfurt** (M) 19.41. **KW** über Saarbrücken 23.32 nach **Paris** 7.55.	1
286	—	12.55	Jüterbog 14.15 - Röderau 15.52 - **Dresden** 17.09.	6

Seite 252

ihre Fahrzeit vom Anhalter Bahnhof bis Dresden Neustadt betrug 95 Minuten, das entsprach einer Reisegeschwindigkeit von 111,2 km/h.

Die Anzahl der Züge, die im Sommerfahrplan 1939 vom Anhalter Bahnhof abfuhren, ergibt sich aus der obenstehenden Tabelle.

Planungen der Reichsbahnbaudirektion

Der erneute Anstieg des Verkehrsaufkommens in den dreißiger Jahren ließ eine durchgreifende Verbesserung der Eisenbahnverhältnisse in Berlin immer dringlicher werden. Nur der Personennahverkehr – die Berliner S-Bahn – befand sich seit der Elektrifizierung der Stadtbahn, der Ringbahn und aller wichtigen Vorortstrecken auf einem zeitgemäßen Stand. Dagegen entsprachen die Anlagen für den Fernreise- und den Güterverkehr mit ihren beengten innerstädtischen Kopfbahnhöfen, zu kurzen Bahnsteigen und unzureichenden Gleisanlagen noch weitgehend dem Zustand aus der Zeit vor dem Ersten Weltkrieg.

Die eigenen Möglichkeiten der Reichsbahn reichten für eine Änderung dieser Situation nicht aus. Erst als Berlin im Zuge der Hitler'schen Großmachtträume zur Welthauptstadt Germania umgeformt werden sollte, war die vollständige Umgestaltung des Eisenbahnnetzes in Berlin und Umgebung nicht nur möglich, sondern sie war dafür eine unumgängliche Voraussetzung, weil die Stadtplanung jetzt den Bau einer monumentalen Nord-Süd-Prachtstraße vorsah und dafür große innerstädtische Eisenbahnflächen benötigte. Die geplante

Prachtstraße sollte im Norden und im Süden an je einem großen Fernbahnhof – dem Nordbahnhof und dem Südbahnhof – enden.

Für die Umgestaltung der Berliner Eisenbahnanlagen wurde im Sommer 1937 die Reichsbahnbaudirektion Berlin eingerichtet, die sich bis weit in die Zeit des Zweiten Weltkrieges hinein mit der Planung und teilweise auch der Realisierung dieses Vorhabens befaßte. Die damalige Gesamtplanung der Reichsbahn ist durch einzelne Veröffentlichungen schon in Umrissen bekanntgeworden. Ein Teil der Planungen – vor allem jene an der Anhalter Bahn – wurde bis zum Ende des Zweiten Weltkrieges auch realisiert, jedoch verschwanden die neuen Bahnanlagen wegen der politischen Situation schon wenige Jahre später wieder. Heute sind davon zumeist nur noch Fragmente erkennbar, deren frühere Bedeutung mangels Unterlagen aus der Kriegs- und Nachkriegszeit oft nur noch durch eine „Eisenbahnarchäologie" nachvollziehbar wird. Auf diese kurzlebigen Bahnanlagen soll an dieser Stelle näher eingegangen werden.

Grundgedanke der Eisenbahnplanung war, den gesamten Fernreise- und Güterverkehr von den innerstädtischen Bahnanlagen abzuziehen und innerhalb der Ringbahn nur noch S-Bahn-Strecken – darunter mehrere neue Tunnelstrecken – zu betreiben. Der gesamte Fernreiseverkehr sollte in den beiden an der Ringbahn angeordneten Bahnhöfen Nord und Süd zusammengefaßt werden. Als Standort des Südbahnhofs war ein Gelände vorgesehen, das vom S-Bahnhof Tempelhof bis fast an die Potsdamer Bahn reichte. Die monumentale Architektur dieses Bahnhofs entsprach den Vorgaben, welche für die Randbebauung der künftigen Prachtstraße galten. Der Südbahnhof sollte die Fernreisezüge der Anhalter Bahn, der Dresdener Bahn, der Wetzlarer Bahn und der Potsdam-Magdeburger Bahn sowie verschiedener östlicher Fernbahnen aufnehmen. Der Potsdamer Bahnhof mit seinen Flügelbahnhöfen – Wannseebahnhof und Potsdamer Ringbahnhof – war zum Abriß vorgesehen. Dagegen sollte die inzwischen unter Denkmalschutz gestellte Halle des Anhalter Bahnhofs als Schwimmhalle weiterverwendet werden.

Der gesamte Güterverkehr von, nach und über Berlin sollte auf vier oder fünf leistungsfähigen Rangierbahnhöfen außerhalb der Stadt nach Ortsverkehr und Durchgangsverkehr getrennt werden. Die in Berlin gelegenen alten Rangierbahnhöfe würden damit entfallen, ihre Flächen für eine andere Nutzung verfügbar. Zu diesen Bahnhöfen gehörte auch der Rangierbahnhof Tempelhof, auf dessen Fläche – unter Hinzunahme großer Teile des Schöneberger Südgeländes – der neue Ortsgüterbahnhof Süd entstehen sollte – ein Ersatz für den Potsdamer Güterbahnhof, den Anhalter Güterbahnhof (einschließlich ehemaliger Dresdener Güterbahnhof und ehemaliger Militärbahnhof – jetzt Kolonnenstraße) und den Ringbahnhof Tempelhof. Die Ringbahn war nach dieser Planung nur noch für die S-Bahn, für Fernreisezüge sowie für diejenigen Güterzüge vorgesehen, welche die anliegenden Ortsgüterbahnhöfe bedienten.

Der Berlin nur im Durchlauf berührende Güterverkehr sollte künftig auf einem Güteraußenring (GAR) weiträumig um die Stadt herumgeführt werden. Die Reichsbahn nahm damit den Gedanken der Güterumgehungsbahn wieder auf, allerdings mit einer neuen, näher an Berlin herangerückten Linienführung.

Die Planung der Reichsbahnbaudirektion sah bei Großbeeren – parallel zur Anhalter Bahn und damit radial zur Stadt – den Bau eines neuen Rangierbahnhofs vor. Dieser Bahnhof erhielt die Aufgabe, aus den von Süden zulaufenden Güterzügen neue Verteilerzüge nach den Berliner Güterbahnhöfen sowie neue Durchgangsgüterzüge über Berlin hinaus zu bilden. Ebenso sollte aus jenen Güterwagen, die mit Durchgangszügen von Norden sowie mit den Sammlerzügen von Berlin eingingen, neue Durchgangsgüterzüge nach Mittel- und Süddeutschland gebildet werden.

Zunächst war – als Ersatz für den Rangierbahnhof Tempelhof – nur ein Teilausbau mit einer Leistungsfähigkeit von 3500 Wagen je Tag vorgesehen. In weiteren Stufen sollte

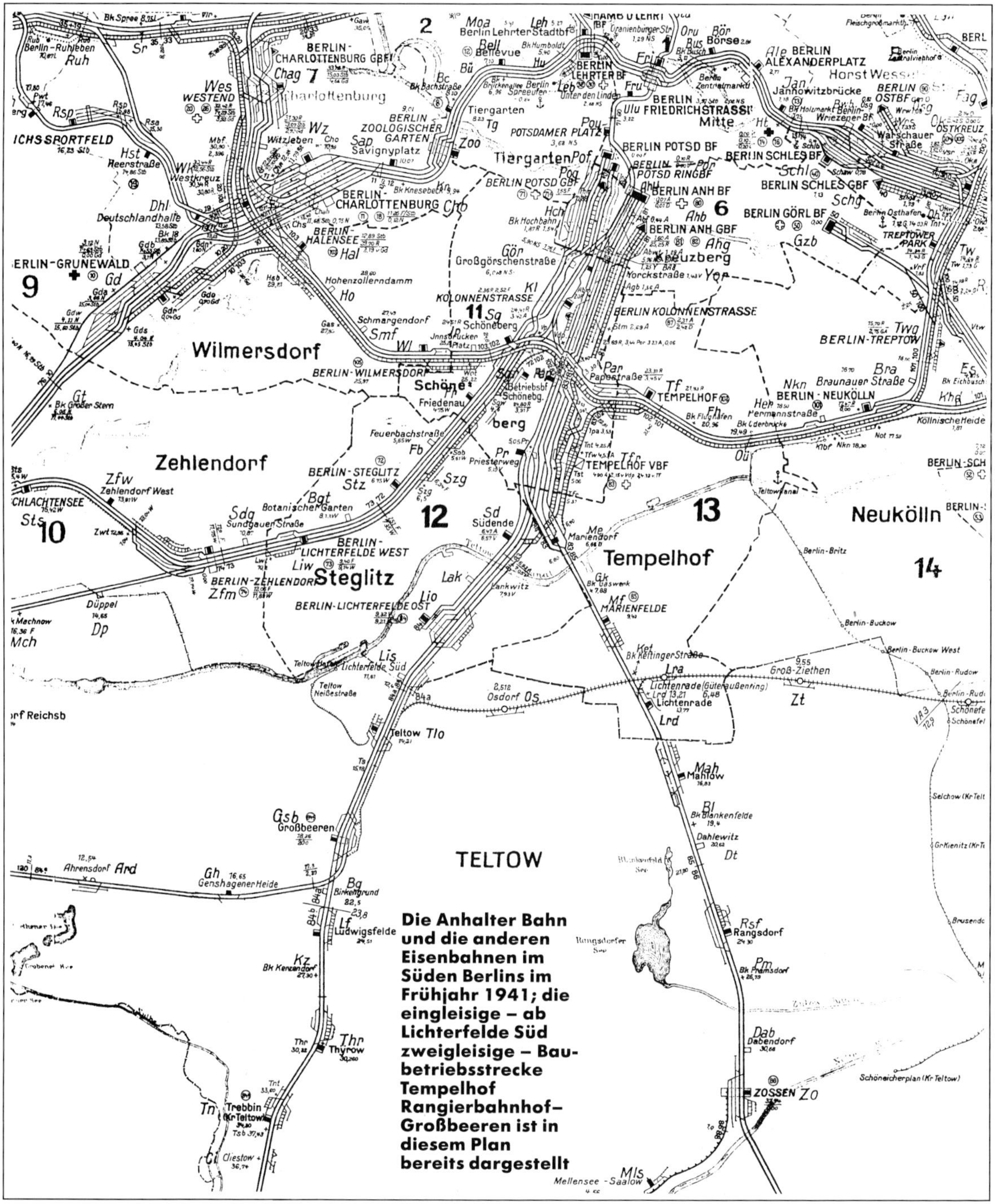

Die Anhalter Bahn und die anderen Eisenbahnen im Süden Berlins im Frühjahr 1941; die eingleisige – ab Lichterfelde Süd zweigleisige – Baubetriebsstrecke Tempelhof Rangierbahnhof–Großbeeren ist in diesem Plan bereits dargestellt der Rangierbahnhof Großbeeren auch die Aufgaben der Rangierbahnhöfe Schöneweide und Seddin übernehmen. Dafür wäre ein Ausbau für 8000 Wagen/Tag erforderlich geworden. Diese Leistung sollte in einem einzigen, in Süd-Nord-Richtung arbeitenden Rangiersystem erbracht werden. Der Bahnhof war allerdings so konzipiert, daß eine spätere Teilung dieses Systems in zwei nebeneinanderliegende Rangiersysteme mit einer Leistungsfähigkeit von zusammen 12 000 Wagen/Tag möglich blieb. Der geplante Rangierbahnhof zog sich an der Ostseite der Anhalter Bahn vom Bahnhof Teltow bis südlich des vorhandenen Bahnhofs Großbeeren hin. Seine Länge betrug etwa fünf Kilometer, seine Breite bis zu 500 Meter.

Der Entwurf für den Endausbau sah eine Einfahrgruppe mit 14 Gleisen, 58 Richtungsgleise, eine Ausfahrgruppe Richtung Norden mit 14 Gleisen, eine Ausfahrgruppe Richtung Süden mit 11 Gleisen sowie vier Rangiergruppen für den Nahverkehr vor. Außerdem waren in der Nähe des Dorfes Großbeeren ein neuer Ortsgüterbahnhof und ein großes Bahnbetriebswerk geplant. Die Güterzüge der Dresdener Bahn – bei einer Stillegung des Rangierbahnhofs Schöneweide auch die der Görlitzer Bahn – sollten den neuen Rangierbahnhof auf einer Neubaustrecke Zossen–Großbeeren erreichen.

Aus der Arbeitsrichtung des Rangierbahnhofs Großbeeren ergab sich auch die neue Linienführung für den GAR, der – anders als die früher geplante Umgehungsbahn – die Anhalter Bahn nicht südlich, sondern nördlich des Rangierbahnhofs kreuzen mußte. Diese Kreuzung war jetzt unmittelbar hinter der Berliner Stadtgrenze bei der Wohnsiedlung Sigridshorst vorgesehen. Der GAR sollte hier die auf einen Damm verlegte Anhalter Bahn, für die dort acht Gleise – zwei S-Bahn-Gleise, vier Gleise für Fernreisezüge sowie zwei Gütergleise – geplant waren, unterfahren. Den Anschluß des GAR an die Anhalter Bahn und an den Rangierbahnhof Großbeeren sollten vier zweigleisige Verbindungskurven herstellen.

Jenseits von Ludwigsfelde war für den Güterverkehr kein eigenes Gleispaar mehr vorgesehen, jedoch sah der Entwurf vor, die Anhalter Bahn bis hinter Jüterbog viergleisig auszubauen. Alle Fernreisezüge der Wetzlarer Bahn sowie einige Fernzüge der Potsdam-Magdeburger Bahn sollten vom Südbahnhof an zunächst die Anhalter Bahn mitbenutzen und – bei Lichterfelde Süd auf ein eigenes Gleispaar parallel zum GAR übergehend – ihre Stammstrecken künftig erst bei Rehbrücke bzw. in Potsdam erreichen.

Als neuer Endpunkt der Lichterfelder Vorortbahn war jetzt Trebbin vorgesehen, wo auch ein neues S-Bahn-Betriebswerk entstehen sollte. Der Planungsentwurf nahm auch die jahrzehntealte Forderung auf, die Stadt Teltow direkt an die S-Bahn anzubinden. Dafür war eine neue S-Bahn-Strecke parallel zum GAR geplant, die in Lichterfelde Süd aus den Trebbiner S-Bahn-Gleisen abzweigen und in Stahnsdorf in die vorhandene S-Bahn-Strecke nach Wannsee einmünden sollte.

Obwohl die Eisenbahnplanung noch im Gang war, drängte die Staatsführung darauf, die Prachtstraße schnellstens fertigzustellen. Die Aufgaben des Rangierbahnhofs Tempelhof sollten daher schon im Mai 1941 auf den Rangierbahnhof Großbeeren übergehen. Zugleich sollte im Osten Berlins der neue Rangierbahnhof Wuhlheide den Betrieb aufnehmen. Die Fertigstellung des Südgüterbahnhofs – und damit die endgültige Stillegung des Anhalter Güterbahnhofs und des Potsdamer Güterbahnhofs – war für Ende 1943 vorgesehen.

Voraussetzung für die Inbetriebnahme des Rangierbahnhofs Großbeeren waren leistungsfähige mehrgleisige Zulaufstrecken, die ebenfalls erst neu gebaut werden mußten. Dazu zählten

– eine Güterzugstrecke zwischen dem Rangierbahnhof Tempelhof und dem Rangierbahnhof Großbeeren, die kurzfristig fertiggestellt und zunächst als Baubetriebsstrecke genutzt werden sollte,

– der Südöstliche GAR von Großbeeren über Lichtenrade, Altglienicke und Wuhlheide nach Marzahn,

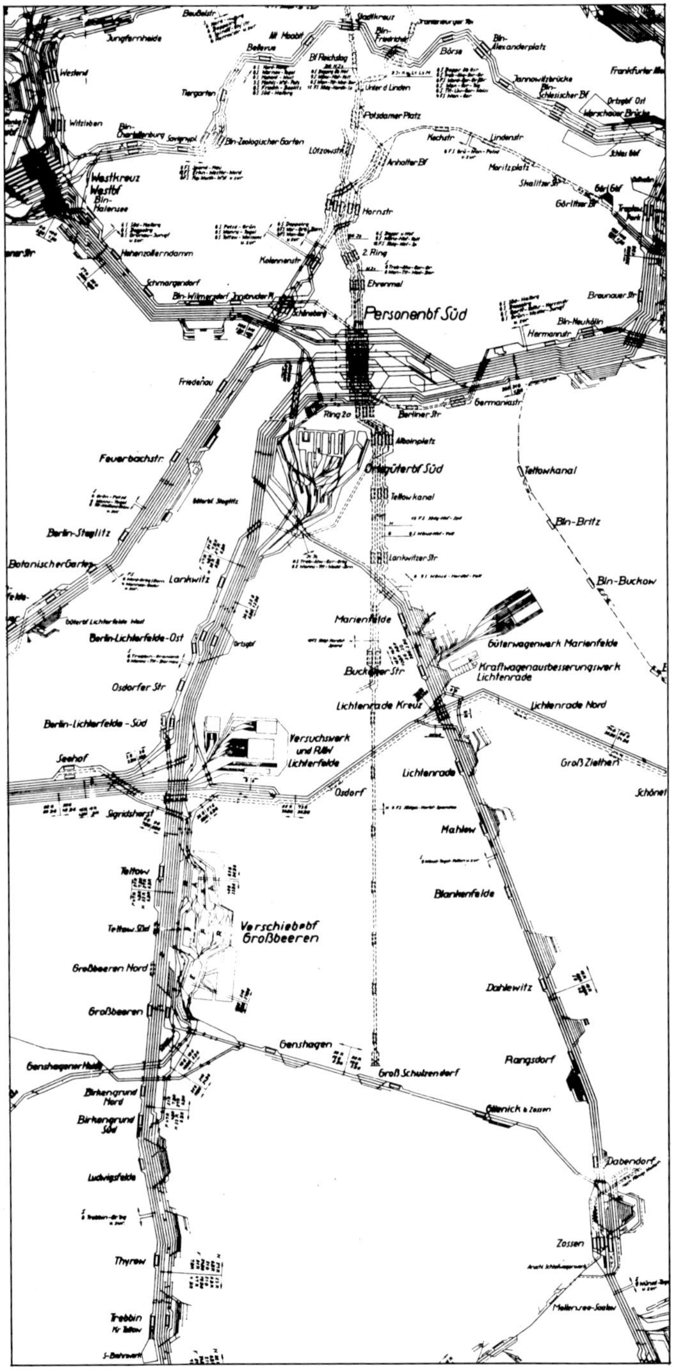

– der Südwestliche GAR von Großbeeren bis Stahnsdorf Süd und die dort anschließende neue Verbindungsstrecke nach Potsdam,

– die Güterzugstrecke Großbeeren–Zossen.

Außerdem mußte die Umgehungsbahn Michendorf–Großbeeren zweigleisig ausgebaut werden.

Die Erd- und Brückenarbeiten an diesen Strecken, am Rangierbahnhof Großbeeren und auf dem Schöneberger Südgelände wurden seit Mitte Juni 1938 schrittweise begonnen. Die Bauarbeiten umfaßten außerdem jenseits von Lichterfelde Ost die Hochlegung und den mehrgleisigen Ausbau der Anhalter Bahn. Mit dem Kriegsausbruch am 1. September 1939 kamen die Arbeiten zunächst zum Erliegen. Das Bauprogramm wurde jetzt stark reduziert, die Strecke von Großbeeren über Wuhlheide bis zum Anschluß an die Ostbahn in vereinfachter Form und nur eingleisig als „vorläufiger" GAR am 16. Dezember 1940 fertiggestellt und am 1. Januar 1941 offiziell in Betrieb genommen. Die Bauarbeiten an den Strekken Großbeeren–Potsdam und Großbeeren–Zossen blieben eingestellt, obwohl hier die Erdarbeiten – in Richtung Zossen auch der Bau einzelner Brücken – schon weit fortgeschritten waren. Das zweite Gleis auf der Umgehungsbahn Michendorf–Großbeeren konnte abschnittsweise 1940/41 in Betrieb genommen werden.

Im Spätsommer 1939 hatte die Reichsbahn nicht nur das gesamte für den Endausbau des Rangierbahnhofs Großbeeren benötigte Gelände freigelegt, sondern auch schon einen erheblichen Teil der Erdarbeiten für die erste Ausbaustufe abgeschlossen. Nach Kriegsausbruch wurde die kurzfristige Stillegung des Rangierbahnhofs Tempelhof hinfällig; trotzdem bedurfte dieser Bahnhof dringend einer Entlastung. Die Reichsbahn nutzte daher das schon fertiggestellte Planum des Rangierbahnhofs Großbeeren, um darauf einen Hilfsrangierbahnhof mit fünf Einfahrgleisen und einer aus 14 Gleisen bestehenden Richtungs- und Ausfahrgruppe zu bauen. Dieser Bahnhof erhielt im Süden Anschlüsse an die Anhalter Bahn und an die Umgehungsbahn, im Norden an den Südöstlichen GAR und an die inzwischen fertiggestellte Baubetriebsstrecke zum Rangierbahnhof Tempelhof.

Der Hilfsrangierbahnhof Großbeeren ging ab August 1941 stufenweise in Betrieb. Mit dem Fahrplanwechsel am 6. Oktober 1941 setzte hier der volle Rangierbetrieb ein. Zugleich nahmen auch zwei andere Hilfsrangierbahnhöfe – Rüdnitz an der Stettiner Bahn und Fredersdorf an der Ostbahn – die Arbeit auf. Der Rangierbahnhof Tempelhof, der noch im Sommerfahrplan 1941 täglich – ohne Bedarfszüge – 73 Güterzüge aufzulösen und 64 Züge zu bilden hatte, gab etwa ein Viertel seines Aufkommens nach Großbeeren ab. Nach dem Fahrplan vom 3. Juli 1944 wurden – wiederum ohne Bedarfszüge – im Rangierbahnhof Tempelhof 54 und im Hilfsrangierbahnhof Großbeeren 24 Güterzüge aufgelöst und daraus 41 bzw. 22 Güterzüge neu gebildet; davon verkehrten einzelne Züge von oder nach entfernten Gegenden außerhalb der alten Reichsgrenze, wie dem Großraum Wien oder dem Brenner.

Ausbau der Anhalter Bahn südlich von Berlin

Der Ausbau der Anhalter Bahn kam weniger schnell voran. Im Juni 1938 hatte die Reichsbahn an der Ostseite der Anhalter Ferngleise mit dem Bau der zweigleisigen Güterzugstrecke Tempelhof Rangierbahnhof–Großbeeren begonnen. Wegen ihrer beabsichtigten Nutzung für Baubetriebszwecke sollte diese Strecke bis Ende 1939 fertiggestellt sein. Der Krieg führte auch hier zu einer Einschränkung des Projektes. Die knapp 5,3 Kilometer lange Teilstrecke von Südende – hier endete der Rangierbahnhof Tempelhof – bis Lichterfelde Süd wurde jetzt nur noch eingleisig erbaut. Im Raum Lankwitz fielen größere Erdarbeiten an, und hier mußten auch – zunächst behelfsmäßige – Brücken über den Teltowkanal und zwei Straßen errichtet werden. Das Baubetriebsgleis ging hinter dem Bahnhof Lichterfelde Ost vorerst in Niveaulage über. Ab Lichterfelde Süd setzte es sich in der von hier an zweigleisigen Baubetriebsstrecke nach Großbeeren fort.

Die Baubetriebsstrecke erhielt in Lichterfelde Süd, in Teltow und in Großbeeren je einen mehrgleisigen Baubetriebsbahnhof. An den Bahnhof in Lichterfelde Süd war die Baustelle eines dort vorgesehenen neuen Reichsbahnausbesserungswerkes angeschlossen. Der Baubetriebsbahnhof in Teltow umfaßte auch den neuerbauten vorläufigen Ortsgüterbahnhof, welcher den an der Westseite der Anhalter Gleise angeordneten alten Güterbahnhof Teltow ersetzte. Der endgültige Güterbahnhof Teltow sollte erst später nordöstlich des großen Rangierbahnhofs Großbeeren entstehen. In Großbeeren befand sich der Baubetriebsbahnhof zwischen dem vorhandenen Bahnhof der Anhalter Bahn und der Einfahrgruppe des Hilfsrangierbahnhofs.

Die Baubetriebsstrecke wurde – zumindest teilweise – seit 1940 zunächst für den Baubetrieb genutzt. Spätestens mit der Inbetriebnahme des Hilfsrangierbahnhofs Großbeeren im Spätsommer 1941 muß diese Strecke auch für den regulären Güterzugbetrieb freigegeben worden sein.*)

Die begonnene Hochlegung der Anhalter Bahn jenseits von Lichterfelde Ost umfaßte auch den Bau eines eigenen Vorortgleispaares nach Ludwigsfelde. Ausschlaggebend dafür war der starke Berufsverkehr mit dem Rüstungsbetrieb bei Ludwigsfelde, der auf den Ferngleisen nur unzureichend bedient werden konnte. Im Gegensatz dazu war im Umkreis der Bahnhöfe Lichterfelde Süd und Teltow nur eine lockere Bebauung vorhanden, die schon seit Jahren mit der Straßenbahn eine zuverlässige Verkehrsverbindung mit der Berliner Innenstadt besaß. In Großbeeren lag der Bahnhof unverändert abseits des Ortes am Rande von Rieselfeldern.

Die Bauarbeiten an der Anhalter Bahn kamen durch den Krieg nur schleppend voran; auch hier waren wieder Zwischenbauzustände und Teilinbetriebnahmen erforderlich. In Lichterfelde Süd entstand westlich des vorhandenen, zwei schmale

*) Die Eisenbahnstatistik nennt dafür das falsche (nämlich „statistische") Datum 31. 12. 1941.

Auszug aus dem „Netzplan zur Umgestaltung der Berliner Bahnanlagen, Ausgabe vom 15. Mai 1941". Der größte Teil dieser Planung wurde nicht realisiert

Seitenbahnsteige aufweisenden Haltepunktes ein großzügiger S-Bahnhof mit zwei Mittelbahnsteigen. Diese Anlage berücksichtigte bereits die geplante S-Bahn-Zweigstrecke nach Teltow Stadt und Stahnsdorf. Unmittelbar hinter der Stadtgrenze überquerte die Ludwigsfelder Vorortbahn eine der geplanten Verbindungsstrecken zum südwestlichen GAR (S-Bahn-Gleis von Teltow Stadt und Ferngleis nach Potsdam).

Wenige hundert Meter weiter – südlich der vorgesehenen Unterfahrung der Anhalter Bahn durch den GAR – wurde auch ein tunnelartiges Kreuzungsbauwerk fertiggestellt, das im Endzustand für die zwei Verbindungsgleise zwischen dem Rangierbahnhof Großbeeren und dem Südwestlichen GAR bestimmt war. Der Bau dieser GAR-Teilstrecke kam zwar – wie bereits erwähnt – nach dem Kriegsbeginn zum Erliegen, jedoch war die Fertigstellung dieses Tunnels Voraussetzung, um die Teltower Eisenbahn auch künftig an das Streckennetz der Reichsbahn anschließen zu können. Der bisherige Anschluß dieser Bahn an den alten Bahnhof Teltow ging durch die bevorstehende Hochlegung der Anhalter Bahn verloren. Die Reichsbahn stellte daher für die Teltower Eisenbahn eine eingleisige Ersatzstrecke her, die vom Baubetriebsbahnhof Teltow – entlang der Ostseite des neuen Bahndammes – zu diesem Tunnel führte und nach dessen Durchquerung zunächst eine Spitzkehre erreichte. Von dort verlief das Gleis – jetzt westlich neben dem Bahndamm – zurück nach Teltow, wo es jenseits des alten Bahnhofs die vorhandenen Anlagen der Teltower Eisenbahn erreichte. Diese neue Verbindung dürfte etwa seit dem Sommer 1942 benutzt worden sein. Erst anschließend konnte auf dem Gelände des alten Bahnhofs Teltow der Bahndamm mit dem künftigen S-Bahnhof Teltow entstehen.

Etwa seit der Jahreswende 1942/43 verkehrten die Fernreisezüge von jenseits des Bahnhofs Lichterfelde Ost bis hinter den Bahnhof Teltow nicht mehr auf den bisherigen, im Niveau liegenden Gleisen der Anhalter Bahn, sondern auf den inzwischen fertiggestellten hochliegenden Gleisen der künftigen Vorortbahn. Gleichzeitig wurden in Lichterfelde Süd und in Teltow die alten Anlagen für den Personenverkehr geschlossen. Die Fernzüge hielten in diesen beiden Stationen jetzt an den neuen, später für die S-Bahn bestimmten Mittelbahnsteigen.

Nach der Stillegung der alten Anhalter Gleise ergänzte die Reichsbahn den Bahndamm so weit, daß auf diesem Damm von Lichterfelde Ost bis hinter Teltow ein eigenes Gleispaar für den Fernverkehr gebaut werden konnte. Dieses neue Ferngleispaar wurde Anfang August 1943 – wahrscheinlich am 4. August – in Betrieb genommen. Südlich von Teltow waren die neuen Ferngleise vorerst über eine Rampe an die alten, von hier an im Niveau verbliebenen Gleise der Anhalter Bahn angeschlossen. Dagegen setzte sich der für vier Gleise vorgesehene Bahndamm über Teltow hinaus bis vor die Umgehungsbahn fort, jedoch lagen auf diesem Damm zunächst nur die beiden Vorortgleise. Von der Umgehungsbahn bis Ludwigsfelde lag auch die Vorortbahn im Niveau.

Durch die Inbetriebnahme der neuen Ferngleise zwischen Lichterfelde Ost und Teltow verkehrten hier auf den künftigen Vorortgleisen keine Fernzüge mehr, und auch die anschließende Vorortstrecke von Teltow bis Ludwigsfelde war inzwischen fertiggestellt. Die Reichsbahn nahm daher am 9. August 1943 die Gesamtstrecke Lichterfelde Ost–Ludwigsfelde für den Vorortverkehr in Betrieb. Allerdings ließ sich die ursprüngliche Absicht, diese Strecke durchgehend mit elektrischen S-Bahn-Zügen zu befahren, nicht mehr verwirklichen. Die S-Bahn-Züge von Velten fuhren jetzt zwar über Lichterfelde Ost hinaus, endeten jedoch schon im Bahnhof Lichterfelde Süd. Dort mußte in Dampfzüge umgestiegen werden, die in Abständen von 30–60 Minuten, im Berufsverkehr von 10–20 Minuten, verkehrten. Diese Züge hielten in Lichterfelde Süd und in Teltow an den neuen Mittelbahnsteigen, die schon von den Fernpersonenzügen vorübergehend benutzt worden waren. In Großbeeren ging der Personenverkehr von dem historischen Bahnhof der Anhalter Bahn auf einen neuen Haltepunkt an der Vorortbahn über, und in Ludwigsfelde endeten die Vorortgleise in einem neuerbauten kleinen Kopfbahnhof. Außerdem wurden am 9. August 1943 zwischen Großbeeren und Ludwigsfelde die neuen Haltepunkte Birkengrund Nord und Birkengrund Süd eröffnet; letzterer ersetzte den seit 1938 bestehenden Werkhaltepunkt Birkengrund an den Ferngleisen. Die beiden neuen Haltepunkte lagen unmittelbar neben dem Daimlerwerk und waren zunächst nur für den Personenverkehr dieses Werkes zugelassen.

Seit der Inbetriebnahme der Vorortbahn fuhren die Fernpersonenzüge der Anhalter Bahn zwischen Lichterfelde Ost und Ludwigsfelde ohne Halt. Zugleich entfiel die Mitbenutzung dieser Züge durch S-Bahn-Reisende, so daß der Anhalter (Fern-) Bahnhof jetzt erneut ausschließlich dem Fernreiseverkehr vorbehalten blieb.

Die Ausdehnung des Vorortverkehrs hätte der Anlaß sein müssen, auch den Geltungsbereich des S-Bahn-Tarifs über Teltow hinaus nach Ludwigsfelde zu erweitern. Die Angaben darüber sind widersprüchlich. Es gibt zwar einen Bericht, der für die Tariferweiterung den 9. August 1943 nennt. Im Gegensatz dazu gab die Reichsbahndirektion Berlin im September 1943 bekannt, die Strecke Teltow–Ludwigsfelde werde am 1. November 1943 in den S-Bahn-Tarif einbezogen; gleichzeitig werde der bisherige Werkhaltepunkt Birkengrund Süd für den öffentlichen Personenverkehr freigegeben. Es ist daher anzunehmen, daß die Vorortzüge nach Ludwigsfelde erst vom 1. November 1943 an über Teltow hinaus mit S-Bahn-Fahrkarten benutzt werden durften.

Mit der Inbetriebnahme der Vorortbahn nach Ludwigsfelde kam der Ausbau der Anhalter Bahn zum Erliegen. Im November 1943 begannen die schweren Luftangriffe auf Berlin, die an den innerstädtischen Eisenbahnanlagen – an der Anhalter Bahn vor allem im Bereich des Anhalter Bahnhofs und des Rangierbahnhofs Tempelhof – schwere Schäden und oft tagelange Betriebsunterbrechungen herbeiführten. Trotzdem wurde der Zugverkehr immer wieder aufgenommen, allerdings mit einem ständig geringer werdenden Zugangebot.

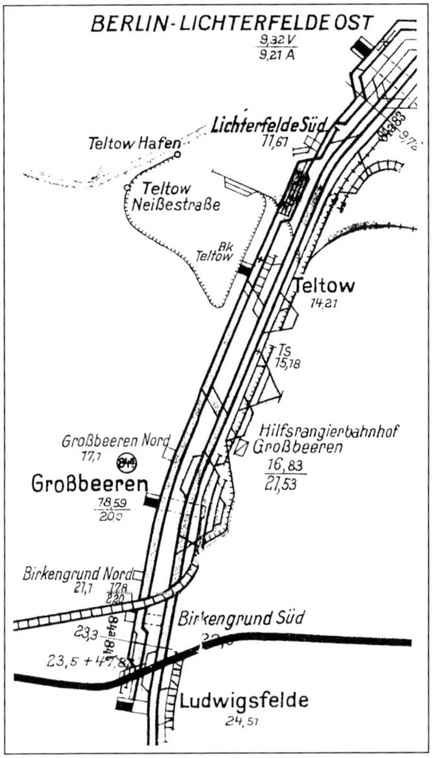

Neue Situation zwischen Lichterfelde Ost und Ludwigsfelde im Herbst 1943

Mit dem zunehmenden Luftkrieg war die Bedeutung des weniger störanfälligen Güteraußenringes stark angestiegen. Die Reichsbahn leitete daher 1944 den zweigleisigen Ausbau der Teilstrecke Teltow–Altglienicke ein. Dieser Ausbau stand bei Kriegsende vor dem Abschluß. Wahrscheinlich war das zweite Gleis zu diesem Zeitpunkt auf einem Teil des GAR – von Teltow bis Lichtenrade oder sogar bis Groß Ziethen – schon in Betrieb.

In den letzten Kriegsmonaten kam es an der Anhalter Bahn zu weiteren schwersten Zerstörungen. In der zweiten Aprilhälfte 1945 mußte der Eisenbahnbetrieb dann vollständig eingestellt werden. Wenige Tage vor Kriegsende sprengten zurückgehende deutsche Truppen die Brücken der Anhalter Bahn und der Dresdener Bahn über den Teltowkanal. Damit waren diese beiden Bahnen vom übrigen Berliner Eisenbahnnetz abgeschnitten.

Weitere Entwicklung der der Anhalter Bahn seit 1945

Wiederaufbau bis Ende der vierziger Jahre

Der Krieg hinterließ mit seinen umfangreichen Zerstörungen auch auf der Anhalter Bahn ein trauriges Erbe, das eine Betriebsaufnahme nach dem Ende der Kampfhandlungen vorerst nicht zuließ. Zu einem weiteren gravierenden Substanzverlust führte der Abbau von zweiten Streckengleisen, die als Reparation an die Sowjetunion abzuliefern waren. Damals verloren ihr zweites Streckengleis

- die Anhalter Bahn durchgehend von Südende bis vor Wittenberg,
- die Ludwigsfelder Vorortbahn von Lichterfelde Süd bis Ludwigsfelde,
- die Baubetriebsstrecke von Lichterfelde Süd bis Großbeeren,
- die Dresdener Bahn von Mariendorf bis Dresden Neustadt (allerdings wurde das zweite Gleis zwischen Mariendorf und Marienfelde von der amerikanischen Besatzungsmacht bereits 1946 wiederaufgebaut),
- der Güteraußenring von Teltow in Richtung Altglienicke,
- die Südliche Umgehungsbahn durchgehend von Seddin bis Großbeeren.

Außerdem mußte eine große Anzahl Bahnhofsgleise abgebaut werden.

Der Zugverkehr auf der Vorortbahn nach Lichterfelde Ost und Ludwigsfelde wurde in mehreren Etappen wiederaufgenommen. Ab 8. Juni 1945 verkehrte zunächst zwischen Yorckstraße und Südende zweimal täglich in jeder Richtung ein S-Bahn-Zug, der von einer Dampflokomotive befördert wurde. Am 2. August 1945 nahm die Reichsbahn sowohl in dieser Verbindung als auch zwischen Yorckstraße und Mariendorf den elektrischen S-Bahn-Betrieb wieder auf; vorerst pendelten die Züge auf beiden Strecken im Halbstundentakt. Vom 17. August 1945 an fuhren die Südender S-Bahn-Züge über ihren bisherigen Endpunkt hinaus eingleisig weiter nach Lichterfelde Süd, eine mehr als doppelt so lange Strecke ohne Kreuzungsmöglichkeit, die zunächst nur noch einen Stundentakt zuließ. Um auf dieser Strecke einen Halbstundentakt einführen zu können, brach die Reichsbahn ab 22. November 1945 den Pendelverkehr in Südende und setzte von dort nach Lichterfelde Süd einen eigenen Wagenzug ein. Das Umsteigen in Südende entfiel, als am 18. Juli 1946 das zweite S-Bahn-Gleis von südlich der Teltowkanalbrücke bis Lichterfelde Süd wieder in Betrieb genommen werden konnte.

Nach der Wiederaufnahme des S-Bahn-Verkehrs im Sommer 1945 konnten die Züge zunächst nicht über Yorckstraße hinaus in das Stadtzentrum weitergeführt werden, weil die Zufahrt vom Bahnhof Yorckstraße zum früheren PotsdamerRingbahnhof im November 1939 beseitigt worden war und die Nordsüdbahn seit den letzten Kriegstagen wegen einer Tunnelsprengung am Landwehrkanal unter Wasser stand. Die Wiederherstellung des Tunnels begann zwar schon im Herbst 1945, jedoch konnte der Südabschnitt der Nordsüdbahn erst ab 2. Juni 1946 schrittweise wieder in Betrieb genommen werden. Die Tunnelrampe vom Bahnhof Yorckstraße nach dem Anhalter S-Bahnhof war ab 15. August 1946 befahrbar. An jenem Tag nahm die Reichsbahn auf den S-Bahn-Strecken Anhalter S-Bahnhof–Yorckstraße–Südende sowie Priesterweg–Mariendorf den zweigleisigen Betrieb wieder auf. Lediglich zwischen Südende und Lankwitz im Bereich der Teltowkanalbrücke, deren zweiter Überbau nicht mehr wiederhergestellt werden konnte, blieb der eingleisige S-Bahn-Betrieb auf Dauer bestehen. Die S-Bahn-Züge auf der Lichterfelder Vorortbahn verkehrten seit dem 15. August 1946 durchgehend zwischen Potsdamer Platz und Lichterfelde Süd; gleichzeitig wurde der Zugabstand auf 20 Minuten verdichtet.

Auf der Dresdener Bahn war der elektrische S-Bahn-Betrieb am 8. September 1945 auf den Pendelabschnitt Mariendorf–Mahlow ausgedehnt worden, und am 1. Oktober 1945 kam zwischen Mahlow und Rangsdorf ein dritter elektrischer S-Bahn-Pendelbetrieb hinzu. Ab 15. August 1946 zunächst nur ab und bis Vorortbahnhof Papestraße geführt, verkehrten die S-Bahn-Züge der Dresdener Bahn vom 21. September 1946 an ohne Umsteigen zwischen Potsdamer Platz und Rangsdorf.

Der Vorortverkehr zwischen Lichterfelde Süd und Ludwigsfelde wurde am 24. Dezember 1945 mit sieben Dampfzugpaaren wiederaufgenommen. Allerdings hatte diese Strecke ihre bisherige Bedeutung verloren, weil das Daimlerwerk bei Ludwigsfelde als Rüstungsbetrieb der Demontage unterlag. Die Reichsbahn schloß daher im Jahre 1946 die Haltepunkte Birkengrund Nord und Birkengrund Süd, nahm jedoch den Haltepunkt Birkengrund Süd am 12. August 1948 erneut in Betrieb.

Die Wiederaufnahme des Fernverkehrs gestaltete sich noch schwieriger als die des S-Bahn-Verkehrs. Der erste vage Hinweis findet sich in einer Zeitung vom 6. Juni 1945, und am 16. Juni 1945 wurde gemeldet, in Lankwitz bestehe jetzt zweimal täglich Anschluß von und nach Jüterbog. Der Anschluß bezog sich auf die beiden zwischen Yorckstraße und Südende verkehrenden dampflokbespannten Zugpaare. Die Umsteigezeit belief sich auf 45 Minuten; sie enthielt auch den Fußweg zwischen Südende und Lankwitz. Die Fahrzeit für die rd. 55 Kilometer lange Strecke Lankwitz–Jüterbog betrug 3½–4 Stunden. Nach dem

Der Anhalter Bahnhof kurze Zeit nach dem Zweiten Weltkrieg; an einigen Bahnsteigen werden wieder Züge abgefertigt

Stand vom 21. Juni 1945 war die Anhalter Bahn auch zwischen Jüterbog und Wittenberg sowie zwischen Pratau und Muldenstein in Betrieb. Die Elbbrücke bei Wittenberg war ebenso unbefahrbar wie die Muldebrücke zwischen Muldenstein und Bitterfeld. Ende Juni 1945 verkehrte bereits ein Personenzugpaar durchgehend zwischen Lankwitz und Wittenberg. Ab 20. Juli 1945 waren die Elbbrücke und die Muldebrücke provisorisch befahrbar; ein neu eingelegtes Personenzugpaar verkehrte jetzt ohne Umsteigen zwischen Lankwitz und Halle.

Die Wiederinbetriebnahme des Anhalter Bahnhofs ließ noch länger auf sich warten, weil hier erst enttrümmert sowie ein Teil des Daches der Bahnsteighalle beseitigt werden mußte. Darüber hinaus war die Wiederherstellung der zerstörten Teltowkanalbrücken eine Voraussetzung, um den Anhalter Bahnhof überhaupt erreichen zu können. Die Befahrbarkeit der Brücken verzögerte sich jedoch mehrfach, denn die schon am 7. August angekündigten Dampfvorortzüge zwischen dem Anhalter Bahnhof und Zossen verkehrten tatsächlich erst ab 19. August 1945. Diese Züge waren nach dem Krieg die ersten Reisezüge im Anhalter Bahnhof. In jeder Richtung verkehrten täglich vier Züge im Abstand von vier Stunden. Mit der Wiederaufnahme des elektrischen S-Bahn-Betriebes nach Mahlow am 8. September 1945 wurde der Dampfvorortverkehr auf der Teilstrecke Anhalter Bahnhof–Mahlow eingestellt.

Der Fernreiseverkehr auf der Dresdener Bahn, der gleichfalls Anfang August 1945 in den Anhalter Bahnhof eingeführt werden sollte, blieb tatsächlich noch einige Zeit auf Anschlußverbindungen mit Vorort- bzw. S-Bahn-Zügen beschränkt. Erst Ende August oder im September 1945 kam hier für Dienstreisende ein erstes D-Zugpaar zum Einsatz, das durchgehend zwischen dem Anhalter Bahnhof und Dresden verkehrte.

Auch die Fernreisezüge der Anhalter Bahn erreichten ihren historischen Bahnhof in Berlin erst in den späten Augusttagen 1945 wieder. Die Presse hatte zwar schon Anfang August auch für die Richtung Jüterbog die Wiederaufnahme des Zugverkehrs im Anhalter Bahnhof angekündigt, doch begannen und endeten diese Züge zunächst unverändert in Lankwitz. Erst am Morgen des 21. August 1945 erreichte mit dem D 7 von Bad Salzungen erstmals nach dem Krieg wieder ein Reisezug der Anhalter Bahn den Anhalter Bahnhof. In der Gegenrichtung fuhr der erste Zug am 22. August um 0.00 Uhr vom Anhalter Bahnhof ab. Spätestens ab 27. August 1945 begannen und endeten auch die Personenzüge der Anhalter Bahn – ein Zugpaar zwischen Berlin und Halle sowie zwei Zugpaare zwischen Berlin und Wittenberg – nicht mehr in Lankwitz, sondern wieder im Anhalter Bahnhof.

Das Zugangebot wurde in der Folgezeit schrittweise verbessert, ohne jedoch auch nur annähernd den Anforderungen gerecht werden zu können. Die Fahrzeiten waren teilweise mehr als doppelt so lang wie vor dem Krieg, eine Folge sowohl der noch immer stark beschädigten Betriebsanlagen als auch der vielen Kreuzungshalte auf den eingleisig gewordenen Streckenabschnitten. 1946 waren bereits alle Bahnhöfe zwischen Berlin und Wittenberg für Zugkreuzungen ausgebaut, und zusätzlich wurden in jener Zeit zwischen entfernteren Kreuzungsbahnhöfen weitere Betriebsstationen mit Kreuzungsgleis eingerichtet.

Zur Entlastung der Anhalter Bahn zog die Reichsbahn verstärkt die Wetzlarer Bahn heran. So wurden in Berlin seit etwa Anfang 1946 einzelne D-Züge Richtung Mitteldeutschland nicht mehr im Anhalter Bahnhof, sondern in den Fernbahnhöfen der Stadtbahn abgefertigt. Diese Züge verkehrten zwischen Berlin und Halle/Leipzig auf dem Weg über Seddin–Wiesenburg–Roßlau–Dessau.

Im Sommer 1946 waren im Anhalter Bahnhof von den zwölf Bahnsteiggleisen der letzten Kriegsjahre nur noch sechs Gleise in Betrieb. War es ein Mangel an Bahnsteiggleisen, sollte die Berliner Innenstadt direkter als vom Anhalter Bahnhof aus erreicht werden oder war es ein erster Probeschritt in eine Abgrenzung – vielleicht war es auch eine Vermischung aller drei Aspekte, als die Reichsbahn ab 25. September 1946 je ein D-Zug- und ein Eilzug-Paar der Anhalter

Abfahrtplan des Anhalter Bahnhofs und Fahrplan der Vorortzüge nach Ludwigsfelde; Stand 1. April 1948

Zeit	Zug Nr	In Richtung
:7.08	D 120	**Leipzig** 10.19. **Nur für Dienst- und Geschäftsreisen.**
:7.30	D 1062	Falkenberg 10.05–**Riesa** 11.11–**Dresden-Neustadt** 12.46, Kurswagen 1.2. Klasse nach Prag 20.32–Budapest–Belgrad (für Ausländer), 3. Klasse nach Bad Schandau 15.00. **Nur für Dienst- und Geschäftsreisen.**
:7.30	D 1072	(bis Riesa als D 1062) **Riesa** ab 11.24–Döbeln 12.02–**Chemnitz** 13.19. **Nur für Dienst- und Geschäftsreisen.**
† 8.13	Vt/502	Bln-Lichterfelde Ost an 8.32 (u) **Bln-Lichterfelde Ost** ab 8.59–Luckenwalde 10.23–**Jüterbog** 10.50.
W 9.03	902	Luckenwalde 10.49–Jüterbog 11.14–**Wittenberg** 12.19–Bitterfeld 13.45–**Halle** 14.50. **Nur W.** (In Bitterfeld Anschluß nach Leipzig 16.01.)
9.53	316	Uckro 12.53–**Doberlug-Kirchhain** 13.48–**Elsterwerda** 14.48–Großenhain 15.48–**Dresden** Hbf 18.19.
<:11.55	D 1042	Bitterfeld 14.40–**Halle** 15.12–Weißenfels 16.02–Naumburg 16.26–Weimar 17.19–**Erfurt** 17.49–Gotha 18.36–**Eisenach** 19.10. **Nur Mo, Mi, Fr. Nur für Dienst- und Geschäftsreisen.**
15.14	310	Uckro 17.30–Doberlug-Kirchhain 18.57–**Elsterwerda** 19.50.
19.29	504	Luckenwalde 21.17–**Jüterbog** 21.44.

† ab Anhalter S-Bf bis Bln-Lichterfelde Ost.

Nach Ludwigsfelde (in Lichterfelde Süd umsteigen):

Potsdamer Platz	ab	...	6.31	8.51	12.51	14.51	16.51	18.51	20.51	...	...
Lichterfelde Süd	ab	5.22	7.00	9.22	13.22	15.22	17.22	19.22	21.22	...	...
Ludwigsfelde	an	5.48	7.26	9.48	13.48	15.48	17.48	19.48	21.48	...	...

Bahn sowie das einzige D-Zug-Paar der Dresdener Bahn vom Anhalter Bahnhof abzog und nach dem im sowjetischen Sektor gelegenen Schlesischen Bahnhof verlegte. Diese Züge erreichten die Stadtbahn nicht – wie die Wetzlarer Bahn – von Westen, sondern benutzten zwischen Teltow und Eichgestell*) – die Dresdener Züge zwischen Lichtenrade und Eichgestell*) – den Südöstlichen Güteraußenring und weiter bis zum Schlesischen Bahnhof die Schlesische Bahn. Der Anhalter Bahnhof schied damit endgültig aus dem D-Zug-Verkehr auf der Dresdener Bahn aus; lediglich die zwei – seit Oktober 1949 drei – Personenzugpaare dieser Bahn verblieben noch einige Jahre in ihrem traditionellen Berliner Abgangsbahnhof.

Der Fernreiseverkehr auf der Anhalter Bahn unterlag in jener Zeit häufigen Änderungen. Seit dem Herbst 1947 erreichten diejenigen D-Züge der Anhalter Bahn, die seit 1946 auf der Stadtbahn abgefertigt wurden, ihre Stammstrecke nicht mehr in Teltow, sondern – auf dem Weg über Wannsee, Seddin und die Westliche Umgehungsbahn – erst in Jüterbog. Diese Umgehungsbahn mündet von Süden in den Bahnhof Jüterbog ein, so daß alle zwischen der Umgehungsbahn und den Richtungen Wittenberg–Halle bzw. Riesa–Dresden verkehrenden Züge in Jüterbog kopfmachen mußten.

Seit dem Sommerfahrplan 1948 besserte sich das Zugangebot zusehends. Im Sommerfahrplan 1950 begannen und endeten im Anhalter Bahnhof sechs D-Zug- und acht Personenzugpaare der Anhalter Bahn. Weitere zwei D-Zugpaare, die in Berlin auf der Stadtbahn begannen und endeten, befuhren die Anhalter Bahn nur jenseits von Jüterbog. Außerdem gab es drei D-Zugpaare – davon zwei Zugpaare für den Interzonenverkehr –, die zwischen der Stadtbahn und Halle/Leipzig über Dessau verkehrten. Die Fahrzeiten einiger Züge erreichten in jener Zeit langsam wieder einen akzeptablen Standard. So nennt der Fahrplan vom 3. Oktober 1948 für die schnellsten Züge zwischen Berlin Anhalter Bahnhof und Leipzig Hbf erstmals nach dem Krieg wieder eine Fahrzeit von weniger als drei Stunden, und ab 15. August 1950 verkehrte in dieser Relation ein neues D-Zugpaar mit nur wenig mehr als zwei Stunden Fahrzeit.

Mit Ausnahme der für Militär- und Reparationstransporte wichtigen Schlesischen Bahn hatten die Berliner Fernbahnen im Sommer 1945 – die Ostbahn erst 1947 – ihr zweites Streckengleis verloren, ein Aderlaß, der die Betriebsführung stark erschwerte. Auf der Anhalter Bahn begann der Wiederaufbau des zweiten Gleises wesentlich früher als auf den anderen, zumeist erst in den sechziger und siebziger Jahren wieder zweigleisig ausgebauten Berliner Fernbahnen – letztlich ein erneuter Hinweis auf die überragende Bedeutung der Anhalter Bahn. Im Sommer 1950 endete der zweigleisige Betrieb im Bahnhof Bülzig, wenige Kilometer nördlich von Wittenberg. Hier begann auch der Wiederaufbau des zweiten Gleises. Dieses Gleis wurde am 5. September 1950 zunächst zwischen Bülzig und Zahna in Betrieb genommen und schrittweise weiter nach Norden vorgestreckt. Ab 19. Dezember 1950 war die Anhalter Bahn durchgehend von Wittenberg bis Jüterbog wieder zweigleisig befahrbar.

*) Südlich des Bahnhofs Wuhlheide.

Der Güterverkehr auf der Anhalter Bahn wurde – unter Verzicht auf den Hilfsrangierbahnhof Großbeeren, der vollständig demontiert worden war – bald nach Kriegsende wiederaufgenommen. Im Rangierbahnhof Tempelhof war zunächst nur das Süd-Nord-System betriebsfähig. Erst 1947 konnte auch das stärker zerstörte Nord-Süd-System dieses Bahnhofs den Betrieb wiederaufnehmen. Im Winter 1949/50 hatte der Rangierbahnhof Tempelhof täglich regelmäßig 35 Güterzüge aufzulösen und 36 Züge zu bilden – unter Hinzurechnung von bis zu 45 Bedarfszügen im Vergleich zu der Vorkriegszeit erneut eine beachtliche Leistung. Die Güterzüge verkehrten zwischen Tempelhof und Lichterfelde Ost auf dem verbliebenen Ferngleis der Anhalter Bahn. Das vormalige Baubetriebsgleis stand hier nicht mehr zur Verfügung, weil die Teltowkanalbrücke nach dem Krieg nicht nur für die S-Bahn, sondern auch für den Fern- und Güterverkehr nur noch eingleisig wiederhergestellt worden war. Ab Lichterfelde Ost befuhren die Güterzüge das frühere Baubetriebsgleis, das bis jenseits der Stadtgrenze nur eine geringe Geschwindigkeit zuließ. Hier kam es – vor allem während der Blockade der Westsektoren – bei den aus Mitteldeutschland kommenden Güterzügen häufiger zu Kohlediebstählen. Um die Beraubungsgefahr zu mindern, waren die Lokomotivführer verpflichtet, in diesem Bereich die kürzeste Fahrzeit anzustreben.

Verlagerung des Verkehrs der Anhalter Bahn im Berliner Raum in den fünfziger Jahren

Seit 1945 lagen der Anhalter Bahnhof und die anschließenden Strecken bis zur Stadtgrenze – die Anhalter Bahn bis hinter den Bahnhof Lichterfelde Süd, die Dresdener Bahn bis Lichtenrade – im amerikanischen Sektor von Berlin. Jenseits der Stadtgrenze begann die Sowjetische Besatzungszone. Das politische Klima zwischen den Siegermächten des Zweiten Weltkrieges hatte sich seit 1945 ständig verschlechtert. Es mündete 1948 in den Kalten Krieg ein, der die Berliner Westsektoren während der Blokkade 1948/49 besonders stark traf. Der Eisenbahnverkehr auf der Anhalter Bahn blieb jedoch von dieser politischen Entwicklung vorerst unberührt. Lediglich im Mai und Juni 1949 wurde der Bahnbetrieb in den Westsektoren durch einen mehrwöchigen Eisenbahnerstreik gelähmt.

Die Verkehrsverbindungen der Berliner Westsektoren mit dem Umland blieben nach dem Streik weiter erhalten. Sie wurden erst seit 1950, von der inzwischen aus der Sowjetzone hervorgegangenen DDR, schrittweise eingeschränkt. In diesem Zusammenhang nahm die Reichsbahn etwa Ende März 1950 eine neue eingleisige Verbindungskurve zwischen der Abzweigstelle Dennewitz an der Anhalter Bahn und der Abzweigstelle Neues Lager an der Westlichen Umgehungsbahn in Betrieb, welche die südliche Umfahrung des Bahnhofs Jüterbog ermöglichte. Eine weitere Umgehungsstrecke südlich von Jüterbog sollte von der Abzweigstelle Neues Lager nach der Riesaer Zweigbahn führen, jedoch kam diese Verbindung über die Planung nicht hinaus.

Vom 1. Mai 1950 an durften Gütertransporte der DDR aufgrund eines neuen Gesetzes nicht mehr durch die Berliner Westsektoren befördert werden. Die Reichsbahn stellte daher den Güterverkehr über die Stadtgrenze auf einigen Strecken vollständig ein. An den übrigen Strecken fand auf dem letzten größeren Bahnhof vor der Stadtgrenze eine Kontrolle statt, an der Anhalter Bahn beispielsweise im Bahnhof Großbeeren. Der Durchgangsgüterverkehr über Berlin hinaus wurde – sofern nicht weiträumig umgeleitet – auf die Umgehungsbahn Oranienburg–Nauen–Wildpark–Jüterbog oder auf den jetzt geschlossenen Güteraußenring Teltow–Altglienicke–Karow–Basdorf–Oranienburg verlagert. Auch die von oder nach Bahnhöfen im Berliner Ostsektor laufenden Güterwagen durften seither nicht mehr durch die Westsektoren befördert werden.

Die Stadtgrenze bei Lichterfelde Süd und bei Lichtenrade wurde seit dem 1. Mai 1950 vorerst noch von jenen Güterwagen passiert, die nach oder von Bahnhöfen in den

Westsektoren liefen, sowie von Leerwagen. Dafür genügten auf der Anhalter Bahn wie auch auf der Dresdener Bahn ein bis zwei Nahgüterzüge in jeder Richtung sowie einzelne Leerwagenzüge. Mit der Verlagerung des Güterverkehrs gingen die Aufgaben des Rangierbahnhofs Tempelhof weitgehend auf die im Ostsektor gelegenen Rangierbahnhöfe Pankow und Schöneweide sowie auf den nach schweren Kriegszerstörungen im Wiederaufbau befindlichen Bahnhof Seddin über. Dem Rangierbahnhof Tempelhof verblieben damals neben den wenigen grenzüberschreitenden Zügen nur noch Restaufgaben im Güterverkehr innerhalb der Westsektoren.

Obwohl seit dem 1. Mai 1950 offizielle Umfahrungsstrecke für den DDR-Binnengüterverkehr, führte der Südöstliche GAR Teltow–Altglienicke auf drei Teilstrecken – bei Lichterfelde Süd, in Lichtenrade sowie in Rudow – durch den amerikanischen Sektor. Am 1. November 1950 begann daher außerhalb von Berlin der Bau einer neuen Umgehungsstrecke, die sich an die Linienführung der vor dem Ersten Weltkrieg geplanten, erst 1937 aufgegebenen Südöstlichen Umgehungsbahn anlehnte. Diese Neubaustrecke schloß östlich des Bahnhofs Genshagener Heide – am Schnittpunkt mit der Anhalter Bahn – an die 1926 in Betrieb genommene Strecke Seddin–Großbeeren an. Sie führte – teilweise in den zwanziger Jahren fertiggestellte Anlagen nutzend – südlich an Mahlow vorbei, schnitt zunächst bei Schönefeld den GAR und mündete dann nördlich von Grünau – an der Kreuzung des GAR mit der Görlitzer Bahn – in den GAR Richtung Eichgestell ein.

Die Neubaustrecke Genshagener Heide–Grünauer Kreuz sollte ursprünglich erst Ende 1951 in Betrieb genommen werden. Sie wurde jedoch tatsächlich bereits am 10. Juli 1951 offiziell eröffnet, um im August 1951 die Teilnehmer der III. Weltfestspiele, einer politischen Großveranstaltung im Ostsektor, in Sonderzügen – unter Umgehung der Berliner Westsektoren – an- und abtransportieren zu können. Die Neubaustrecke Genshagener Heide–Grünauer Kreuz bildet heute zusammen mit der Strecke (Seddin–)Saarmund–Genshagener Heide und der seit 1957 betriebsfähigen Neubaustrecke Golm–Saarmund den Südlichen Berliner Außenring (SAR). Der SAR war an die Anhalter Bahn zunächst nur durch eine eingleisige südöstliche Verbindungskurve angeschlossen, die von der Abzweigstelle Genshagen Ost (Abzw. Ago, heute Abzw. Gho) nach Ludwigsfelde führte. Daneben blieb die Verbindung zwischen Genshagener Heide und Großbeeren – vorher ein Teil der Strecke Seddin–Großbeeren – bestehen.

Der öffentliche Personenverkehr auf dem SAR wurde Ende (24. ?) September 1951 aufgenommen. Zunächst verkehrten werktags mehrere Züge zwischen der Wetzlarer Bahn und Bahnhöfen im Ostsektor, die unterwegs nicht hielten. Diese Züge waren zwar nicht mit S-Bahn-Fahrkarten benutzbar, jedoch galt in dieser Verbindung spätestens seit Mitte Oktober 1951 ein stark ermäßigter Sondertarif.

Inzwischen war auch die Ausschaltung der Berliner Westsektoren aus dem Vorortverkehr nach Ludwigsfelde und aus dem Fernreiseverkehr vorangetrieben worden. Zunächst wurde die seit 1945 eingleisige Vorortbahn über Lichterfelde Süd hinaus elektrifiziert. Vorläufiger Endpunkt der S-Bahn war Teltow, der erste Bahnhof jenseits der Stadtgrenze. Vom 7. Juli 1951 an verkehrten die elektrischen S-Bahn-Züge durchgehend zwischen Teltow und Bernau, das schon seit dem 27. März 1949 nördlicher Endpunkt der Lichterfelder S-Bahn-Züge war. Zwischen Lichterfelde Süd und Teltow bestand anfangs noch ein Mischbetrieb der elektrischen S-Bahn mit den Ludwigsfelder Dampfvorortzügen, damals täglich zehn Züge in jeder Richtung, die nur verkehren konnten, wenn der 20-Minuten-Takt der S-Bahn-Züge unterbrochen wurde.

Erst nachdem in Teltow an der Westseite des früheren Baubetriebsbahnhofs ein neuer niedriger Bahnsteig und zusätzliche Gleise fertiggestellt waren, begannen und endeten die Ludwigsfelder Vorortzüge ab 25. August 1951 nicht mehr in Lichterfelde Süd, sondern im Bahnhof Teltow an dem neuerbauten Vorortbahnsteig. Um das Umsteigen zwischen dem hochgelegenen S-Bahnsteig und dem im Niveau befindlichen neuen Bahnsteig zu erleichtern, wurde der bisher nur halbseitig vorhandene Fußgängertunnel unter dem Anhalter Bahndamm etwa im Frühjahr 1952 bis an den neuen Vorortbahnsteig verlängert. Noch 1952 war vorgesehen, den elektrischen S-Bahn-Betrieb über Teltow hinaus nach Ludwigsfelde auszudehnen. Dazu kam es jedoch nicht mehr, so daß die Reichsbahn das nach 1945 noch verbliebene Vorortgleis von jenseits des S-Bahnhofs Teltow bis zur Kreuzung mit dem SAR im Jahre 1952 abbaute.

Seit dem 25. August 1951 befuhren die Ludwigsfelder Vorortzüge von Teltow an zunächst das verbliebene frühere Baubetriebsgleis. Dieses Gleis mündete im Bahnhof Großbeeren in das von und nach Berlin führende Anhalter Ferngleis ein. Damit hielten die Vorortzüge in Großbeeren wieder in dem historischen Bahnhof der Anhalter Bahn; der nur acht Jahre alte Vorortbahnsteig auf dem Bahndamm wurde stillgelegt, seine Bahnsteigkanten später abgetragen. Ab Großbeeren benutzten die Ludwigsfelder Vorortzüge zusammen mit den Fern- und Güterzügen das verbliebene Ferngleis der Anhalter Bahn. Ob dieses Gleis damals jenseits des SAR an das bisherige Vorortgleis angeschwenkt war, um die Ludwigsfelder Vorortzüge in Birkengrund Nord und in Birkengrund Süd an die vorhandenen Bahnsteige heranführen zu können, oder ob das Ferngleis auch zwischen dem SAR und Ludwigsfelde weiter in Betrieb blieb und daher in Birkengrund Süd – später auch in Birkengrund Nord – Notbahnsteige für die Vorortzüge errichtet werden mußten, ließ sich leider nicht klären.

Die Verlagerung des Fernreiseverkehrs der Anhalter Bahn begann Anfang 1951. Der Winterfahrplan 1950/51, gültig ab 8. Oktober 1950, entsprach mit fünf D- und acht Personenzugpaaren von und nach dem Anhalter Bahnhof sowie weiteren zwei D-Zugpaaren, die zwischen Berlin Stadtbahn und Dennewitz über Seddin und die Westliche Umgehungsbahn verkehrten, grundsätzlich noch dem Stand vom Sommer 1950. Keiner dieser Züge stellte eine direkte Verbindung zwischen der Anhalter Bahn und dem Ostsektor Berlins her, lagen doch der Anhalter Bahnhof ebenso wie der Bahnhof Zoologischer Garten (Stadtbahn) in den Westsektoren.

Dieser Zustand änderte sich am 19. Februar 1951, als die Reichsbahn anstelle von vier Schnelltriebwagen, die bisher durch die Westsektoren gefahren waren, für den Behördenverkehr zwischen Erfurt und Berlin Ostbahnhof*) ein Dt-Paar neu einlegte. Dieses Zugpaar umfuhr die Berliner Westsektoren zwischen Jüterbog und dem Ostbahnhof auf abenteuerlichen Wegen: Von Jüterbog bis Zossen auf der früheren Militärbahn, nördlich von Zossen eine kurze Strecke auf der Dresdener Bahn und dann weiter von Dabendorf über Mittenwalde Nord nach dem Kreuzungsbahnhof Schönefeld am GAR oder über Mittenwalde Ost nach Königs Wusterhausen an der Görlitzer Bahn. Die beiden Strecken über Mittenwalde waren ursprünglich als Kleinbahnen konzessionierte Privatbahnen, die bis 1945 Eigentum der Neukölln-Mittenwalder Eisenbahn-Gesellschaft bzw. der Königs Wusterhausen-Mittenwalde-Töpchiner Kleinbahn-Gesellschaft gewesen waren. Nach dem Zweiten Weltkrieg enteignet und 1949/50 von der Reichsbahn für den Umgehungsverkehr hergerichtet, wurden diese Strecken unter Eisenbahnern auch als „Gummibahn" bekannt. Die Schnelltriebwagen benötigten zwischen Jüterbog und Berlin Ostbahnhof rd. 2½ Stunden Fahrzeit, etwa doppelt soviel wie ein lokbespannter D-Zug für die Strecke Anhalter Bahnhof–Jüterbog brauchte. Im März 1951 kamen weitere D-Züge und Eilzüge von und nach dem Ostbahnhof hinzu, die wahrscheinlich nicht über Zossen, sondern auf dem Weg über den GAR und Teltow verkehrten.

Mit dem Fahrplanwechsel am 20. Mai 1951 zog die Reichsbahn jene D-Züge der Anhalter Bahn, die bisher zwischen Berlin Stadtbahn und Dennewitz über die Westliche Umgehungsbahn gefahren waren, von der Stadtbahn ab und verlegte diese Züge in den Anhalter Bahnhof – eine Änderung, die nur von kurzer Dauer war, denn schon der nächste Fahrplanwechsel am 7. Okto-

*) Der Schlesische Bahnhof war inzwischen umbenannt worden.

Winterfahrplan 1951/52, Ausgabe vom 4. Februar 1952 – der letzte Abfahrtplan des Anhalter Bahnhofs vor der Stillegung

Abfahrt Anhalter Bahnhof

Zeit	Zug Nr		In Richtung
5.43	804	3.	Luckenwalde 7.08 – Jüterbog 7.33 – **Lutherst Wittenberg** 8.33 – Bitterfeld 9.31 – **Halle** 10.05 – Weißenfels 11.28 – Naumburg 11.50 – Weimar 13.05 – **Erfurt** 13.41 – **Gotha** 16.07 (in Bitterfeld Anschluß nach Leipzig 10.36)
:6.31	D 72	2. 3. 🍷	Falkenberg 8.50 - **Riesa** 9.43 - Döbeln 10.20 - **Chemnitz** 11.18
7.45	862	3.	Luckenwalde 9.24 – Jüterbog 9.51 – **Lutherst Wittenberg** 10.44 – Bitterfeld 11.39 – **Halle** 12.28 – Weißenfels 13.58 – Weimar 15.39 – **Erfurt** 16.12 – Gotha 17.27 – **Eisenach** 18.22 (in Bitterfeld Anschluß nach Leipzig 12.59)
9.35	316	3.	Uckro 12.24 – Doberlug-Kirchhain 13.12 – **Elsterwerda** 13.56 – Grobenhain 15.16 – **Dresden** Hbf 16.53
⚒11.33	⚒290	3.	Luckenwalde 12.52 – Jüterbog 13.19 – Falkenberg 14.59 – **Riesa** 16.28 **Nur** ⚒
12.40	806	3.	Luckenwalde 13.53 – Jüterbog 14.20 – **Lutherst Wittenberg** 14.58 – Bitterfeld 16.23 – **Halle** 17.15 – Weißenfels 18.17 – Naumburg 18.48 – Weimar 20.00 – **Erfurt** 20.37 – Gotha 22.43 – **Eisenach** 23.32 (in Bitterfeld Anschluß nach Leipzig ⚒17.55, †18.25)
14.04	836	3.	Luckenwalde 15.27 – Jüterbog 15.51 – **Lutherst Wittenberg** 16.42 – Bitterfeld 17.46 – **Halle** 19.03 – Weißenfels 20.14 – Naumburg 20.38 – Weimar 22.02 – **Erfurt** 22.36 (Anschluß nach Gotha 1.16)
15.36	310	3.	Uckro 17.40 – Doberlug-Kirchhain 19.12 – **Elsterwerda** 19.54 – Grobenhain 21.06 – **Dresden** Hbf 22.26
⚒ **:16.00**	⚒D 120	2. 3. 🍷	Jüterbog 17.01 – Lutherst Wittenberg 17.30 – Bitterfeld 18.05 – **Leipzig** 18.39 (in Bitterfeld Anschluß nach Halle 19.03) **Nur** ⚒
16.29	838	3.	Luckenwalde 17.49 – Jüterbog 18.21 – **Lutherst Wittenberg** 19.28 – Bitterfeld 20.53 – **Halle** 21.54. ⚒ Anschluß nach Naumburg ⚒23.26 (in Bitterfeld Anschluß nach Leipzig ⚒22.24)
17.41	808	3.	Luckenwalde 19.31 – Jüterbog 19.55 – **Lutherst Wittenberg** 21.06 – Bitterfeld 22.39 – **Halle** 23.36 – **Weißenfels** 0.48 (– Naumburg nS 1.24) (in Bitterfeld Anschluß nach Leipzig 23.47)
:18.24	D 138	2. 3. 🍷	Bitterfeld 20.23 – **Leipzig** 20.58 – Zeitz 21.59 – **Gera** 22.35 – Greiz 23.34 – **Plauen** (V) unt Bf 0.09 (in Bitterfeld Anschluß nach Halle 21.54)
21.52	832	3.	Luckenwalde 23.11 – Jüterbog 23.34 – **Lutherst Wittenberg** 0.38 – Bitterfeld 1.40 – Halle (S) 2.21 – **Weißenfels** 3.38 – Naumburg 5.23 – Weimar 6.42 – **Erfurt** 7.19
22.31	318	3.	Uckro 1.06 – Doberlug-Kirchhain 1.48 – **Elsterwerda** 2.24 (Anschluß nach Dresden 7.19)
23.44	3500	3.	Ludwigsfelde 0.30 – Luckenwalde 1.15 – **Jüterbog** 1.41 (Anschluß nach Halle ⚒7.08, †7.30 – Saalfeld 11.24)

Nach Ludwigsfelde (S-Bahnverkehr, in Teltow umsteigen):

Anhalter Bf (S-Bahnsteig)	ab	4.12	5.32	6.52	8.32	10.52	12.52	14.52	16.52	18.12	19.52	21.52	23.32
Teltow	ab	4.50	6.10	7.37	⚒9.17	11.35	13.35	15.35	17.35	18.52	20.31	22.36	b0.09
Ludwigsfelde	an	5.11	6.31	7.58	⚒9.33	11.56	13.56	15.56	17.56	19.15	20.52	23.01	0.30

b Bln-Lichterfelde Ost ab 23.58.

ber 1951 brachte einschneidende Änderungen. Mit dem inzwischen fertiggestellten SAR stand jetzt für die Umgehung der Westsektoren eine relativ leistungsfähige Strecke zur Verfügung, und so wurden ab 7. Oktober 1951 weitere D- und Eilzugpaare der Anhalter Bahn vom Anhalter Bahnhof nach dem Ostbahnhof verlegt. Diese Züge verkehrten wegen umfangreicher Bauarbeiten am Grünauer Kreuz zunächst noch auf Umleitungsstrecken, wie über Königs Wusterhausen.

Nachdem das Grünauer Kreuz am 10. Dezember 1951 fertiggestellt worden war, führte die Reichsbahn am 6. Januar 1952 nochmals einen neuen Fahrplan ein. Nicht weniger als acht D- und Eilzugpaare der Anhalter Bahn wurden jetzt im Ostbahnhof abgefertigt und endgültig nicht mehr über den GAR oder über Mittenwalde, sondern zwischen Berlin und Ludwigsfelde über den neuen SAR geleitet. Dagegen begannen und endeten im Anhalter Bahnhof seit dem 6. Januar 1952 täglich nur noch zwei oder

Empfangsgebäude des Bahnhofs Teltow im Sommer 1951 – eine Baracke vom Anfang der vierziger Jahre an der Westseite des hochgelegenen S-Bahnsteigs

drei D-Züge und acht oder neun Personenzüge der Anhalter Bahn sowie drei Personenzüge der Dresdener Bahn. Vom 4. Februar 1952 an hatten alle Reisezüge von und nach dem Anhalter Bahnhof in Ludwigsfelde, in Großbeeren oder in Teltow – die Züge auf dem SAR in Schönefeld – etwa zehn Minuten Kontrollhalt, jedoch blieb das Zugangebot im Anhalter Bahnhof noch konstant.

Mit dem Fahrplanwechsel am 18. Mai 1952 schaltete die Reichsbahn die Berliner Westsektoren endgültig aus dem Fernreise- und dem Güterverkehr der DDR aus. Das bedeutete auch das „Aus" für den Anhalter Bahnhof. Die zuletzt hier noch abgefertigten D-Züge verkehrten jetzt ebenfalls von oder nach dem Ostbahnhof, und auch alle Personenzüge der Dresdener Bahn sowie die meisten Personenzüge der Anhalter Bahn wurden auf den SAR verlegt; diese Züge begannen und endeten nun am Vorortbahnsteig des Bahnhofs Baumschulenweg an der Görlitzer Bahn. Die übrigen Fernpersonenzüge der Anhalter Bahn verkehrten jetzt – teilweise auch mit S-Bahn-Fahrkarten benutzbar – von und nach Teltow. Vom 5. Oktober 1952 an begannen die in Berlin einsetzenden Fernpersonenzüge nicht mehr in Baumschulenweg, sondern in Lichtenberg an einem dort neu erbauten Fernbahnsteig.

Nachdem am 18. Mai 1952 der Fernreisezugverkehr auf der Anhalter Bahn zwischen dem Anhalter Bahnhof und Großbeeren eingestellt worden war, wurde das nicht mehr benötigte Ferngleis von der Stadtgrenze bis zum Bahnhof Großbeeren abgebaut. 1956 demontierte die Reichsbahn mit Genehmigung der US-Behörden das Ferngleis auch von der Stadtgrenze bis zum Bahnhof Lichterfelde Ost; das hier gewonnene Material durfte nur für den Ersatz demontierter oder abgefahrener S-Bahn-Gleise in den Westsektoren verwendet werden.

Seit 1952 endete das S-Bahn-Gleis in Teltow kurz hinter dem hochgelegenen Bahnsteig der früheren Vorortbahn. Die in Berlin gelegene Teilstrecke der Anhalter Bahn stand daher mit den jenseits der Stadtgrenze anschließenden Eisenbahnstrecken nur noch über das frühere Baubetriebsgleis Lichterfelde Ost–Teltow in Verbindung. Auf dieser grenzüberschreitenden Strecke verkehrten noch mindestens bis Mitte der fünfziger Jahre gelegentlich Leerwagenzüge vom Rangierbahnhof Tempelhof in Richtung Jüterbog. Dagegen waren die wenigen Nahgüterzüge, die seit 1950 auf der Anhalter Bahn und auf der Dresdener Bahn noch über die Stadtgrenze hinaus verkehrten, spätestens im Mai 1952 entfallen.

Die vorerst letzte Abgrenzungsmaßnahme der DDR wurde am 1. Juni 1952 wirksam. Bewohnern der Berliner Westsektoren war jetzt die Einreise in die DDR verboten. An der Stadtgrenze entstanden erste Sperr-

Der 1943 fertiggestellte Vorortbahnhof Ludwigsfelde in den fünfziger Jahren; am Bahnsteig ein Vorortzug nach Teltow

anlagen, und im S-Bahnhof Teltow fanden verschärfte Kontrollen der mit der S-Bahn von Berlin gekommenen oder dorthin fahrenden Reisenden statt.

Inzwischen hatte die Herrichtung eines Teils des früheren Daimlerwerkes bei Ludwigsfelde für die Produktion von Industriewaren begonnen. Die Reichsbahn nahm daher am 10. April 1952 den Haltepunkt Birkengrund Nord wieder in Betrieb. Zusätzlich wurde am 15. April 1952 am SAR der bisherige Kreuzungsbahnhof Genshagener Heide auch für den Personenverkehr freigegeben. Hier hielten vorerst jene Personenzüge, die im Herbst 1951 zwischen der Wetzlarer Bahn und dem Ostsektor Berlins neu eingelegt wurden. Ab 18. Mai 1952 verkehrten in dieser Verbindung täglich acht Fernpersonenzüge der Wetzlarer Bahn, die mit S-Bahn-Fahrkarten benutzt werden durften und überwiegend auch in Genshagener Heide hielten. Dieser Bahnhof war kaum einen Kilometer von Birkengrund Nord entfernt. Damit bestand für Vorortreisende eine erste – wenn auch unbequeme – Verbindung zwischen der Anhalter Bahn und dem Ostsektor ohne Berührung der Berliner Westsektoren. Spätestens ab 4. Oktober 1953 konnten auch alle Fernpersonenzüge der Anhalter Bahn zwischen Lichtenberg/Baumschulenweg und Ludwigsfelde mit S-Bahn-Fahrkarten benutzt werden.

1958 richtete die Reichsbahn auf dem inzwischen fertiggestellten Berliner Außenring – zusätzlich zu den bestehenden Verbindungen – mit dampflokbespannten Zügen einen Schnellverkehr ein. Die Züge des Schnellverkehrs – auch als Sputnik bekannt – ersetzten zumeist jene S-Bahn-Züge, welche seit 1953 auf verschiedenen elektrisch betriebenen S-Bahn-Strecken als „Durchläufer" die Bahnhöfe in den Westsektoren ohne Halt durchfahren hatten. Nach Teltow hatte es zwar keine Durchläufer gegeben, doch verkehrten vom 28. April 1958 an auch zwischen Teltow und Berlin Ostbahnhof bzw. Baumschulenweg – mit Kopfmachen in Genshagener Heide – werktags einige durchgehende Züge. Ab 18. August 1958 hielten zusätzlich die meisten Züge des Schnellverkehrs Ostbahnhof–Werder auch im Bahnhof Genshagener Heide; davon hatten einige Züge Anschluß an Pendelfahrten nach und von Teltow.

Bereits im Jahre 1953 hatte die Reichsbahn den Wiederaufbau des zweiten Gleises der Anhalter Bahn fortgesetzt. Der zweigleisige Betrieb konnte etwa im Spätsommer 1953 zunächst zwischen Ludwigsfelde und Trebbin wiederaufgenommen werden. Anfang Oktober 1953 folgte der Abschnitt Trebbin–Luckenwalde, um die Jahreswende 1953/54 die Strecke Luckenwalde–Grüna-Kloster Zinna. Mit der Inbetriebnahme des zweiten Gleises zwischen Grüna-Kloster Zinna und Jüterbog am 12. April 1954 konnte die Anhalter Bahn vom SAR an wieder durchgehend zweigleisig befahren werden.

Das zweite Gleis der Verbindungsstrecke zwischen dem SAR und der Anhalter Bahn war schon am 4. Oktober 1953 in Betrieb genommen worden. Dieses Gleis lag je-

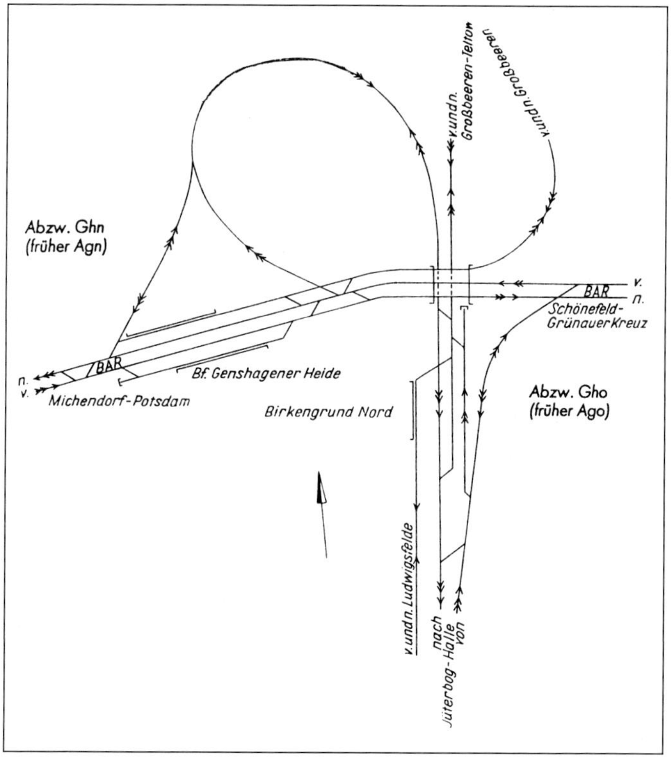

Verbindungsstrecken zwischen der Anhalter Bahn und dem SAR Ende 1958, nach der Inbetriebnahme des Gleisbildstellwerks „Genshagener Heide"

Der Portikus des Anhalter Bahnhofs etwa 1963

doch nicht neben der 1951 erbauten, jetzt als „kurze Kurve" bezeichneten Verbindung Abzw. Ago–Ludwigsfelde, sondern zweigte erst westlich der Anhalter Bahn – im Ostkopf des Bahnhofs Genshagener Heide – aus dem SAR-Gleis von Berlin ab. Nach einem Dreiviertelkreis erreichte das neue Verbindungsgleis – die „lange Kurve" – die Anhalter Bahn, unterquerte den SAR und mündete in den neu erbauten Betriebsbahnhof Birkengrund Nord ein. An den Nordkopf dieses Bahnhofs war jetzt auch die eingleisige Anhalter Fernbahn Richtung Großbeeren angebunden; außerdem zweigte hier die eingleisige Vorortbahn ab, die nun zwischen Birkengrund Nord und Ludwigsfelde wieder unabhängig vom Fern- und Güterverkehr betrieben werden konnte. Die „kurze Kurve" nach der Abzweigstelle Ago war jetzt an den Südkopf des Betriebsbahnhofs Birkengrund Nord angebunden und zunächst nur noch für die in Richtung Berlin fahrenden Züge bestimmt.

Urheber der merkwürdigen Schleife bei Genshagener Heide dürfte der erste DDR-Verkehrsminister, Prof. Reingruber, gewesen sein, welcher den Ausbau von Kreuzungen zweigleisiger Eisenbahnen nach dem Muster von Autobahnkreuzen befürwortet hatte. Heute ist die „lange Kurve" bei Genshagener Heide nur noch unter dem Aspekt verständlich, daß ihr Bau die Einsparung damals knapper Baustoffe ermöglichte. Andererseits führt die Mehrlänge der „langen Kurve" – knapp sechs Kilometer – ständig zu höheren Betriebskosten. Im Jahre 1958 fügte die Reichsbahn in die „lange Kurve" die Abzweigstelle Agn (jetzt Ghn) ein. Hier begann eine neue eingleisige Verbindungsstrecke zum Westkopf des Bahnhofs Genshagener Heide, die am 1. Juni 1958 in Betrieb ging. Diese Kurve ermöglichte die direkte Überleitung von Zügen zwischen der Anhalter Bahn und dem westlichen Teil des SAR (Richtung Seddin bzw. Golm).

In den Jahren 1956–58 wurden die Hauptgleise der Anhalter Bahn vom SAR bis Halle – überwiegend mit verschweißten Schienen und Betonschwellen – erneuert. Die D-Züge benötigten in den fünfziger Jahren für die Strecke Berlin Ostbahnhof–Leipzig bis zu vier Stunden Fahrzeit; nur wenige Züge blieben damals unter drei Stunden Fahrzeit. Erst ab 2. Oktober 1960 gab es neue Schnellverbindungen zwischen Ost-Berlin und den wichtigsten Städten in der DDR. Seither verkehrten zwischen Berlin Ostbahnhof und Leipzig Hbf zwei neue D-Zug-Paare mit Fahrzeiten von rd. 2¼ Stunden.

Die Ausschaltung der Eisenbahnanlagen in den Berliner Westsektoren aus dem Fern- und Güterverkehr der DDR führte hier zunächst nur in geringem Umfang zur Stilllegung von Strecken oder Bahnhöfen, jedoch wurden verschiedene nun außer Betrieb befindliche Anlagen – wie die am 18. Mai 1952 geschlossenen Fernbahnsteige in Lichterfelde Ost – nicht mehr unterhalten. Für einen Abbau überzähliger Betriebsanlagen hätte die Reichsbahn eine Genehmigung der US-Behörden benötigt, die aber nur in Ausnahmefällen zu erlangen war.

Davon abweichend wurde auf Betreiben der westlichen Stadtplaner der Anhalter Bahnhof abgerissen, eine Maßnahme, die rückschauend häufig als barbarisch bewertet wird. Dem Abriß des Anhalter Bahnhofs vorausgegangen war eine längere Abstimmung zwischen der Stadtplanung, der Reichsbahn und der Verwaltung des ehemaligen Reichsbahnvermögens (VdeR). Die VdeR hatte 1953 in den Westsektoren die Verwaltung der nicht dem Betrieb dienenden Eisenbahnflächen übernommen und war seither auch an der Eisenbahnplanung beteiligt. Der Abriß der zwar stark beschädigten, doch wiederaufbaufähigen Bahnsteighalle und des Empfangsgebäudes des Anhalter Bahnhofs zog sich von 1959 bis 1963 hin. Nur der Portikus des Empfangsgebäudes blieb damals stehen; er ist noch heute vorhanden.

Entwicklung seit 1961

Niedergang in West-Berlin

Mit dem Mauerbau am 13. August 1961 schloß die DDR ihre Abgrenzung ab. Das noch immer einheitliche Netz der elektrischen S-Bahn wurde damals in zwei Teilnetze aufgespalten, der S-Bahn-Verkehr auf allen grenzüberschreitenden Strecken – so auch zwischen Lichterfelde Süd und Teltow – eingestellt. Bald darauf demontierte die Reichsbahn von der Stadtgrenze bis Teltow sämtliche Anlagen der S-Bahn, darunter auch ein neues Gleichrichterwerk am Bahnhof Teltow. Seither ist der 1943 fertiggestellte Bahndamm jenseits der Stadtgrenze ohne Funktion.

Nördlicher Endpunkt der S-Bahn-Züge von Lichterfelde Süd war seit dem Mauerbau nicht mehr Bernau, sondern der Bahnhof Gesundbrunnen im französischen Sektor. Die S-Bahn-Züge der Dresdener Bahn – seit dem 18. Mai 1952 durchgehend zwischen Velten und Rangsdorf eingesetzt – verkehrten vom Mauerbau an nur noch zwischen Heiligensee und Lichtenrade. Seit 1972 waren die Zugumläufe dieser beiden Strecken zusammengefaßt: Die Lichterfelder Züge fuhren jetzt im Norden bis Heiligensee durch, begannen jedoch in Richtung Süden erst in Schönholz oder in Gesundbrunnen, während es sich bei den Zügen von und nach Lichtenrade umgekehrt verhielt.
Am 17. September 1980 trat ein Teil der Reichsbahner in West-Berlin in einen Streik. Der S-Bahn-Verkehr war in dieser Zeit weitgehend eingestellt. Er wurde jedoch am 28. September 1980 auf den Strecken nach Lichterfelde Süd und nach Lichtenrade wiederaufgenommen. Im Gegensatz dazu blieb der Betrieb auf anderen S-Bahn-Strecken in West-Berlin – wie auf der Ringbahn – eingestellt.
Die S-Bahn, die seit dem Mauerbau für den ÖPNV in West-Berlin ohnehin nur noch eine marginale Bedeutung hatte, geriet durch die teilweise Stillegung endgültig ins Abseits. Die Reichsbahn gab daher die Betriebsführung der S-Bahn in West-Berlin aufgrund der Vereinbarung vom 30. Dezember 1983 mit Wirkung vom 9. Januar 1984 an den Senat von Berlin ab. Am Abend des 8. Januar 1984 verließ der letzte S-Bahn-Zug der Reichsbahn den Bahnhof

Anhalter Güterbahnhof im März 1987: Restbetrieb auf den letzten Ladestraßen und an dem früheren Versandgüterschuppen

Bahnhof Yorckstraße im Jahre 1974: Straßenansicht des Empfangsgebäudes (oben links). Das Foto oben rechts zeigt den Bahnsteig, der durch seine äußerst geringe Breite auffällt

Links: Blick von der Kolonnenbrücke in Richtung Norden; links die Lichterfelder Vorortbahn, rechts daneben das Gelände des Anhalter Außenbahnhofs mit dem Verbindungsgleis zum früheren Militärbahnhof (Aufnahme Februar 1984)

Bahnhof Papestraße:
Das Empfangsgebäude im April 1989 (Foto unten links).
Am Vorortbahnsteig steht ein Zug von Lichtenrade nach dem Anhalter S-Bahnhof; daneben die überwucherte Trasse des früheren Ferngleises von Anhalter Bahnhof nach Halle und nach Dresden (Aufnahme März 1984 – unten rechts)

Tempelhof Rangierbahnhof: Südostansicht der früheren Richtungsgruppe Süd-Nord, dahinter die überwachsene frühere Richtungsgruppe Nord-Süd (Aufnahme 1984)

Lichterfelde Süd zur Fahrt nach Friedrichstraße. Die BVG nahm den Betrieb am 9. Januar 1984 zunächst nur auf zwei kurzen Abschnitten wieder auf; dazu gehörte auch die Strecke Anhalter S-Bahnhof–Lichtenrade. Im Gegensatz dazu ist der S-Bahn-Verkehr zwischen Priesterweg und Lichterfelde Süd seither eingestellt. Die S-Bahn-Anlagen an dieser Strecke, die ohnehin nach dem Zweiten Weltkrieg nur teilweise instandgesetzt und jahrzehntelang nur noch unzureichend unterhalten worden waren, befinden sich sechs Jahre nach der Betriebseinstellung in desolatem Zustand. Vandalismus sowie der Ausbau mehrerer Eisenbahnbrücken durch den Senat haben zu dieser Situation erheblich beigetragen.

Die Reaktivierung der Lichterfelder Vorortbahn stand bisher unter keinem guten Stern. 1986 kam für diese Strecke zunächst der Bau einer O-Bahn – richtiger eines spurgebundenen Straßenbusses – in die Diskussion, und 1988 war die Verlängerung der U-Bahn-Linie 9 nach Lichterfelde Süd – ab Lankwitz auf der S-Bahn-Trasse – angesagt. Dagegen kündigte der neue rotgrüne Senat im Frühjahr 1989 an, die S-Bahn werde 1993/94 wieder nach Lichterfelde Süd fahren und die U-Bahn-Linie 9 dann in dem großzügig ausgebauten S-Bahnhof Lankwitz enden.

Seit 1986 war auch beabsichtigt, die S-Bahn-Trasse zwischen den Bahnhöfen Yorckstraße und Papestraße aufzugeben. Ersatzweise sollten die Züge Richtung Lichtenrade (später auch Richtung Lichterfelde Süd) vom Anhalter S-Bahnhof bis zur Kolonnenstraße die Wannseebahn mitbenutzen, dann die Ringbahn in einem neuen Gemeinschaftsbahnhof Gotenstraße tangieren und erst jenseits des Vorortbahnhofs Papestraße wieder in die Lichterfelder S-Bahn-Gleise einmünden. Auch diese Planung wurde 1989 verworfen. Seit 1990 entsteht direkt

Rechte Seite oben: Nordansicht der Teltowkanalbrücke mit einem Zug nach Lichterfelde Süd, davor das frühere Ferngleis nach Halle (seit etwa Ende der fünfziger Jahre nur noch zur Bedienung des Ortsgüterbahnhofs Lichterfelde Ost benutzt); links die Südwiderlager des früheren Ferngleises von Halle sowie der Baubetriebsstrecke Tempelhof Rangierbahnhof–Großbeeren (Aufnahme April 1980)

Bahnhof Priesterweg: Das mit rotem Klinker gestaltete Empfangsgebäude wurde kürzlich von der VdeR originalgetreu wiederhergestellt (Aufnahme Mai 1989 – rechts). Die Bahnsteige – für die die BVG zuständig ist – befanden sich im September 1987 noch in renovierungsbedürftigem Zustand; inzwischen hat auch deren Instandsetzung begonnen. Der Wald im Hintergrund verbirgt die bis 1952 befahrene Verzweigungsanlage der Anhalter und der Dresdener Ferngleise (oben)

Bahnhof Südende: Das 1959/60 vereinfacht wiederaufgebaute Empfangsgebäude wird seit 1984 gewerblich genutzt; obwohl der Bahnhof außer Betrieb ist, hat die VdeR den Turm der Bahnsteigtreppe und den zugehörigen Fußgängersteg instandgesetzt (Aufnahme August 1988 – oben). Das untere Foto vom April 1980 zeigt den Bahnsteig mit einem Zug nach Heiligensee; daneben Reste des überwucherten Ferngleises vom Anhalter Bahnhof

Rechte Seite Mitte und unten: Bahnhof Lankwitz: Das kriegszerstörte Empfangsgebäude im Oktober 1970 (Mitte links). Im September 1983 hielten in Lankwitz noch S-Bahn-Züge, und auch der Güterbahnhof Lichterfelde Ost wurde damals auf dem früheren Ferngleis noch bedient (Mitte rechts). Dagegen war hier im April 1989 der gesamte Bahnbetrieb eingestellt (unten).

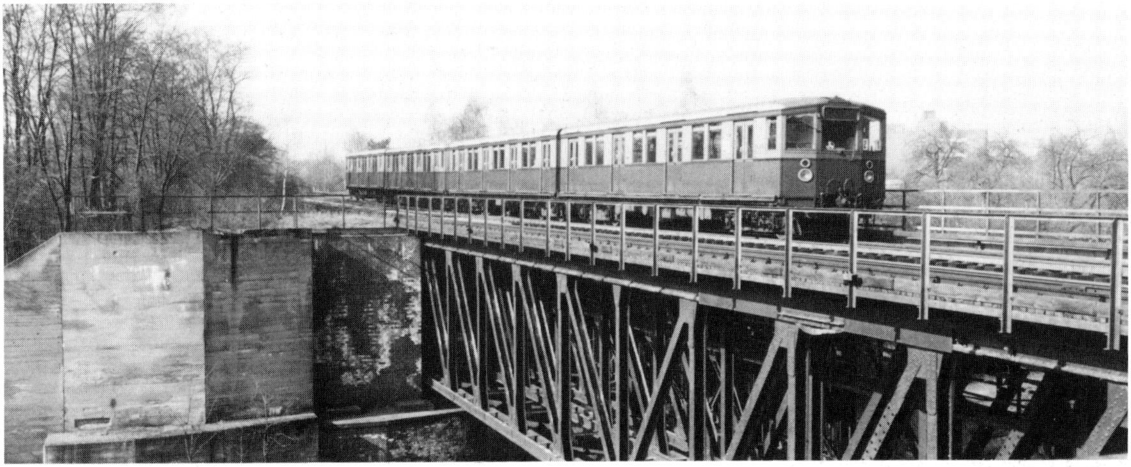

Bahnhof Lichterfelde Ost: Der Westzugang zum Bahnsteigtunnel (siehe auch Seite 105) im Mai 1979. Dieser Zugang wurde 1988 von der VdeR neu gestaltet (rechts). Zugleich unterzog die VdeR auch den Ostzugang dieses Tunnels einer Verschönerungskur (Aufnahme August 1988 – unten)

am Schnittpunkt der Lichterfelder Vorortbahn mit der Ringbahn als Ersatz für den vorhandenen, jedoch sehr ungünstig gelegenen S-Bahnhof Papestraße ein neuer Umsteigebahnhof in Turmanordnung. Dieser Bahnhof soll zusammen mit dem zweiten Bauabschnitt des reaktivierten Südrings 1992/93 in Betrieb genommen werden. In diesem Zusammenhang ist der Bau eines Überführungsgleises zwischen dem S-Bw Papestraße an der Ringbahn und der Lichterfelder Vorortbahn vorgesehen.

Die Betriebsanlagen für den Fern- und den Güterverkehr in West-Berlin sind seit den sechziger Jahren zunehmend verfallen. Verschiedene Anlagen – wie die Eisenbahnüberführungen über den Landwehrkanal und die benachbarten Uferstraßen oder die vormaligen Ferngleise vom Landwehrkanal bis Südende – sind in den siebziger Jahren beseitigt worden. Die verfallenen Baulichkeiten des früheren Bahnbetriebswerkes Anhalter Bahnhof (Bw Ahb) südlich des Landwehrkanals – Verwaltungsgebäude und zwei Lokschuppen – sind in den letzten Jahren für das Museum für Verkehr und Technik (MVT) wiederaufgebaut worden und bieten heute der Fahrzeugsammlung des MVT eine authentische Heimstatt.

Der Anhalter Güterbahnhof ist zwar noch vorhanden, jedoch genügen hier für den Güterumschlag wenige Gleise. Lediglich der Postbahnhof Luckenwalder Straße vermittelt noch stundenweise eine lebhaftere Eisenbahnatmosphäre. Alle anderen Flächen des Anhalter Außenbahnhofs werden gewerblich genutzt oder sind inzwischen dicht überwachsen. Das gilt auch für den früheren Dresdener Bahnhof und den vormaligen Militärbahnhof Schöneberg an der Kolonnenstraße. Allerdings besteht zwischen diesen beiden Bahnhofsteilen und dem Anhalter Güterbahnhof noch immer jene Gleisverbindung, die beiderseits der Kolonnenbrücke die S-Bahn-Gleise niveaugleich kreuzt.

Der Rangierbahnhof Tempelhof ist fast vollständig überwachsen, nur wenige Gleise werden hier noch regelmäßig benutzt. Die Verbindung dieses Bahnhofs mit dem Ringbahnhof Tempelhof wurde anläßlich des Baues der Stadtautobahn eingleisig erneuert; sie ist seit dem 16. September 1985 wieder in Betrieb. Dafür hat die Reichsbahn die baufällige Verbindungskurve zwischen dem Rangierbahnhof Tempelhof und der Abzweigstelle Vdp am 1. Juni 1986 stillgelegt. Der Abriß dieser Kurve hat begonnen.

Jenseits des Rangierbahnhofs Tempelhof war das Anhalter Ferngleis im Jahre 1952 in Betrieb geblieben. Auf diesem Gleis wurde der Ortsgüterbahnhof Lichterfelde Ost bedient, anfangs mit Güterzügen und seit etwa Ende der sechziger Jahre mit Rangierfahrten. Erst am 1. Juli 1988 wurde der Güterverkehr nach Lichterfelde Ost eingestellt, das Gleis kurze Zeit später durch Abbruch der Brücke über die Leonorenstraße unterbrochen. Die Reste der früheren Fernbahnsteige im Bahnhof Lichterfelde Ost sind Ende der achtziger Jahre abgetragen worden, als die VdeR den dortigen Bahnsteigtunnel instandsetzte.

Seit den sechziger Jahren hatten Senat, Reichsbahn und VdeR über den Bau eines

S-Bahnsteig in Lichterfelde Ost: Südlicher Teil des Bahnsteigs, links der überwucherte „Nah"bahnsteig B (Aufnahme 1983 – oben). Das Foto unten zeigt den nördlichen Bahnsteigteil mit einfahrendem Zug von Heiligensee (1982)

Oben: Bahnhof Lichterfelde Ost im April 1979: Der Fernbahnsteig C vor dem Abriß dieses Bahnsteigdaches und der restlichen Ferngleise; dahinter die beiden anderen Bahnsteige (links). Das Foto rechts zeigt das südliche Rampengleis zwischen dem im Niveau liegenden Ortsgüterbahnhof und dem hochliegenden Fernbahnhof.

Links: S-Bahnhof Lichterfelde Süd: Südansicht des S-Bahnsteigs, rechts ein zweiter Mittelbahnsteig, der nur wenige Jahre für die Ludwigsfelder Dampfvorortzüge in Betrieb war (Aufnahme April 1980)

Unten: Der frühere Baubetriebsbahnhof Lichterfelde Süd im März 1984 (Nordansicht). Im Hintergrund rechts der 1943 in Betrieb genommene Bahndamm der Anhalter Ferngleise, davor (unterhalb der Birke) die bis Ende 1942 benutzte alte Trasse der Anhalter Bahn

neuen Südgüterbahnhofs auf dem Gelände des kaum benutzten Rangierbahnhofs Tempelhof verhandelt. Als zentraler Güter- und Rangierbahnhof für den südlichen Teil von West-Berlin gedacht, sollte der Südgüterbahnhof alle Ortsgüterbahnhöfe im Süden der Stadt – darunter auch den Anhalter Güterbahnhof – ersetzen. Obwohl der Bau des Südgüterbahnhofs – allen politischen Widrigkeiten zum Trotz – Anfang 1980 zwischen der Reichsbahn und dem Senat vertraglich vereinbart worden war, mußte die Realisierung dieses Vorhabens inzwischen aufgegeben werden. Das Gelände des Rangierbahnhofs Tempelhof soll – zusammen mit einem Teil des Anhalter Außenbahnhofs – nach der bisherigen Zielsetzung ein Park werden.

Nordwestansicht der Überführung der Anhalter Bahn über die geplante Verbindungsstrecke zwischen dem Rangierbahnhof Großbeeren und dem Güteraußenring Richtung Stahnsdorf. Die rechte Durchfahrt wurde etwa 1942–1964/65 für den provisorischen Anschluß der Teltower Eisenbahn genutzt (Aufnahme März 1989)

Ausbau und gegenwärtiger Zustand der Anhalter Bahn südlich von Berlin

Der Mauerbau am 13. August 1961 hatte jenseits der Stadtgrenze kaum Auswirkungen auf die Anhalter Bahn, weil deren Betrieb – abgesehen von der elektrischen S-Bahn am hochgelegenen Bahnsteig in Teltow – seit Jahren von den Eisenbahnanlagen in den Berliner Westsektoren vollständig unabhängig war. Die Anhalter Bahn begann seit der Abriegelung der Grenze endgültig erst in Teltow in dem früheren Baubetriebsbahnhof. Bald nach dem Mauerbau wurden die ohnehin nicht mehr benutzten eingleisigen Strecken nördlich des Bahnhofs Teltow – die Güterzugstrecke (frühere Baubetriebsstrecke) Teltow–Lichterfelde Ost und der Güteraußenring Richtung Altglienicke – bis zur Stadtgrenze abgebaut. Etwa 1964 beseitigte die Reichsbahn auch die Spitzkehre, auf der die frühere – 1949 der Reichsbahn eingegliederte – Teltower Eisenbahn über 20 Jahre lang den Bahndamm der Anhalter Bahn unterfahren hatte. Ersatzweise war zwischen der Teltower Eisenbahn und der Anhalter Bahn eine neue südwestliche Verbindungskurve entstanden, die den aufgeschlitzten Bahndamm durchquert und dann den Südkopf des Bahnhofs Teltow erreicht.

Auf dem Gelände des vormaligen Daimlerwerkes bei Ludwigsfelde wurde in den frühen sechziger Jahren eine Lkw-Fabrik er-

Bahnhof Teltow: Südansicht des etwa zur Jahreswende 1942/43 fertiggestellten und seit dem Mauerbau stillgelegten S-Bahnsteigs; links hinten das aufgegebene Gleichrichterwerk für die Fahrstromversorgung der S-Bahn (Aufnahme August 1974)

Blick von dem 1943 fertiggestellten Bahndamm in Richtung Nordosten auf die Abfertigungsbaracke des 1951 eröffneten Bahnsteigs; links davon ein früheres Stellwerk des um die Jahreswende 1942/43 aufgegebenen alten Bahnhofs Teltow, der sich auf dem Brachland im Vordergrund befand (Aufnahme November 1978)

Ein weiterer Blick von dem Bahndamm, jedoch nach Südosten; in der Mitte der Bahnsteig von 1951, dahinter der frühere Baubetriebsbahnhof (jetzt Güterbahnhof), am linken Bildrand das 1940 fertiggestellte, jetzt außer Betrieb befindliche Stellwerk Tlb (Aufnahme Februar 1990)

Ehemaliger Hilfsrangierbahnhof Großbeeren: Reste der früheren Bekohlungsanlage für Dampflokomotiven im Februar 1990. In der Nähe sind auch die Fundamente eines Tunnels vorhanden, in dem das Verbindungsgleis zum Bahnbetriebswerk den Ablaufberg des „endgültigen" Rangierbahnhofs unterfahren sollte. Das gesamte Gelände des Hilfsrangierbahnhofs war bis 1988 ein Pappelhain, jedoch siedelt sich hier auf einer großen Teilfläche gegenwärtig ein Straßenbaubetrieb an. Alle übrigen vor 1945 für den endgültigen Rangierbahnhof freigelegten Flächen werden wieder landwirtschaftlich genutzt

Bahnhof Großbeeren im März 1990: Nordwestansicht des Bahnhofs, rechts der 1943 fertiggestellte Bahndamm, in der Mitte auf dem früheren Ferngleis Berlin–Halle ein Vorortzug nach Teltow; hinter dem Bahnsteig der frühere Baubetriebsbahnhof, ganz hinten links die pappelbestandene frühere Einfahrgruppe des Hilfsrangierbahnhofs (Foto oben).

Das Empfangsgebäude, ein roter Klinkerbau vom Ende der 1860er Jahre (rechts). Die Anschrift an dem Gebäude blieb – obwohl seit dem Mauerbau Makulatur – bis heute erhalten (unten)

Der in den Jahren 1943–51 benutzte Vorortbahnsteig in Großbeeren war schon in den siebziger Jahren kaum noch zu erkennen. Inzwischen sind auch diese Aufbauten abgetragen. Im Hintergrund – unterhalb des Bahndammes – ist das Empfangsgebäude von 1868 zu erkennen (Aufnahme Mai 1979)

Haltepunkt Birkengrund Nord mit durchfahrendem Güterzug Großbeeren – IFA-Werkbahnhof (Aufnahme April 1990)

Der Haltepunkt Birkengrund Süd mit dem Vorortgleis im März 1990; rechts die Ferngleise der Anhalter Bahn, in der Mitte die beim Bau der Ludwigsfelder Vorortstrecke freigehaltene Trasse für ein weiteres Ferngleispaar

richtet, welche die bekannten IFA-Lastkraftwagen produziert. Für dieses Werk entstand um 1964 westlich neben der früheren Ludwigsfelder Vorortbahn ein größerer, im Norden an den Betriebsbahnhof Birkengrund Nord und im Süden an den Bahnhof Ludwigsfelde angebundener Übergabebahnhof.

Im September 1974 erhielt der Bahnhof Jüterbog ein Zentralstellwerk in der fortentwickelten Spurplantechnik; weitere Gleisbildstellwerke entstanden in den folgenden Jahren, u. a. in Ludwigsfelde, in Thyrow, in Trebbin und in Luckenwalde.

Mitte der siebziger Jahre begann von Mitteldeutschland aus die Elektrifizierung der Anhalter Bahn mit dem erprobten Wechselstromsystem von 15 kV bei 16 2/3 Hz und Stromzuführung durch eine Oberleitung. Der elektrische Betrieb in Mitteldeutschland

war bald nach dem Zweiten Weltkrieg wiederaufgenommen worden, jedoch mußten im Frühjahr 1946 alle Fahrzeuge und ortsfesten Anlagen kurzfristig als Reparation an die Sowjetunion abgeliefert werden. Seit 1955 elektrifizierte die Reichsbahn mit den inzwischen zurückerhaltenen Reparationsmaterialien erneut Strecken in Mitteldeutschland. 1963 erreichte der elektrische Betrieb den Bahnhof Muldenstein, sechs Kilometer nördlich von Bitterfeld. Die weitere Elektrifizierung – Ost-Berlin sollte 1969 angebunden werden – wurde jedoch abgebrochen. An die Stelle der Dampflokomotiven traten zunächst Diesellokomotiven aus sowjetischer Produktion.

Im Jahre 1975 lief die Elektrifizierung der Anhalter Bahn wieder an. Der elektrische Betrieb wurde gleich nach der Fertigstellung der elektrischen Anlagen in vielen Teilinbetriebnahmen nach Norden ausgedehnt. Davon sollen hier nur einige Etappen genannt werden. Ende Mai 1978 war Wittenberg erreicht, ein Jahr später Jüterbog, am 1. Juni 1980 Luckenwalde. Am 25. September 1981 wurde der elektrische Betrieb bis Ludwigsfelde ausgedehnt und am 23. Mai 1982 der Anschluß an den gleichfalls neu elektrifizierten SAR hergestellt. Mit der Aufnahme des elektrischen Betriebes nach Teltow am 30. Juli 1982 war die Anhalter Bahn durchgehend bis vor die Tore Berlins mit Ellok befahrbar. Dagegen wurden die Strecken nach und in Ost-Berlin erst 1983 und 1984 schrittweise in das elektrifizierte Netz einbezogen.

Der Reisezugverkehr auf der Anhalter Bahn hat sich seit den frühen sechziger Jahren stark verändert. Etliche D-Züge verkehren jetzt in Durchgangsverbindungen zwischen Sachsen/Thüringen und der nördlichen DDR, davon einige auf dem Weg

Bahnhof Ludwigsfelde Anfang März 1990: Gleisseite des alten Empfangsgebäudes und des später angefügten eingeschossigen Abfertigungsgebäudes (Foto oben). Das Foto unten zeigt die Bahnsteige mit einem durchfahrenden Güterzug in Richtung Jüterbog

Bahnhof Jüterbog: Straßenansicht des Empfangsgebäudes im Mai 1988

über Potsdam und den Westlichen Berliner Außenring. In Ost-Berlin werden die schnellfahrenden Reisezüge der Anhalter Bahn – D-Züge und einige Expreßzüge – in unterschiedlichen Bahnhöfen, wie Lichtenberg, Schöneweide, vereinzelt auch Baumschulenweg und Hauptbahnhof, abgefertigt. Der Jahresfahrplan 1990/91 nennt zwischen dem SAR und Bitterfeld in jeder Richtung täglich 32 regelmäßig und sieben nur in der Saison verkehrende D- und Expreßzüge. Die schnellsten Züge brauchen für die rd. 182 Kilometer lange Strecke Berlin-Lichtenberg–Leipzig Hbf trotz des elektrischen Betriebes gegenwärtig rd. 2½ Stunden Fahrzeit, ein Wert, der schon 1896 (!) erreicht und beispielsweise auch im Winterfahrplan 1960/61 deutlich unterschritten worden war – letztlich auch ein Hinweis auf die unzureichende Instandhaltung der Anhalter Bahn in den letzten Jahren.

Die Fernpersonenzüge der Anhalter Bahn – jenseits von Ludwigsfelde bis zu zwölf Zugpaare täglich – verkehren zumeist durchgehend von und nach den Bahnhöfen Schöneweide oder Schönefeld. Lediglich vier Fernzugpaare beginnen und enden in Teltow; sie bedienen hier auch den Vorortverkehr, für den außerdem nur noch wenige, oft aus einer Ellok mit einem Personenwagen bestehende Vorortzüge gefahren werden. Die isolierte Lage der Strecke Teltow–Ludwigsfelde hat dazu geführt, daß die Züge hier zumeist nur schwach besetzt sind. Der Personenverkehr der Stadt Teltow mit Potsdam – seit 1961 neues Oberzentrum dieser Stadt – sowie mit Ost-Berlin konzentriert sich jetzt auf die Omnibuslinie Potsdam–Bahnhof Schönefeld sowie auf eine KOM-Linie nach Genshagener Heide, die den Anschluß an die Schnellverkehrszüge Berlin-Karlshorst–Werder herstellt. Für den Güterverkehr sah der Jahresfahrplan 1985/86 auf dem Abschnitt vom SAR bis Jüterbog täglich in beiden Richtungen zusammen 115 Regel- und bis zu 40 Bedarfszüge vor.

Ausblick

Die umwälzenden politischen Veränderungen, welche seit dem November 1989 in Berlin und in der bisherigen DDR eingetreten sind, eröffnen auch für die Anhalter Bahn völlig neue Perspektiven. Zunächst werden sich alle Kräfte darauf konzentriern müssen, den baulichen Zustand dieser Bahn soweit zu verbessern, daß wieder durchgängig Geschwindigkeiten von 120 oder sogar 140 km/h gefahren werden können – sicher ein großer Fortschritt im Vergleich zu dem jetzigen Zustand mit einer Vielzahl Langsamfahrstellen.

Die Überlegungen für die Zukunft weisen jedoch bereits weit über dieses Minimalziel hinaus, bietet sich doch an, die Anhalter Bahn – nach Linienverbesserungen beispielsweise bei Wittenberg und bei Bitterfeld – für den Hochgeschwindigkeitsverkehr auszubauen und diese traditionsreiche Linie erneut für den Schnellverkehr Berlins mit Bayern und Südwestdeutschland zu nutzen. In diesem Zusammenhang hat inzwischen auch eine zaghafte Diskussion über den künftigen Ausgangspunkt der Anhalter Bahn in Berlin eingesetzt. Es leuchtet ein, daß die jetzige Anbindung der Anhalter Bahn an den Eisenbahnknoten Berlin – Heranführung auf dem Südlichen Berliner Außenring und Abfertigung der Reisezüge auf den mehr oder weniger marginalen Bahnhöfen Lichtenberg, Schöneweide oder Baumschulenweg (in Einzelfällen auch im Hauptbahnhof, dem früheren Schlesischen und zeitweiligen Ostbahnhof) – in einem vereinigten Deutschland mit einer Hauptstadt Berlin kein Dauerzustand bleiben kann.

Ziel muß sein, die Anhalter Bahn wieder auf kürzestem Weg in das Herz der Stadt zu führen. Es bietet sich geradezu an, die derzeit brachliegende historische Trasse über Teltow und Lichterfelde Ost erneut für den Fernverkehr zu nutzen und sie nördlich der Ringbahn – einen Vorschlag des „Wettbewerb Groß-Berlin" aus dem Jahre 1910 aufgreifend – in einer Tunnelstrecke zum Nordring fortzusetzen. Die Aufgaben des früheren Anhalter Bahnhofs würde dann ein neuer unterirdischer Bahnhof im zentralen Bereich, etwa in der Gegend des Lehrter Bahnhofs, übernehmen. Die Voraussetzungen für eine derartige Lösung sind günstig, weil die Trasse für einen Nordsüd-Fernbahntunnel seit dem Abriß der innerstädtischen Grenzsperren fast durchgängig zur Verfügung steht.

Die Öffnung der Grenzen erfordert auch für die Reaktivierung der Lichterfelder Vorortbahn eine neue Priorität. Trotzdem ist gegenwärtig weiterhin nur eine Wiederinbetriebnahme bis Lichterfelde Süd – abweichend von den Aussagen des Jahres 1989 sogar nur für einen eingleisigen Pendelbetrieb – vorgesehen. Ein attraktiver S-Bahn-Verkehr wird mit dieser Lösung nicht angeboten werden können, und auch die Anbindung von Teltow und der aufstrebenden Industriestadt Ludwigsfelde an die Berliner Innenstadt rückt damit in weite Ferne. Es bleibt zu hoffen, daß sich in nächster Zeit doch noch bessere Perspektiven für den S-Bahn-Verkehr parallel zur Anhalter Bahn eröffnen werden.

Literaturhinweise

Rundschreiben an die Herren Actien-Zeichner zum Bau der Berlin-Sächsischen Eisenbahn, vom 14. Juni 1838.

Bericht an das Comité der Berlin-Sächsischen Eisenbahn-Gesellschaft über die Vorzüge der Allerhöchst genehmigten, direkt von Berlin ausgehenden Berlin-Sächsischen Eisenbahn, vor einem von Potsdam über Roslau nach Cöthen projectirten Anschluß an die Magdeburg-Cöthen-Halle-Leipziger Eisenbahn. Gefertigt durch Petersen und Rosenbaum. Im Juli 1838.

Projekt zu dem Bahnhofe der Berlin-Sächsischen Eisenbahn-Anlage bei Berlin. Berlin 1838.

Berliner Gewerbe-, Industrie- und Handelsblatt. 1. Bd. (1841), S. 6–8, 15–16, 99–100, 337–339, Tafel V. 3. Bd. (1842), S. 120–122, 149–150, 165–168, 184–186, 213–215, 226–229, 245–248, 267–268.

Freiherr Friedrich Wilhelm von Reden: Die Eisenbahnen Deutschlands. Statistisch-geschichtliche Darstellung ihrer Entstehung, ihres Verhältnisses zu der Staatsgewalt, so wie ihrer Verwaltungs- und Betriebseinrichtungen; 2. Abschnitt, 2. Lieferung. Berlin, Posen und Bromberg 1844, S. 384–433.

Dazu Zweites Supplement 1846, S. 80–107.

Kletke: Die Preußischen Eisenbahnen. Eine systematisch geordnete Sammlung aller auf die Etablirung von Eisenbahnen in Preußischen Staaten Bezug habenden gesetzlichen Verordnungen, so wie sämtliche Statute der bereits Allerhöchst bestätigten Eisenbahn-Gesellschaften. Berlin 1844/1846. 1. Abt., 1. Heft S. 37ff, 2. Heft S. 146ff, 2. Abt., 1. Heft S. 93ff.

Geschäftsbericht der Direktion der Berlin-Anhaltischen Eisenbahn-Gesellschaft über das Jahr (Betriebsjahr) ... (1842, 1843, 1844)

Jahresbericht der Direktion der Berlin-Anhaltischen Eisenbahn-Gesellschaft an den Verwaltungsrath der letzteren über den Geschäftsbetrieb im Jahre ... (1845–1873)

Königlich privilegirte Berlinische Zeitung von Staats- und Gelehrten Sachen (Vossische Zeitung), 1836–1848.

Amtsblatt der Königlichen Regierung zu Potsdam und der Stadt Berlin. Ausgaben vom 28. 8. 1840, 10. 3. 1848, 28. 12. 1858 und 6. 4. 1883.

Notizblatt des Architektenvereins zu Berlin 1843, S. 83–85, Bl. 75.

Eisenbahn-Zeitung, 1843–1861.

Zeitung des Vereins Deutscher (Mitteleuropäischer) Eisenbahn-Verwaltungen, 1861–1941.

Bombe: Die alten Preußischen Eisenbahnen: Berlin-Anhaltische Eisenbahn (unveröffentlicht).

Pinkenburg: Umbau des Anhalter Bahnhofes zu Berlin. In: Zeitschrift des Architekten- und Ingenieurvereins zu Hannover, 30 (1884), Sp. 21–32, 105–108, 145–148, 237–244, 317–320 sowie Bl. 4–10, 14–18, 24–26.

Berlin und seine Eisenbahnen 1846–1896. Herausgegeben im Auftrag des Königlich Preußischen Ministers der öffentlichen Arbeiten. Erster und Zweiter Band. Berlin 1896.

Biedermann: Die Vorortbahn von Berlin nach Groß-Lichterfelde. In: Zeitschrift für Bauwesen, 50 (1900), Sp. 491–516, Bl. 67–73.

Deutsche Straßen- und Kleinbahnzeitung, Jg. 1912, S. 49 und Jg. 1916, S. 448.

Sammlung der Drucksachen des Hauses der Abgeordneten (einschl. Staatshaushalts-Etat), 1882–1916/18.

Statistische Nachrichten von den preußischen Eisenbahnen im Jahr (Rechnungsjahr) ..., 1 (1853)–27 (1879/80).

Statistik der im Betrieb befindlichen Eisenbahnen Deutschlands im Betriebsjahr ..., 1 (1880)–50 (1929).

Statistik der dem allgemeinen Verkehr dienenden Eisenbahnen im Deutschen Reich (ohne Kleinbahnen), 51 (1930)–53 (1932).

Statistik der Eisenbahnen im Deutschen Reich. Band A Vollbahnen, 54 (1933)–63 (1942).

Bericht über die Ergebnisse des Betriebes der preußischen (ab 1897/98 der vereinigten preußisch-hessischen) Staatseisenbahn im Betriebsjahr ..., (1878/79 bis 1919).

Amtsblatt der Königlichen Eisenbahn-Direktion / Eisenbahndirektion / Reichsbahndirektion Berlin, 1881–1950.

Eisenbahn-Verordnungsblatt, 1879–1920.

Busse: Der Umbau des Verschiebebahnhofes Tempelhof. In: Verkehrstechnische Woche, 18 (1925), S. 585–589.

Kiese: Zur Entwicklung der Anhalter Eisenbahn mit besonderer Berücksichtigung des Kreisgebietes. In: Teltower Kreiskalender, 31 (1934), S. 39–47.

Grassmann: Aus der Geschichte der Berlin-Anhaltischen Eisenbahn. Dem Gedenken ihres 100jährigen Bestehens. In: Großdeutscher Verkehr, 35 (1941), S. 388–402.

Haas: Die Berlin-Anhalter Eisenbahn (100 Jahre Berlin – Jüterbog). In: Die Reichsbahn 17 (1941), S. 342–345.

Betriebsprogramm für die Umgestaltung der Berliner Bahnanlagen. Reichsbahnbaudirektion Berlin, vom 26. 10. 1938 (unveröffentlicht).

Betriebliche Grundlagen für den Entwurf des neuen Verschiebebahnhofs Großbeeren. Reichsbahnbaudirektion Berlin, vom 30. 6. 1939 (unveröffentlicht).

Mitteilungsblatt der Deutschen Reichsbahn, 1950–1952.

Verfügungen und Mitteilungen des Ministeriums für Eisenbahn- (ab Dezember 1954: Verkehrs-)wesen, 1953–1960.

Meier:Berlin Anhalter Bahnhof. Berlin 1984.

Knothe: Anhalter Bahnhof. Entwicklung und Betrieb – Zeugen und Zeugnisse aus über hundert Jahren. Berlin 1987.

Kursbücher, Taschenfahrpläne und sonstige Fahrplanunterlagen, 1841–1990.